高级能源材料表征原理及技术

主　编　孙　宽

副主编　李　猛　周永利　郑玉杰　等

科　学　出　版　社

北　京

内 容 简 介

"高级能源材料表征原理及技术"是面向理工科高等院校能源类专业的一门本科及研究生专业课程。学生在掌握新能源知识的基础上,结合材料科学理论研究,通过对本书的学习,了解和熟悉新能源材料的各种现代表征手段和分析方法,可进一步深化对新能源材料的认识。为配合教学内容,本书全面介绍有关材料成分、结构及组织形貌、功能材料属性等的现代表征技术及分析方法,内容涉及 X 射线衍射学、电子显微学、能谱学、电化学、热学等衍生出的表征方法,旨在培养学生掌握材料表征技术原理,并初步具备分析材料表征结果的能力,最终使学生学会分析材料的晶体结构、微观组织、化学成分、物相组成与物质属性,从而建立起材料制备工艺-材料结构-材料性能之间关系的理论知识和研究方法。

本书适合对能源材料表征感兴趣的本科生、研究生和研究人员阅读参考。

图书在版编目(CIP)数据

高级能源材料表征原理及技术 / 孙宽主编. -- 北京 : 科学出版社,
2025. 6. -- ISBN 978-7-03-079162-7

Ⅰ. TK01;TB3

中国国家版本馆 CIP 数据核字第 2024DU7170 号

责任编辑:孟 锐 /责任校对:彭 映
责任印制:罗 科 /封面设计:墨创文化

科 学 出 版 社 出版
北京东黄城根北街 16 号
邮政编码:100717
http://www.sciencep.com
成都锦瑞印刷有限责任公司印刷
科学出版社发行 各地新华书店经销

*

2025 年 6 月第 一 版 开本:787×1092 1/16
2025 年 6 月第一次印刷 印张:18 3/4
字数:445 000

定价:88.00 元
(如有印装质量问题,我社负责调换)

前　言

　　能源材料广义是指能源工业及能源技术所需的材料，是能源与材料交叉学科中的重要研究方向。能源材料的发展在很大程度上依赖于对材料性能与其成分、结构及微观组织关系的理解。能源材料的现代表征是关于能源材料的成分、结构、微观形貌与缺陷、物理属性等的分析和测试技术的基础科学。能源材料是人类生存与经济发展的重要物质基础，能源的开采、转换、储存及利用都离不开能源材料的支撑。

　　本书结合新时代能源材料的特点，以学生为中心，编入了贴近前沿科技的内容，并参考了大量材料表征类文献。与这些文献的不同之处在于，本书没有浓墨重彩地书写能源材料的表征原理及技术，而是采用当前比较常见或热门的案例式导向来编写，学生通过案例式学习，强化对能源材料的表征原理及技术的理解。案例式学习的好处在于能让学生有身临其境的感受，既可以通过分析、比较，研究各种各样的表征原理及技术，从中得出某些一般性的结论或原理；也可以通过自己的思考来拓宽视野，从而丰富知识。本书各章附有习题，便于检验学生的学习成果。

　　本书由孙宽主编，李猛、周永利、郑玉杰、陈珊珊、李静、郭冰和王磊为本书副主编，孙宽和周永利对全书进行审校，全书由周永利统稿。陈瑞、陈骁、董子先、耿阳、苟倩志、何勇杰、兰林楷、李绍伟、刘旭、刘洋、廖燕宁、欧泽平、汤计贺、王佳程、熊正红、熊壮、叶俊锋、应佩晋、张奔、张博、张林、张起、张艺耀、赵泷、周颖、聂士松、陈昭宇、王凯鑫、潘易、岳雅茹、高明阳、方威、王一凡、李哲和罗远益等参与部分章节的资料收集及编写工作。

　　由于能源材料表征技术发展较快，加之编者水平有限，书中难免存在不足之处，恳请相关专业师生和广大读者朋友批评指正。

目　　录

第1章 绪 论

本章对材料进行一系列分类并对常用材料中所涉及的基础知识进行阐释以便读者掌握材料科学基础知识。

1.1 材料的概念与分类

1.1.1 材料的概念

众所周知，能源、材料和信息是现代科技的三大支柱。其中，材料又是能源和信息的基础，因此，材料在社会各行业的发展过程中起着重要的作用。我国有着灿烂的历史文化和深厚的历史底蕴，在研究中，常有学者将我国历史长河以材料为依据划分为石器时代、陶器时代、青铜器时代等。

古往今来，利用材料的例子不胜枚举。利用石器、陶器制造炊具、饰品，利用铁器制造兵器，利用钢筋混凝土建造高楼大厦，利用硅材料制造半导体等。由此可见，材料不断推动着社会发展、时代变化。

从石器到青铜器再到水泥、硅、碳，材料的形式多种多样。材料被定义为人类用于制造物品、器件、构件、机器或其他产品的物质，广泛存在于人类生产生活之中，与各行各业的发展息息相关，可以说，材料演进史实质是人类文明进阶史。

1.1.2 材料的分类

根据不同的角度，材料可被划分为不同的类别。常见的分类方式有如下几种：根据材料的组成分类，根据材料的属性和用途分类，根据材料的物理形态（即材料的内部原子排列情况）分类等。

1. 根据材料的组成分类

根据材料的组成，材料可分为金属材料、陶瓷材料、高分子材料（聚合物）和复合材料。

金属材料：金属元素或以金属元素为主构成的具有金属特性的材料的统称。它们通常有光泽，具有良好的延展性、导电性、导热性等。

陶瓷材料：用天然或合成化合物经过成形和高温烧结制成的一类无机非金属材料，通常是晶体氧化物、氮化物或碳化物。结晶度不同、离子中的电子组成不同、共价键不同使大多数陶瓷材料成为良好的热绝缘体和电绝缘体。陶瓷通常具有耐高温、硬度高、耐磨性强、耐氧化等优点。

高分子材料：又称聚合物或高聚物材料，是一类由一种或几种分子或分子团（结构单元或单体）以共价键结合成具有多个重复单体单元的大分子，其分子质量高达 $10^4\sim 10^6$Da。它们可以是天然产物，也可以由合成方法获得。聚合物的特点是种类多，密度小（仅为钢铁的 $1/8\sim 1/5$），比强度大，电绝缘性、耐腐蚀性好，加工容易，可满足多种特种用途。

复合材料：由有机高分子、金属或无机非金属与几类不同的材料通过复合工艺获得的新型多相固体材料。它既能保留原组分材料的主要特征，又能够通过复合效应获得原组分不具备的性能。

2. 根据材料的属性和用途分类

根据材料的属性和用途，材料可分为结构材料和功能材料两大类。

结构材料以其优异的力学性能为基础，被用于制造需要承受一定荷载的设备、零部件、建筑结构。功能材料则主要利用它的特殊性能（电、磁、光、声、热、力、化学、生物等方面的特性）制造各种电子器件、光电及电光元件、能源设备与医疗设备等。

新能源材料指发展新能源技术所需的具有能量储存和转换功能的功能材料或结构功能一体化材料。它是新能源技术发展的核心和新能源应用的基础。

常见的新能源材料包括太阳能电池材料、镍氢电池材料、锂离子电池材料、燃料电池材料、反应堆核能材料、相变储能材料等。

这里着重介绍太阳能电池材料、锂离子电池材料和相变储能材料。

1）太阳能电池材料

太阳能的光电转换及利用是近些年国内外研究的热点。由于半导体材料的禁带宽度（$0\sim 3.0$eV）与可见光的能量（$1.5\sim 3.0$eV）相匹配，当光照射到半导体上时，一部分能够被吸收，产生光伏效应。太阳能电池利用太阳光与材料间的光伏效应或光化学效应，将光能直接转化成电能。

能产生光伏效应的材料有许多，如单晶硅、多晶硅、非晶硅、砷化镓等。它们的发电原理基本相同。光化学电池将光子能量转换为自由电子，电子通过电解质转移至其他材料，随后向外供电。除此以外，还有一些新型太阳能电池，如有机半导体太阳能电池、染料敏化纳米晶太阳能电池、钙钛矿太阳能电池、量子点太阳能电池等。

目前，以光伏效应工作的晶硅太阳能电池为主流，以光化学效应工作的太阳能电池还处于产业化突破阶段。

2）锂离子电池材料

锂离子电池材料作为一种新兴的能源材料正处于蓬勃发展时期。正极材料是锂离子电池的重要组成部分，在锂离子电池充放电的过程中，正极不但需要提供正负极嵌锂化合物往复嵌入/脱嵌所需要的锂，还需要补偿负极材料表面形成固体电解质界面（SEI）膜所需的锂。

锂离子电池负极材料的发展经历了曲折蜿蜒的过程。二次锂电池发展初期，金属锂作为负极材料，具有比容量高的优势，但是其异常活泼，可与很多无机物或有机物反应，出现了许多问题。例如，在反复的充放电过程中，金属锂表面生长出锂枝晶，能刺透在正负极之间起电子绝缘作用的隔膜，最终触到正极，造成电池内部短路，引发安全问题。常用的解决方法有：对电解液、隔膜进行改进，解决枝晶问题或采用新的电极材料代替金属锂。目前商业化的锂离子电池中所用的负极材料多为石墨化的碳材料或少量的非石墨化的硬碳材料，其他的碳材料仍然处于基础研究阶段，尚未形成应用规模。

3）相变储能材料

相变储能材料是指在相变时能够释放或吸收足够的能量来提供有用的热量或冷量的一类材料，该类材料在相变过程中能够维持恒定的温度且其储能能力强，可以作为能量的储存器。近些年，相变储能材料在建筑、电池热管理、太阳能等领域都得到了广泛应用。

相变储能材料按其相变方式可以分为四类：固-液相变材料，固-固相变材料，固-气相变材料和液-气相变材料。无机相变储能材料主要包括结晶水合物盐类、熔融盐类、金属或合金类。由于相变温度的限制，在墙体材料中用得最多的是结晶水合物盐。有机相变储能材料主要有石蜡、多元醇类、脂肪酸类。

3. 根据材料的物理形态分类

根据材料的物理形态，固态材料可分为晶态材料、准晶态材料和非晶态材料。

晶态材料具有长程有序的点阵结构，其组成原子或基元处于一定格式空间排列的状态。

非晶态材料指非结晶状态的材料，一般指以非晶态半导体和非晶体金属为主的普通低分子非晶态固体材料。非晶态材料通常只在几个原子间距量级的短程范围内具有原子有序的状态，也称短程有序。广义上，非晶态材料还包括玻璃、陶瓷和非晶态聚合物。

除此之外，根据材料的几何形态，材料可分为一维材料、二维材料、三维材料和零维材料。根据材料的发展，材料可分为传统材料和新型材料。根据应用领域的差异，材料可分为航空航天材料、能源材料、信息材料等。

1.2 能源材料的结构与性能

1.2.1 能源与能源材料

能源是一个包括所有燃料、流水、阳光和风的术语，是指能够直接或经过转换而获取某种能量的自然资源。任何物质都可以转化为能量，但是转化的数量及转化的难易程度是不同的。能源是指能够直接或经过转换而获取某种能量的自然资源。

（1）按能量蕴藏方式分类：①来自地球以外天体的能量，主要是太阳能；②地球本身蕴藏的能量，如地热资源和核燃料；③地球与天体相互作用产生的能量，如潮汐能。

（2）按是否经过加工转换分类：①一次能源（primary energy resource），即天然存在，可从自然界直接取得，并且不改变其基本形态和品位的能源，如煤炭、石油、天然气、风能、地热能等；②二次能源（secondary energy resource），即由一次能源经加工或转换才能加以使用的能源，如电力、煤气、蒸汽和石油制品等。

（3）按循环方式分类：①可再生能源；②非再生能源。

（4）按使用性质分类：①含能体能源（energy-containing energy resource），即包含能量的物质，可以直接储存运送，如化石燃料、生物质燃料、核燃料等；②过程能源（process energy resource），即能量比较集中的物质运动过程，是在流动过程中产生的能量，如流水、海流、潮汐、风、地震、直接的太阳辐射、电能等。

能源是人类赖以生活和生产的重要资源，材料是人类进步的重要里程碑。能源材料是能源与材料学科的一个新分支，也是当今能源与材料交叉学科中的重要研究方向。能源材料至今尚未有一个明确的定义，广义地说，凡是能源工业及能源技术所需的材料都可称为能源材料[1]。

1.2.2 能源材料结构与材料性能的关系

1. 能源材料结构与性能的基本要素

材料研究有四大要素：材料的固有性能、材料的结构与成分、材料的使用性能、材料的合成与加工。材料表征和检测则涵盖材料成分、组织结构、物理性能和力学性能等方面的分析测试技术与方法。材料科学与工程的研究主要集中在材料结构与性能的关系上，关注的是使用过程中固有的性能（即宏观性能），如物理性能、力学性能、热性能、光学性能、电性能、透气性能、耐化学药品性能、耐候性能、长期使用性能、燃烧性能等。材料的固有性能大都取决于物质的电子结构、原子结构和化学键结构。材料的使用性能是材料在使用状态下表现出的行为，使用性能的依据就是材料的固有性质，如有超导性才有超导材料，有导电性才有导电高分子材料，有高热稳定性才有阻燃高分子材料等。但使用性能还与设计、加工条件和工程环境密切相关，有些材料的固有性质很好，但在复杂的使用条件下，如在氧化与腐蚀、疲劳及其他复杂载荷条件下就不能令人满意。使用性能包括可靠性、耐用性、寿命预测和延寿措施等。通过优化设计和改变加工制备条件等措施，可以提高材料的使用性能。

随着科学技术的发展和对材料科学与工程关键问题认识的日益深化，材料研究已深入到分子、原子、电子的微观尺度，研究化学结构与分子结构，如核外电子排列方式、原子间的结合力、化学组成与结构、支链、侧链、交联程度、晶体结构、键形态等。在选择适当的表征方法时，首先考虑采用什么方法才能得到所需要的参数，即一方面要知道探测样品组织的尺度，另一方面需要知道分析仪器设备自身具备的性能、精确性以及测试方法的可行性和可靠性，同时也要考虑所需信息是宏观尺度、原子尺度，还是其他尺度。

2. 原子结构及结合键

固体材料的性质主要取决于其结构。材料的结构是和组成材料的原子之间的作用力即结合键密切相关的，结合键是各种固体理论的基本出发点。下面对孤立原子的结构及其相关理论进行简单介绍。

1）原子结构及相关理论

如图 1-1 所示，原子是由原子核及在其周围高速运转的电子组成的。在结构上，原子核是由带正电荷的粒子（质子）和不带电荷的粒子（中子）组成的。质子数即原子序数（Z），决定了元素的本性。核内质子和中子的总数决定了原子量。

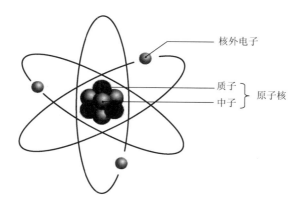

图 1-1　原子结构示意图

根据量子力学相关知识，原子具有以下特性。

波粒二象性：电子和一切微观粒子都具有二象性，既具有粒子性，又具有波动性。联系二象性的基本方程是

$$\lambda = \frac{h}{p} = \frac{h}{mv} \tag{1-1}$$

式中，λ 为粒子的德布罗意波长；h 为普朗克常数；p 为粒子动量；m 为粒子质量；v 为粒子速度。从该公式可得，如果通过改变外场而改变电子的动量，则电子波的波长也会改变。因为电子具有波动性，不谈论电子在某一瞬时的准确位置，仅研究电子出现在某一位置的概率。人们往往用连续分布的"电子云"代替轨道来表示单个电子出现在各处的概率，电子云密度最大的地方即电子出现概率最大的地方。

为了定量描述电子的状态和出现在某处的概率，需要引入一个概率波的波函数：

$$\psi(r,\ t):|\psi|^2 = \psi\psi^* = r^2 + t^2 \tag{1-2}$$

即在 t 时刻，在位矢 r 处单位体积内找到电子的概率（即在 r 处的电子云密度）。ψ 满足薛定谔方程。在外场不变，总能量 E 恒定（电子处于定态）的情况下，波函数 ψ 可以写成

$$\psi = e^{-\frac{i}{\hbar}Et} u(x,y,z) \qquad (1\text{-}3)$$

将式（1-3）代入薛定谔方程，则可得到定态薛定谔方程。这个波函数形式表明，系统的状态可以分解为时间部分和空间部分的乘积。时间部分 $e^{-\frac{i}{\hbar}Et}$ 表示波函数的时间演化，而空间部分 $u(x,y,z)$ 则描述了粒子在不同位置的概率密度分布。

对于孤立原子，每个电子都在核和其他电子的势场中运动。如果将势场看成有心力场，求解薛定谔方程，就可得到波函数和相关的物理量（如 E、L 等）。所得公式中包含4个参数：主量子数 n，轨道角量子数 l，（轨道）磁量子数 m 和自旋磁量子数 m_s。

主量子数 n 是决定能量的主要参数（对氢原子，则是唯一参数，$E_a \propto -\frac{1}{n^2}$），$n = 1, 2, \cdots$（正整数）。

轨道角量子数 l 决定了轨道角动量的大小。对碱金属原子，能量不仅与 n 有关，还与 l 有关，$l = 0, 1, 2, \cdots, n-1$ 共 n 个值。

轨道磁量子数 m 决定了轨道角动量在外磁场方向的投影值，$m = 0, \pm 1, \pm 2, \cdots, \pm l$。

自旋磁量子数 m_s 决定了自旋角动量在外磁场方向的投影值，$m_s = \pm \frac{1}{2}$（共两个值）。

在多电子的原子中，电子的分布必须遵循泡利不相容原理、能量最低原理、洪德定则（最多轨道原理）。

泡利不相容原理：不能有两个或两个以上的电子具有完全相同的四个量子数，或者说在轨道量子数 m、l、n 确定的一个原子轨道上最多可容纳两个电子，而这两个电子的自旋方向必须相反。

能量最低原理：原子核外电子的排布遵循着"系统的能量越低则越稳定"这一规律，多电子原子在基态时，核外电子总是尽可能地先占据能量最低的轨道，然后按原子轨道近似能级图的顺序依次向能量较高的能级上分布。

洪德定则：电子分布到能量简并的原子轨道时，优先以自旋相同的方式分别占据不同的轨道，因为这种排布方式下原子的总能量最低，所以在能量相等的轨道上，电子尽可能自旋平行地多占不同的轨道。

2）原子间结合键

原子之间的结合力也称作结合键，它主要表现为原子间引力和斥力的合力。根据电子围绕原子的分布方式，原子间结合键可以分为五类：离子键、共价键、金属键、分子键、氢键。下面对这五类结合键进行简单的介绍。

（1）离子键。当两种电负性相差大的原子（如碱金属元素与卤族元素的原子）相互靠近时，其中电负性小的原子失去电子，成为正离子，电负性大的原子获得电子，成为负离子。两种离子靠静电引力结合在一起形成离子键。典型的金属元素和非金属元素就是通过离子键而化合的，代表性的离子化合物有 $NaCl$、$MgCl_2$。

离子键的作用力强，无饱和性，无方向性。离子键存在于离子化合物中，离子化合物在室温下是以晶体形式存在的。离子键较氢键强，其强度与共价键接近。

（2）共价键。由两个或多个相邻原子通过共用电子对作用所形成的化学键称为共价键。其本质是原子轨道重叠后，高概率地出现在两个原子核之间的电子与两个原子核之间的电性作用。元素周期表中同族元素的原子就是通过共价键形成分子或晶体的，此外，许多碳氢化合物也是通过共价键结合的。常见的例子有 H_2、O_2、F_2、金刚石、SiC 等。

共价键的基本特点是核外电子云达到最大的重叠，形成"共用电子对"，有确定的方位，且配位数较小。除此以外，共价键还具有方向性和饱和性，其配位数低，纯晶体在低温下电导率很小。

（3）金属键。由金属正离子和自由电子间相互作用形成的键称为金属键。金属晶体中各原子都贡献出其价电子变成外层为八个电子的金属正离子，所有贡献出来的价电子在整个晶体内自由运动，金属晶体的结合力就是价电子集体（自由电子气）与金属正离子之间的静电引力。

金属键没有方向性，具有很高的配位数和密度，其电导率高，延性好。

（4）分子键。分子键又称范德瓦耳斯力，是电中性的原子之间的长程作用力。低温时，惰性气体原子就是通过范德瓦耳斯力结合成晶体的。其作用力来源于原子间瞬时电偶磁矩的感应作用。

分子键的熔点和沸点低，其压缩系数大，仍然保留了分子的性质。

（5）氢键。形成氢键必须满足两个条件：①分子中必须含氢；②另一种元素必须是显著的非金属元素（F、O 和 N 分别是ⅦA、ⅥA、ⅤA 族的第一种元素）。这样才能形成极性分子，同时形成一个裸露的质子。氢键具有方向性和饱和性。

综上，离子键、共价键和金属键都涉及原子外层电子的重新排布，这些电子在键合后不再只属于原来的原子，故将这三种键称为化学键。在形成分子键和氢键时，原子的外层电子分布没有变化，或者变化极小，它们仍然属于原来的原子（仍然绕着原来的原子核运动）。因而，分子键和氢键称为物理键。一般来说，化学键最强，氢键次之，分子键最弱。

3. 晶体结构与性能

1）晶体化学

晶体化学起源于晶体学向化学的渗透，主要研究晶体在原子水平上的结构理论，揭示晶体的化学组成、结构和性能三者之间的内在联系。晶体化学首先涉及键型、构型及其变化规律，研究组成晶体结构的原子、离子的数量关系、大小关系和作用力的本质及其变化等。

根据波动力学，单个原子核外电子绕核运动。形成球形电磁场，球形的半径就是原子半径或离子半径。原子或离子的中心间距是两个原子或离子的半径之和。原子间距可以用电子衍射及 X 射线衍射等方法测出。晶体中质点在空间的排列服从最紧密堆积原理，即质点之间的作用力会尽可能使它们占有最小的空间，此时系统的内能最小，形成的结构最稳定。球体的最紧密堆积分为等径球体堆积和不等径球体堆积。等径球体逐层堆垛，有密排六方和面心立方两种最紧密堆积方式。由于球体之间是刚性点接触堆积，即使在最紧密堆积时也必然存在间隙，间隙分为两种：①四面体间隙；②八面体间隙。在实际离子晶体中，正负离子的半径往往相差很大——不等径球体堆积可以看作较大的球体（负离子）做最密堆积，较小的球体（正离子）填充其中的间隙。这种填隙可能使负离子之间的距离均匀撑开，甚至改变堆积方式，既可以提高空间利用率，也可以满足异号离子相间排列的要求。晶体的配位数即与中心原子（离子）直接相邻结合、距离最短的原子（或异号离子）的个数。晶体的配位多面体即晶体最邻近的配位原子（离子）所组成的多面体。

2）金属晶体结构与性能

由于金属键的性质，金属晶体形成对称性较高的密排结构，单质金属的典型晶体结构是体心立方、面心立方和密排六方三种结构（图1-2）。体心立方晶格的晶胞中，8个原子处于立方体的角上，1个原子处于立方体的中心，角上8个原子与中心原子紧靠。具有体心立方晶格的金属有锂（Li）、钾（K）、钼（Mo）、钨（W）、钒（V）、α-铁等。面心立方晶格的晶胞的8个角上各有个原子，构成立方体，在立方体的6个面的中心各有1个原子。密排六方结构是指除在六角晶胞的顶角上有12个原子外，在每个底面中心有1个原子，在晶胞内部半高处有3个共面原子，轴比近似为1.633的六角晶体结构。

	面心立方最紧密堆积A$_1$	体心立方最紧密堆积A$_2$	密排六方最紧密堆积A$_3$
结构示意图	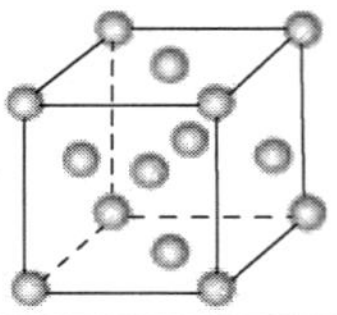	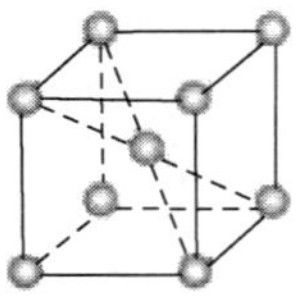	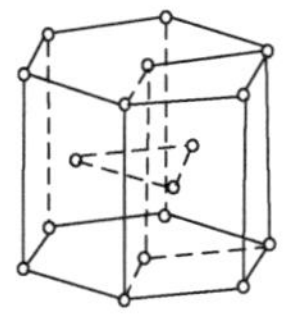
配位数	12	8	12
实例	Ca、Al、Cu、Ag、Au、Pd、Pt	Li、K、Mo、W、V、α-Fe	Mg、Zn、Ti

图1-2 单质金属的晶体结构

当由两个或两个以上的组元构成合金时，可形成固溶体和金属间化合物。固溶体是以某一组元为溶剂，在其晶体点阵中溶入其他组元原子（溶质原子）所形成的均匀混合的固态溶体。按溶质原子在晶格中的位置，固溶体可分为间隙固溶体和置换固溶体；按组元在固溶体中的溶解度，固溶体可分为有限固溶体和无限固溶体；按溶质原子在溶剂中的分布特点，固溶体可分为有序固溶体和无序固溶体。

合金中除了形成固溶体，当超过固溶体的溶解限度时还可形成晶体结构不同的新相，它们在系统的平衡相图上总是位于中间位置，称为中间相。按照结合键的类型，中间相可以分为离子化合物、共价化合物和金属化合物。按照形成规律，中间相可分为服从原子价的正常价化合物、受控于电子浓度的电子化合物、受原子尺寸因素控制的间隙相和间隙化合物、拓扑密堆相等。

金属分别有以下性质。①物理性：金属阳离子所带电荷数越多，半径越小，金属键越强，熔沸点越高，其硬度也越大。例如，元素周期表第三周期金属单质的金属键由强到弱依次为：Al、Mg、Na；ⅠA 族金属单质的金属键由强到弱依次为：Li、Na、K、Rb、Cs。硬度最高的金属是铬，熔点最高的金属是钨。②延展性：当金属受到外力，如锻压或捶打时，晶体的各层就会发生相对滑动，但不会改变原来的排列方式，在金属原子间的电子可以起到类似轴承中滚珠的"润滑"作用，在各原子之间发生相对滑动以后，仍可保持这种相互作用而不易断裂，因此金属都有良好的延展性。③导电性：金属晶体中充满着带负电的"电子气"，这些电子气的运动是没有一定方向的，但在外加电场的条件下电子气就会发生定向移动，从而形成电流，所以金属容易导电。④导热性：金属容易导热，是由于电子气中的自由电子在热的作用下与金属原子频繁碰撞，把能量从温度高的部分传到温度低的部分，从而使整块金属达到相同的温度。

3）无机非金属材料结构与性能

无机非金属材料是以硅酸盐、铝酸盐、磷酸盐、硼酸盐以及某些元素的氧化物、碳化物、氮化物、卤素化合物、硼化物等物质组成的材料，是除有机高分子材料和金属材料以外的所有材料的统称。在晶体结构上，无机非金属的晶体结构远比金属复杂，并且没有自由电子，具有比金属键和纯共价键更强的离子键和混合键。这种化学键所特有的高键能、高键强赋予这一大类材料以高熔点、高硬度、耐腐蚀、耐磨损、高强度和良好的抗氧化性等基本属性，以及良好的导电性、铁电性、铁磁性和压电性。

4）高分子的晶态结构与性能

高分子的结构分为高分子链结构与高分子的聚集态结构两部分。高分子链结构指单个分子的结构和形态，分为近程结构和远程结构。高分子的聚集态结构指高分子材料整体的内部结构，包括晶态结构、非晶态结构、取向态结构、液晶态结构以及织态结构。

高分子链的化学组成类型及其性能特点如下。①碳链高分子，主链 C 原子以共价键连接，其性能特点是可塑性好，易加工成型，耐热性差，易燃烧和老化。聚乙烯（PE）、聚丙烯（PP）、聚苯乙烯（PS）仅含有 C 和 H 元素，是非极性高聚物，具有较好的介电性能。PE 结构简单、对称性好，是典型的结晶性高聚物；PS 的苯环侧基体积大、对称性差，是典型的非晶高聚物。②杂链高分子，主链除 C 外，还有 O、N、P、S 等其他元素。其具有较高的机械强度、较高的耐热性，分子主链上带有极性基团，易水解、醇解或酸解。③主链由 Si、Ti、Al、As 等原子和 O 原子构成，侧基一般为有机基团。一般具有无机物的高热稳定性和耐磨性，以及有机物的高弹性和可塑性。④主链纯粹由其他元素构成，无 C 原子和有机基团。其原子成链能力较弱，分子量低，易水解。

4. 非晶体结构与性能

非晶体是指结构无序或者近程有序而长程无序的物质，组成物质的分子（或原子、离子）不呈空间有规则周期性排列，它没有一定规则的外形。它的物理性质在各个方向上是相同的，叫"各向同性"；同时，它没有固定的熔点，随着温度升高，物质首先变软，然后由稠逐渐变稀成为流体，所以有人把非晶体叫做"过冷液体"或"流动性很小的液体"。玻璃体是典型的非晶体，所以非晶态又称为玻璃态。重要的玻璃体物质有氧化物玻璃、金属玻璃、非晶半导体和高分子化合物。其他常见的非晶体如沥青、松香、塑料、石蜡、橡胶等。

非晶态固体包括非晶态电介质、非晶态半导体、非晶态金属。它们有特殊的物理、化学性质。例如金属玻璃（非晶态金属）比一般（晶态）金属的强度高、弹性好、硬度和韧性高、抗腐蚀性好、导磁性强、电阻率高等。这使非晶态固体有多方面的应用。晶体与非晶体之间在一定条件下可以相互转化。例如，把石英晶体熔化并迅速冷却，可以得到石英玻璃。将非晶半导体物质在一定温度下热处理，可以得到相应的晶体。可以说，晶态和非晶态是物质在不同条件下存在的两种不同的固体状态，晶态是热力学稳定态。

5. 准晶态结构与性能

准晶是一种介于晶体与非晶体之间的固体。准晶具有长程有序的结构，具有晶体所不允许的 5、8、10、12 次旋转对称性，但不具有晶体所应有的长程平移对称性。准晶态具有以下性能。

（1）密度和熔点：准晶原子排列的规则性弱于晶态，准晶的密度和熔点低于同成分的晶态。

（2）导热性：准晶的比热容比晶态大，热导率、负温度系数低，隔热性能接近陶瓷，与普通合金截然不同。

（3）导电性：准晶的电阻率高而电阻温度系数小。作为热和电的不良导体，准晶可用于制作温差电材料，把热能转换为电能。

（4）力学性能：准晶的强度特别大，硬度很高（与陶瓷相当），脆性大，表面甚至没有摩擦力，耐磨性好。

（5）表面抗氧化性：不易与其他物质发生反应，不易氧化生锈，不易损伤，使用寿命长。

（6）表面不粘：准晶态材料无黏着力并且导热性较差，可制造不粘锅具、柴油发动机等。

（7）准晶有稳态和亚稳态。

总之，材料的固有性质大都取决于物质的电子结构、原子结构和化学键结构，这就是通常所说的"结构与性能的关系"的基础。材料结构的测定仍以衍射方法为主，衍射方法主要有 X 射线衍射、电子衍射、中子衍射、γ 衍射等。X 射线也能确定非晶材料和多层膜的成分深度分布、膜的厚度和原子排列。中子衍射多用于测量材料（主要是金属、合金材料）的缺陷、空穴、位错、沉淀相、磁不均匀性的大小和分布。另外，热分析技术是研究高分子材料结构的重要手段[2]。

习　题

1-1　常见的新能源材料有哪些？

1-2　什么是光伏效应？常见的能够产生光伏效应的材料有哪些？

1-3　锂离子电池在使用过程中存在的问题有哪些？

1-4　相变材料按相变方式可以分为哪几类？

1-5　查阅半导体材料相关资料，谈谈你对半导体材料发展及应用的认识。

1-6　简述能源与能源材料的关系。

1-7　简述能源材料结构与性能的基本要素，以及相互之间的关系。

1-8　简述波粒二象性、泡利不相容原理、能量最低原理及洪德定则等的含义与内涵。

1-9　原子间的结合键分哪几种类型？

1-10　晶体主要包含哪几种晶态形式？晶体、非晶体、准晶分别具有哪些特性？

参 考 文 献

[1]　王新东，王萌. 新能源材料与器件. 北京：化学工业出版社，2019.

[2]　陶杰，姚正军，薛烽. 材料科学基础. 2 版. 北京：化学工业出版社，2018.

第 2 章　X 射线分析

本章主要介绍布拉格定律的建立及布拉格方程的推导，并就布拉格方程的适用范围进行讨论；以布拉格定律为理论基础对 X 射线衍射技术进一步展开介绍，具体包括 X 射线的产生、X 射线的理化特性和利用 X 射线衍射技术进行物相分析的一般步骤。对掠入射 X 射线散射的基本原理进行简单阐述。根据入射角相对于临界角的大小，将掠入射 X 射线散射分为掠入射小角 X 射线散射（GISAXS）以及掠入射广角 X 射线散射（GIWAXS），并就其应用做简单的介绍。最后以实例分析的方式对 X 射线技术的科研应用进行介绍。

2.1　布拉格定律

2.1.1　布拉格定律的建立

1912 年英国物理学家威廉·亨利·布拉格和他的儿子威廉·劳伦斯·布拉格通过对 X 射线谱的研究，提出了晶体衍射理论，建立了布拉格定律。他们发现，当具有特定波长及入射角的 X 射线照射晶体时，反射出来的辐射会形成集中的波峰（又称布拉格尖峰）。

2.1.2　布拉格方程的推导

为了解释这一结果，威廉·劳伦斯·布拉格建立了一个模型，如图 2-1 所示，晶体为一组各自分离的平行平面，相邻晶面间的距离为一常数 d。如果各平面反射出来的 X 射线

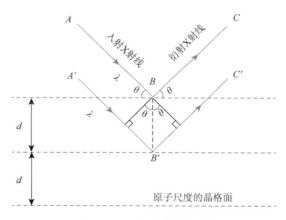

图 2-1　布拉格定律原理图

呈相长干涉，那么入射的 X 射线经晶体反射后会产生布拉格尖峰。当相位差为 2π 及其整数倍时，干涉为相长。这个条件可从图 2-1 中的几何关系中得出，由布拉格方程表示为：

$$n\lambda = 2d\sin\theta \tag{2-1}$$

其中，n 为反射级数，取整数；λ 为入射波的波长；d 为原子晶格内的平面间距；θ 为入射波与散射平面间的夹角。

2.1.3　布拉格方程的讨论

1. 选择性反射

晶体中 X 射线的衍射实质上是晶体内相干散射波相互干涉的结果。由于衍射线的方向与入射线的原子反射方向完全相同，因此可以用布拉格定律代替反射规律来描述衍射线束的方向。但是，应当指出 X 射线不是从原子平面反射的，原子面反射是一种以布拉格定律为前提的选择性反射，与可见光的反射相比：可见光可以以任何角度投射到反射镜上，也就是说反射不受条件限制。因此，X 射线晶体表面反射称为选择性反射，是晶体中几个原子表面相互作用的结果。

2. 产生衍射的限制条件

由布拉格方程 $2d\sin\theta = n\lambda$ 得

$$\sin\theta = \frac{n\lambda}{2d} \leqslant 1 \tag{2-2}$$

考虑 $n = 1$（1 级反射）的情况，则

$$\lambda \leqslant 2d \tag{2-3}$$

式（2-3）就是产生衍射的极限条件。其物理意义是当波长为 λ 的 X 射线照射晶体时，晶体中只有晶面间距 $d \geqslant \lambda/2$ 的晶面才会产生衍射。

3. 反射级数和干涉面指数

布拉格方程 $2d_{hkl}\sin\theta = n\lambda$ 中的 n 为反射级数，两边同时除以 n 得

$$(2d_{hkl}/n)\sin\theta = \lambda \tag{2-4}$$

这样原本 (hkl) 晶面的 n 级衍射就可以看成虚拟晶面 (HKL) 的一级反射，该虚拟晶面平行于 (hkl)，但晶面间距为 d_{hkl} 的 $1/n$。该虚拟晶面 (HKL) 又称干涉面，(HKL) 为干涉面指数，简称干涉指数。

由晶面指数的定义可知：$H = nh$，$K = nk$，$L = nl$，当 $n = 1$ 时，干涉指数互质，干涉面就是一个真实的反射晶面，因此，干涉指数实际上是广义的晶面指数。

设入射 X 射线照射到晶面 (100) 上，刚好发生二级反射，即满足布拉格方程 $2d_{hkl}\sin\theta = n\lambda$，假想在 (100) 晶面中平行插入平分面，则由晶面指数的定义可知该虚拟的平分面指数为 (200)，此时 $d_{200} = \frac{1}{2}d_{100}$，且相邻晶面反射线的光程差为一个波长，这样 (100)

晶面的二级反射可以看成虚拟晶面(200)的一级反射，该虚拟晶面即为干涉面，(200)为干涉指数。显然干涉指数有公约数 2，为真实晶面指数的 2 倍。同理可得，在(100)晶面上发生的三级反射，可以看成(300)干涉面的一级反射。为了书写方便，d_{hkl} 简写为 d，此时布拉格方程可表示为

$$2d \sin \theta = \lambda \tag{2-5}$$

2.2　X 射线衍射

2.2.1　X 射线的产生

X 射线通常由 X 射线管、激光等离子体光源、同步辐射光源以及 X 射线激光 4 种方式产生。

1. X 射线管

X 射线管是一种利用高速电子撞击金属靶面产生 X 射线的电子器件，分为充气管和真空管两类。1895 年伦琴发现 X 射线时使用的克鲁克斯管就是最早的充气式 X 射线管。1913 年考林杰发明的真空 X 射线管的最大特点是钨灯丝加热到白炽状态以提供管电流所需的电子，调节灯丝的加热温度就可以控制管电流，进而提高影像质量。同年发明了在阳极靶面与阴极之间装有控制栅极的 X 射线管，通过在控制栅上施加脉冲调制，以控制 X 射线的输出和调整定时重复曝光，部分地消除了散射线，提高了影像的质量。1914 年制成了钨酸镉荧光屏，开始了 X 射线透视的应用。1923 年发明了双焦点 X 射线管，X 射线管的功率可达几千瓦，矩形焦点的边长仅为几毫米，X 射线影像质量大大提高。同时，造影剂逐渐应用，使 X 射线的诊断范围不断扩大。X 射线管还广泛用于零件的无损检测、物质结构分析、光谱分析等方面。2002 年，美国北卡罗来纳大学的华裔科学家卢健平等为 X 射线源找到了新的方法，即用碳纳米管制成"场发射阴极射线管"来发射高能电子，无须利用高温产生高能电子束，便能产生 X 射线。在室温条件下，薄层碳纳米管就能产生高能电子束，一旦接通电源即可发射 X 射线，没有金属丝的预热过程。

2. 激光等离子体光源

激光等离子体光源是一种易于操作而且成本较低的光源，可以用于 X 射线显微术，可与电子扫描显微镜一样作为实验室常规分析工具。其基本原理是：当高强度（$10^{14} \sim 10^{15} \mathrm{W/cm}^2$）激光脉冲聚焦打在固体靶上时，靶的表面会迅速离化并形成高温高密度的等离子体，进而发射 X 射线。它是一种具有足够辐射强度的独立点光源，泵浦激光器主要有 KrF、Nd∶YAG、钕玻璃等。X 射线的发射与靶材有关，由于溅射残屑可能损伤光学系统并污染样品，若用气体靶代替固体靶可以避免残屑问题。因此，需要进一步开发有效的、不产生残屑的并能高重复频率工作的激光等离子体 X 射线光源。

3. 同步辐射光源

速度接近于光速的带电粒子在磁场中做圆周运动时，会沿着偏转轨道的切线方向发射连续谱的电磁波。1947 年，人类在电子同步加速器上首次观测到了这种电磁波，并称为同步辐射，后又称为同步辐射光。同步辐射最初是作为电子同步加速器的有害物而进行研究的，但是后来成为一种从红外到 X 射线范围内有着广泛应用的高性能光源。同步辐射光源是开展凝聚态物理、生命科学、资源环境、材料科学及微电子技术等多学科交叉前沿研究的重要平台。

同步辐射光源的主体是电子储存环，30 多年来已经历了三代的发展。第一代同步辐射光源的电子储存环是为高能物理实验而设计的，只是"寄生"地利用从偏转磁铁引出的同步辐射光，故又称"兼用光源"；第二代同步辐射光源的电子储存环是专门为使用同步辐射光而设计的，主要从偏转磁铁引出同步辐射光；第三代同步辐射光源的电子储存环对电子束发射度和大量使用插入件进行了优化设计，使电子束发射度比第二代小得多，同步辐射光的亮度大大提高，如加入波荡器等插入件可引出高亮度、部分相干的准单色光。

4. X 射线激光

随着 X 射线的应用越来越广泛，科学家开始着重研究增加 X 射线的强度。世界上第一个红宝石激光 1960 年问世以来，在 X 射线波段实现激光辐射就一直是激光研究的重要目标。X 射线激光除了具有普通激光方向性强、发散度小的特点外，其单光子能量比传统的光学激光高上千倍，具有极强的穿透力。

1981 年，美国在地下核试验中进行核泵浦 X 射线激光实验获得成功，极大地推动了实验室 X 射线激光的研究。水窗的饱和 X 射线激光是目前唯一能够对生物活体细胞进行无损伤三维全息成像和显微成像的光源，借助于它有可能解开生命之谜。美国、英国、日本、法国、德国、俄罗斯和中国等国的许多著名实验室都相继作了部署。1994 年，美国利弗莫尔实验室用世界上功率最大的激光器的 3000J 激光能量泵浦钇靶，产生了波长为 15.5nm 的饱和 X 射线激光。1996 年底，中国旅英青年学者张杰领导的联合研究组在英国卢瑟福实验室利用多路激光器轰击钐靶，在泵浦能量仅为 150J 的情况下，成功地获得了波长为 7.3nm 的 X 射线激光饱和增益输出，为在"水窗"波段实现增益饱和输出的X 射线激光带来了巨大的希望。

2.2.2　X 射线的特性

X 射线被发现以来，科学家逐渐揭示了 X 射线的本质。作为一种波长极短、能量很大的电磁波，X 射线的波长比可见光的波长更短（在 0.001～100nm，医学上应用的 X 射线波长在 0.001～0.1nm），但是它的光子能量要比可见光光子能量大几万甚至几十万倍。因此，X 射线除了具备可见光的一般特性，还具有其自身的独特性质。也正是基于 X 射线的这些特性，其在物理学、医学、工业和农业上得到了广泛的应用，尤其是在医学上，

X 射线技术已成为诊断和治疗疾病的主要手段，在医疗卫生领域中占有重要位置。

1. X 射线的物理效应

（1）穿透作用。X 射线能量大、波长短，照在物质上时，仅有一部分被物质所吸收，大部分经原子间隙而透过，表现出很强的穿透能力。X 射线穿透物质的能力与 X 射线光子的能量有关，X 射线的波长越短，光子的能量越大，穿透力越强。X 射线的穿透能力还受到物质的密度，原子序数以及厚度等因素的影响，因此其差别吸收的性质可以被用来区分密度，原子序数不相同的物质。

（2）荧光作用。X 射线波长很短且不可见，但它照射到某些化合物如硫化锌镉、钨酸钙、磷、铂氰化钡材料等时，可使物质产生荧光（紫外线或可见光），X 射线量与荧光的强弱成正比。这种作用也是 X 射线应用于透视领域的基础，可利用这种作用制成增感屏，增强摄影时胶片的感光量；也可利用这种荧光作用制成荧光屏，用于透视时观察 X 射线透过人体组织的影像。

（3）电离作用。X 射线照射物质时，可以使核外的电子脱离原子轨道从而产生电离。利用电离电荷的多少可以测定 X 射线的照射量，X 射线测量仪器就是根据这个原理制造的。在电离的作用下，气体导电，可以使某些物质发生化学反应，可以诱发有机体内的生物效应。

（4）热作用。物质吸收的 X 射线大部分转变成热能，使物体的温度升高。

（5）反射、干涉、衍射、折射作用。在 X 射线显微镜、物质结构分析及波长测定领域都得到应用。

2. X 射线的化学效应

（1）感光作用。X 射线同可见光一样能使胶片感光，并且胶片的感光强弱与 X 射线量成正比。当 X 射线通过人体时，因人体各组织的密度不同，对 X 射线量的吸收不同，胶片上所获得的感光度不同，从而获得 X 射线的影像。

（2）着色作用。在长期照射某些物质（如铅玻璃、铂氰化钡、水晶等）后，X 射线可使结晶体脱水，改变颜色。

3. X 射线的生物效应

X 射线照射到生物机体时，可使生物细胞受到抑制、破坏甚至坏死，致使机体发生不同程度的生理、病理和生化等方面的改变。不同的生物细胞对 X 射线有不同的敏感度，可用于治疗人体的某些疾病，特别是肿瘤。X 射线同时也可能导致脱发、皮肤烧伤、视力障碍、白血病等射线伤害，因此应注意采取防护措施，避免其对正常机体的伤害。

2.2.3 X 射线衍射技术

1. X 射线衍射技术的基本介绍

X 射线衍射技术利用 X 射线在晶体中的衍射现象来获得衍射后的 X 射线信号特征，

经过处理得到衍射图案。衍射仪由 4 个基本部分组成：X 射线发生器、测角仪、探测器和计算机部分。X 射线衍射分析法是研究物质的物相和晶体结构的主要方法。

2. X 射线衍射技术的基本原理

当一束单色 X 射线照射到晶体上时，晶体中原子周围的电子受 X 射线周期变化的电场作用而振动，从而使每个电子都变为发射球面电磁波的次生波源。所发射球面波的频率与入射的 X 射线相一致。基于晶体结构的周期性，晶体中各个原子（原子上的电子）的散射波可相互干涉而叠加，称为相干散射或衍射。X 射线在晶体中的衍射现象实质上是大量原子散射波相互干涉的结果。每种晶体所产生的衍射花样都反映出晶体内部的原子分布规律。

根据上述原理，某晶体的衍射花样最主要的特征是两个：①衍射线在空间的分布规律；②衍射线束的强度。其中，衍射线的分布规律由晶胞大小、形状和位向决定，衍射线强度取决于原子的品种和它们在晶胞中的位置。因此，不同晶体具备不同的衍射图谱。

2.2.4　X 射线物相分析

1. 物相定性分析原理

X 射线物相定性分析就是利用 X 射线衍射图谱，判别分析待测试样品中存在哪些物相的过程。X 射线衍射的充要条件是

$$2d \sin \theta = n\lambda \tag{2-6}$$

$$F_{hkl} \neq 0 \tag{2-7}$$

式（2-6）确定了衍射方向，即在一定的实验条件下衍射方向取决于晶面间距 d。d 是晶胞参数的函数，$d_{hkl} = d(a,b,c,\alpha,\beta,\gamma)$。衍射强度 I 与结构因子 F_{hkl} 的关系为衍射强度 I 正比于 F_{hkl} 模的平方，即 $I \propto |F_{hkl}|^2$。当 $I_{hkl} \neq 0$ 时，$F_{hkl} \neq 0$。

F_{hkl} 的数值取决于物质的结构，即晶胞中原子的种类、数目和在空间排列的方式，因此决定 X 射线衍射谱中衍射方向和衍射强度的一套 d 和 I 的数值是与一个确定的结构相对应的。这就是说，任何物相都有一套 d-I 特征值，两种物相的结构稍有差异，其衍射谱中的 d 和 I 将有区别。这就是应用 X 射线衍射分析和鉴定物相的依据，所以材料的物相定性分析就是确定材料中含有哪些物相。

2. PDF 卡片

1）PDF 卡片简介

1938 年，哈那瓦特最早提出建立标准衍射卡片的设想，即在一张卡片上列出标准物质的一系列晶面间距及其对应的衍射强度，用以代替实际的 X 射线衍射图样。1942 年，美国材料试验协会（American Society for Testing Materials，ASTM）整理并出版了约 1300 张

标准衍射卡片，这就是当时的 ASTM 卡片。自 1969 年起，改由国际粉末衍射标准联合委员会（Joint Committee on Powder Diffraction Standards，JCPDS）负责标准衍射卡片的收集、校订和编辑工作，此后的卡片组被称为粉末衍射卡组（Powder Diffraction File，PDF）。1978 年，进一步与国际衍射资料中心（International Center of Diffraction Data，ICDD）联合出版。1992 年以后的卡片统一由 ICDD 出版，至 1997 年，已有卡片 47 组，包括有机、无机相约为 67000 个。到 2003 年，已出版了 65 组，并且还在逐年增加。其中，$SmAl_2O_3$ 粉末的 PDF 卡片结构如表 2-1 所示。

表 2-1　$SmAl_2O_3$ 的 PDF 卡片结构

$SmAl_2O_3$ Aluminum Samarium Oxide	$d/0.1nm$	I/I_1	hkl	$d/0.1nm$	I/I_1	hkl
Rad. CuK_{a1} $\lambda0.154\ 059\ 8$ Filter Ge Mono. d-sp Guinier cut off 3.9 Int. Densitometer $I/Icor$ 3.44 Ref. Wang P，Shanghai Inst. of Ceramics，Chinese Academy of Science,Shanghai，China，ICDD Grant-in- Aid. （1994）	3.737 3.345 2.645 2.494 8 2.254 9	62 5 100 4 2	110 111 112 003 211	1.182 2 1.167 7 1.124 7 1.114 9	18 5 15 2	420 421 422 333
Sys. Tetragonal　　　　　　S.G. a_0 5.287 6 b_0 c_0 7.485 8　A　C 1.415 7 α　β　γ　Z4　m_p Ref. $I_b$id. D_x7.153 D_m　　SS/FOM F19=39(. 007,71)	2.195 3 1.870 1 1.814 9 1.627 2 1.623 0	46 62 6 41 7	202 220 203 222 311			
Integrated in tensities，Prepared by heating the compact powder mixture of Sm_2O_3 and Al_2O_3 according to the sto- ichiometric ratio of $SmAlO_3$ at 1500℃ in molybdenum silicide-resistance furnace in air for two days. Silicicon used as internal standard. To replace 9-82 and 29-83	1.526 5 1.390 0 1.322 0 1.302 5 1.246 2	49 62 6 41 7	312 115 400 205 330			

2）PDF 卡片索引

想迅速地从数万张卡片中找到所需卡片，就得靠索引。索引按物质分为有机相和无机相两类；按检索方法又有字母索引、数字索引和软件索引三种。

（1）字母索引。字母索引是按物质英文名称的第一个字母顺序排列而成的，每一行包括卡片的质量标志、物相名称、化学式、衍射花样中三根最强线对应的晶面间距值 d、相对强度及卡片序号等几个主要部分。例如，当已知被测样品的主要物相或化学元素时，可通过估计的方法获得可能出现的物相，利用该索引找到有关卡片，再与待定衍射花样对照，即可方便地确定物相。如果未知样品的任何信息，则可先测样品的 X 射线衍射花样，再对样品进行元素分析，由元素分析的结果估计样品中可能出现的物相，再由字母索引查找卡片、对照花样，确定物相。

（2）数字索引。在未知待测相的任何信息时，可以使用数字索引检索卡片。该索引的每一部分说明如表 2-2 所示，每行代表一张卡片，共有七部分。1-卡片质量标志（QM）；2-物相八根最强线的面间距：表示 8 个强峰所对应的晶面间距，其下标分别表示各自的相对强度，其中 x 表示最强峰定为 100，8 表示为 80，6 表示为 60，余类推；3-皮尔逊符号码（Pearson symbol code，PSC）：表示物质所属的布拉格点阵，小写字母 a、m、o、t、h、c 表示晶系，大写字母 P、C、F、I、R 分别表示简单、底心、面心、体心和菱心等点阵类型；4-化学式（chemical formula）；5-物相的矿物名或普通名（mineral name）；6-卡片号（PDF）；7-参比强度值（I/I_c）。所有卡片按最强峰的 d 值范围分成若干个大组，从大到小排列，每个大组中又以第二强峰的 d 值递减为序进行排列。

表 2-2　数字索引说明

1	2	3	4	5	6	7
卡片质量标志（QM）	物相八根最强线的面间距（strongest reflections）	皮尔逊符号码（PSC）	化学式（chemical formula）	物相的矿物名或普通名（mineral name）	卡片号（PDF）	参比强度值（I/I_c）
O O i	3.43_9 3.39_X 3.16_5 2.83_4 4.39_3 3.82_3 2.57_3 3.63_2 3.43_X 3.39_X 2.16_6 5.39_5 2.54_5 2.69_4 1.52_4 2.12_3 3.41_9 3.39_X 3.37_6 3.28_7 3.26_7 2.40_3 2.39_3 1.90_3 3.41_9 3.39_X 3.28_8 3.13_8 3.10_8 4.10_5 3.32_5 3.17_5		$CsAl(ClO_4)_5$ $Al_6Si_2O_{13}$ Tl_3F_7 $\alpha\text{-}Ba_2Cu_7F_{18}$		31-345 15-776 27-1455 23-816	

（3）软件索引。利用 Jade 软件进行物相检索的一般步骤如下。①给出检索条件：包括检索子库（有机物还是无机物、矿物还是金属等）、样品中可能存在的元素。②计算机按照给定的条件进行检索，将可能存在的前 100 种物相列出一个表。③从列表中检定出一定存在的物相（人工完成）。

3）物相判断

一般地，判断一个物相的存在与否有三个条件：标准卡片中的峰位与测量峰的峰位是否匹配；标准卡片中的峰强度比与测量峰的峰强度比是否匹配；检索出来的物相包含的元素在样品中必须存在。

4）物相检索

Jade 物相检索常用的方法包括无限制检索法和限定条件检索法两种。其中可限定的条件包括 PDF 卡片库、元素组合、设置检索焦点、单峰检索。另外，也可以对物相进行反查。

（1）无限制检索即对图谱不做任何处理、不规定检索卡片库、不做元素限定、检索对象选择为主相。这种方法一般可检测出样品中的主要物相。在对样品无任何已知信息的情况下可试着检索出样品中的主要物相，进而通过检索出来的主要物相来了解样品中元素的组成。另外，在考虑样品受到污染、反应不完全的情况时可试探样品中是否存在未知的元素。但是，这种方法不可能检索出全部物相，并且检索结果可能与实际存在的物相偏差较大，需要其他实验作进一步证实。

（2）限定条件检索如下。

①PDF 卡片库的选择。PDF 卡片库中有 4 个主要的数据库子库，即 Inorganic、ICSD Patterns、Minerals 和 ICSD Minerals。对于一般的样品，通常只需要选择这 4 个数据库就可以检索出全部物相。特别是当样品为天然矿物时，应当只选择矿物库的两个子库：ICSD Patterns 和 Minerals。否则，多选的数据库会对矿物物相分析带来困难。还有一点值得注意，ICSD（国际晶体学数据库）在物相检索中非常重要，因为很多新的物相在其他三个库中很难找到。应当注意的是，选择不同的数据库可能会得出不同的结果，数据库选择不合适时，可能会导致某些物相检索不出。

②限定检索的焦点。在 Jade 的检索窗口中，对于检索的重点有 5 种选择，即 Search Focus on Major、Minor、Trace、Zoom Window、Painted，分别表示检索时主要着眼于主要相、次要相、微量相、按全谱检索或按选定的某个峰来检索。在实际的检索中，可能用得最多的是第一个和最后一个。即首先检索出样品中的主要物相，然后选择某一个未归属的峰进行检索。

③样品元素的限定。元素限定的要点是：第一，只选样品中的主要元素；第二，当样品成分比较复杂，含有元素种类较多时，优先选择量多的元素，并且每次最好只选择不多于 4 个元素，否则，检索范围过大，会影响检索结果；第三，尝试非金属元素 C、H、O，有时样品会发生吸潮、氧化、腐蚀，在按已知元素检索不出物相时，要考虑样品是否发生这种反应；第四，尝试不同的元素组合，由于衍射谱受固溶、择优取向等影响，衍射峰位偏离正常位置或者峰强不匹配，在很多情况下，会有一些物相检索不出来，应当试探特定元素组合的存在。当样品中元素种类太多时，检索结果可能不准确。因此，应当反复检索几次，并对比几次的检索结果，然后才作出最终的结论。

④单峰检索。当多数主要物相被检索出来，但还存在某几个衍射峰未归属时，这种方法特别有效。其方法是：选择"计算峰面积（peak paint）"选项，选定一个角度范围进行检索。

这种方法的特点是：检索出来的物相是在指定角度范围内有衍射峰的物相；可同时选择几个相似的衍射峰；加上其他限定条件，可以检索出样品中全部物相。

3. 定性分析步骤

（1）运用 X 射线仪获得待测样品前反射区（$2\theta < 90°$）的衍射花样。同时由计算机获得各衍射峰的相对强度、衍射晶面的面间距或面指数。

（2）当已知被测样品的主要化学成分时，可利用字母索引查找卡片，在包含主元素各种可能的物相中，找出三强线符合的卡片，取出卡片，核对其余衍射峰，一旦符合，便能确定样品中含有该物相。依次类推，找出其余各相，一般的物相分析均是如此。

（3）当未知被测样品中的组成元素时，需利用数字索引进行定性分析。根据衍射花样中相对强度最强的三强峰所对应的 d_1、d_2 和 d_3，由 d_1 在索引中找到其所在的大组，再按次强线的面间距 d_2 在大组中找到与 d_2 接近的几行，需注意的是在同一大组中，各行是按 d_2 值递减的顺序编排的。在 d_1、d_2 符合后，再对照第 3、第 4 直至第 8 强线，若八强峰均符合则可取出该卡片（相近的可能有多张），对照剩余的 d 值和 I/I_c，若 d 值均符合，即可定相。

注意：实际检索时困难较大，有的物相在样品中含量较少，可能导致无法产生完整的衍射花样，甚至根本没有产生衍射线多相混合物的衍射花样，不同相的衍射线可能会叠加，导致花样中最强线不是某相的最强线，人工进行卡片检索时可能较为烦琐甚至非常困难。

4. 需要注意的问题

（1）d 值比 I/I_1 值重要。即实验数据与标准数据两者的 d 值必须很接近，一般要求其相对误差在±1%以内。I/I_1值容许有较大的误差。这是因为面间距 d 值是由晶体结构决定的，它是不会随实验条件的不同而改变的，只是在实验和测量过程中可能产生微小的误差。然而，I/I_1值却会随实验条件不同（如靶的不同、制样方法的不同等）产生较大的变化。故在衍射数据中，d 值通常可以测得很准，但相对强度很难与标准卡片上的数据吻合。

（2）低角度数据比高角度数据重要。对于不同物相，低角度区 d 值相同的机会很少，即出现重叠线的机会很少，但相对于高角度区的线，不同物相之间相互近似的机会就大得多。所以，在对比衍射数据时，对于无机材料，应较多地重视低角度的线。

（3）强线比弱线重要。强线代表了主成分的衍射，比较容易被测定，且出现的情况比较稳定。弱线则可能由于其在样品中的含量低而缺失或难以分辨。所以，在核对衍射数据时应对强线给予足够的重视，特别是低角度的强线。

（4）注意结果的合理性。在物相鉴定前，应了解样品的来源、成分、处理过程、可能存在的物相及物理性质。这有利于快速检索物相，也有利于对物相做出准确的鉴定。

5. 物相定量分析

定量分析是指在定性分析的基础上，测定样品中各相的相对含量，包括各相的体积分数和质量分数。

1）基本原理

各相衍射线的相对强度会随着各相的含量增加而提高。对于单相样品，其相对衍射强度由下式确定：

$$I_{相对} = F_{HKL}^2 \frac{1+\cos^2 2\theta}{\sin^2 \theta \cos \theta} P A \mathrm{e}^{-2M} \frac{V}{V_0^2} \tag{2-8}$$

式中，P 为多重性因子；A 为吸收因子；e^{-2M} 为温度因子。

对于由 n 种物相组成的样品，则 j 相的(HKL)衍射强度 I_j 可表示为

$$I_j = F_{HKL}^2 \frac{1+\cos^2 2\theta}{\sin^2 \theta \cos \theta} P \frac{1}{2\mu_l} \mathrm{e}^{-2M} \frac{V_j}{V_{0j}^2} \tag{2-9}$$

式中，V_j 为 j 相被辐射的体积；V_{0j} 为 j 相的晶胞体积；μ_l 为样品的线吸收系数。

进一步对式（2-9）进行分析，测试条件一致时，对 I_j 有影响的只有 μ_l 和 V_j，其他均为常数，设为 C，且 $V_j = f_j V$，f_j 为 j 相的体积分数，V 为样品被辐射的体积，测试过程保持不变，则式（2-9）进一步简化得到

$$I_j = C \frac{1}{\mu_l} f_j \tag{2-10}$$

设 j 相的质量分数为 ω_j，则

$$\mu_l = \rho \omega_j = \rho \sum_{j=1}^n \omega_j \mu_{mj} \tag{2-11}$$

式中，μ_{mj} 为 j 相的质量吸收系数；ρ 为样品的密度；n 为样品所含的物相数目。

由此得到定量分析的两个基本公式如下。

体积分数：

$$I_j = C\frac{1}{\mu_l}f_j = C\frac{1}{\rho\mu_m}f_j \tag{2-12}$$

质量分数：

$$I_j = C\frac{1}{\rho_j\mu_m}\omega_j \tag{2-13}$$

式中，μ_m 为样品的质量吸收系数。

2）分析方法

按照测试过程中有无向样品中添加标准物，定量分析方法可分为外标法和内标法。外标法又称为单线条法或直接对比法；内标法又分为 K 值法和参比强度法等。以下对实际使用过程中最常用的参比强度法做简单的介绍。

参比强度法采用刚玉（α-Al$_2$O$_3$）作为统一的参照物 S，某相 A 的 K_S^A 已在 PDF 卡片和数字索引中给出，无须计算即可得到。当待测样品中存在两相时，定量分析不必加入参照相，存在以下关系：

$$\begin{cases} \dfrac{I_1}{I_2} = K_2^1\dfrac{\omega_1}{\omega_2} = \dfrac{K_S^1}{K_S^2}\dfrac{\omega_1}{\omega_2} \\ \omega_1 + \omega_2 = 1 \end{cases} \tag{2-14}$$

通过解该方程组即可得到两相的相对含量。

2.3　掠入射 X 射线散射

2.3.1　同步加速器简介

X 射线是由高能电子束在同步加速器中作圆周运动时产生的。当电子被加速到接近光速（达到相对论性速度）时，其在磁场作用下发生偏转，会沿切线方向辐射出电磁波，其能量范围对应于 X 射线波段。同步加速器的作用是将电子加速至极高能量，并利用磁场约束其运动轨迹，使其维持环形轨道。最终产生的 X 射线以数十束窄而强的锥形束流（或称"光束线"）的形式发射，每条束流指向环绕加速器环的实验线站。

在世界范围内，超过 70 个同步加速器光源服务于科学研究。位于美国、东亚和欧洲的同步加速器数量占据了大部分。目前已经实现应用的同步加速器主要有三代。第一代同步加速器光源用于现有粒子物理研究设施中光的寄生回收。第二代同步加速器光源专门用于同步辐射的研究，并利用电子储存环来优化同步加速器光性能。第三代同步加速器光源采用长直截面设计，用于安装插入装置（摆动器或波动器），以优化产生光的强度。摆动器具有小而高的磁场弯曲，可产生一束宽而强的非相干光。低磁场弯曲的波动器可以产生更窄的辐射锥，具有更强的光束，具有选定的波长或谐波，并且可以通过改变间隙，进而改变磁场来调节。经历了几十年的发展，目前，第三代同步加速器已经成为主流技术。第三代同步加速器的特点是使用特殊的磁性插入装置（如摆动器和波动器），将它们放置于储存环的直线段中。因此，第三代同步加速器光源通常比之前的光源有更亮的光束。我国的第一代同步加速器光源——北京同步辐射装置（BSRF）始建于 1984 年，是北京正负电子对撞机（BEPC）的一部分，其主要设计目的是用于高能物理。位于中国合肥的中国科学技术大学国家同步辐射实验室（NSRL）建造了第二代同步加速器光源，于 1991 年向公众开放。这个同步加速器有一个专门设计用来产生同步辐射的电子储存环。两代同步加速器成功建设和使用后，我国政府于 2004 年在上海启动了第三代同步加速器——上海同步辐射光源（SSRF）的建设，于 2010 年通过国家验收。下面简单介绍同步加速器的主要组成部分。

1. 储存环

储存环是一个周长为 844m 的近似圆形管道，其中电子圈速接近光速。管内保持非常低的气压（约 10^{-9}Pa）。当电子围绕环运行时，它们穿过不同类型的磁铁，并在这个过程中产生 X 射线。射频腔为电子发射 X 射线提供能量。

2. 同步加速器助推器

这是一个 300m 长的预加速器，在将电子注入储存环之前，电子被加速到 6GeV 的能量。当储存环重新加注电子时，同步加速器助推器每天只工作几分钟。每 50ms 可以发送一堆 6GeV 电子到储存环。

3. 直线加速器

在这里，储存环的电子是在电子枪中产生的，电子枪类似于旧电视或计算机屏幕中的阴极射线管。这些电子被包装成"束"，然后加速到 0.2GeV，使得电子足以注入同步加速器助推器。

4. 光束线

电子发射出的 X 射线束指向实验站中，分布于储存环周围。每条光束线都是为特定技术或特定类型的研究而设计的，实验不分昼夜地进行。

5. 储存环中的磁铁

储存环由 32 个直段和 32 个弯段交替组成。在每个弯曲部分，两个巨大的弯曲磁铁迫使电子进入一个周长为 844m 的赛车场形状的轨道。在每个直线段中，几个聚焦磁铁确保电子在接近理想轨道的位置。直线的部分也有波动子，在那里产生强烈的 X 射线束。图 2-2 为储存环中磁铁分布示意图。

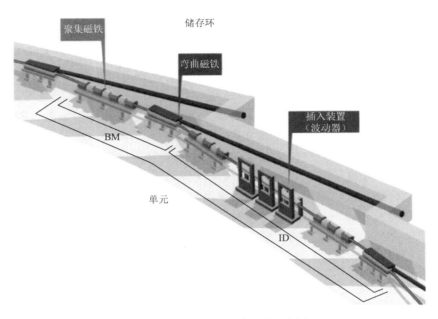

图 2-2　储存环中磁铁分布示意图

1）波动器（插入装置）

这些磁性结构由一组复杂的小磁铁组成，迫使电子沿着波动或波浪形的轨迹运动。在每个连续弯道处发出的辐射相互重叠并与其他弯道发出的辐射发生干涉。这将比单一磁铁产生更集中或更明亮的辐射束。此外，发射的光子集中在一定的能量（称为基频和谐波）。磁铁的间隙可以改变，以微调光束中 X 射线的波长。图 2-3 为波动器结构示意图。

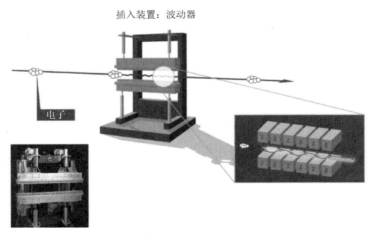

图 2-3　波动器结构示意图

2）弯曲磁铁

弯曲磁铁的主要功能是将电子弯曲到它们的轨道中。然而，当电子通过磁铁偏离直线路径时，它们会发射出一束与电子束平面相切的 X 射线。弯曲磁铁发出的同步辐射光覆盖了广泛而连续的光谱，从微波到硬 X 射线，它的聚焦能力或亮度远远低于上述插入装置发出的细束 X 射线。图 2-4 为弯曲磁铁结构示意图。

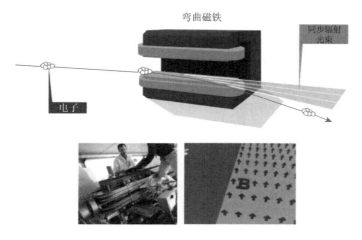

图 2-4　弯曲磁铁结构示意图

2.3.2　同步加速器的优势

同步加速器源的 X 射线相对于实验室级的 X 射线源来说性能优越，目前还在不断开发中。总的来说，同步辐射 X 射线衍射具有以下几个方面的优势。

（1）同步辐射最显著的特性是其高亮度和高强度，超过了常规辐射 X 射线多个数量级。高亮度和高强度使得对小体积/浓度材料结构的测量可行，包括超薄膜系统（即样品的表面区域以及两种或两种以上非均质材料之间的界面）。

（2）高准直特性能提供理想的高角分辨率用于精确测定粉末、散装和薄膜结构的测量。

（3）高光子能量一方面意味着大的穿透深度，甚至可以在表面下几厘米处提供结构信息；另一方面也意味着大的波矢量，可以在小的角度范围内采集数据。

（4）大的样品空间可以开展不同尺寸的样品在不同环境下的原位实验，如高压铁砧、高温炉、膜沉积室和低温冷却器，这些设备通常因为在空间有限而不能安装在传统的实验室级的衍射仪上。

（5）现代同步辐射光源能够产生脉宽在皮秒至飞秒量级的 X 射线脉冲。这种超快的时间分辨率使其成为研究材料中原子尺度动态过程（如结构相变、化学键断裂与形成、电子激发弛豫等）及其动力学演变的强大工具。

正是由于以上特点，同步加速器光源在许多科学领域有着非常广泛的应用，特别是在纳米材料科学、凝聚态物理、生物医学等领域。学术界和产业界的科学家利用同步加速器光的独特特性，开发了从亚纳米（如电子结构）到纳米等几乎所有层次的探测材料结构的技术（如纳米材料）。

2.3.3　基本原理

掠入射 X 射线散射（GIXS）是一种探测薄膜微结构的强大技术。它以相对于样品表面的掠射角引入入射 X 射线（0.1°~0.15°），并在反射方向上收集散射 X 射线。由于可以通过改变 X 射线的掠入射角从几纳米到几微米调整探测深度，掠入射 X 射线衍射（GIXRD）对接近表面的电子密度的变化非常敏感，因此在薄膜结构和近表面区域的研究中得到了广泛应用。在纳米科学领域，有许多可以探究纳米结构的技术手段，如原子力显微镜（atomic force microscope，AFM）技术、扫描电子显微镜（scanning electron microscope，SEM）技术等，这些技术都可以反映出纳米材料的局部形貌特征。然而，这些技术主要局限于表面结构，而不能对一些多层纳米薄膜/结构进行内部的探究。为了克服这个问题，先进的散射技术被用于探测纳米材料的内部形貌，主要应用于各种有机、无机纳米薄膜。常规 X 射线衍射能量较高，可穿透样品几微米。使用传统透射 X 射线衍射的方式表征纳米薄膜会面临以下两个问题：其一，纳米薄膜及材料表层很薄，甚至只有几个原子层，体积分数极小，采用传统透射 X 射线衍射的方式导致 X 射线所能照射到的区域（或者说 X 射线的光程）过小，这样将导致所得衍射信号弱；其二，纳米薄膜一般需要固体基底作为支撑，且衍射信号很强，而采用传统透射 X 射线衍射的方式将使得薄膜的基底衍射信号把表面衍射信号掩盖，造成误差甚至得不到想要的衍射信息。X 射线掠入射技术正是把入射 X 射线以与样品表面近于平行的方式入射，其夹角仅 0.1°左右。这样，入射 X 射线束与样品表面的作用面积很大，增大了参与衍射的薄膜的体积，使表面信号的比例增加，从而得到样品表面不同深度处的结构信息，除此之外，通过调节掠入射角还能有效避免基底衍射信号的干扰。除了上述两个优势，还可以利用干涉增强散射强度。因此，掠入射实验不仅受益于几何效应，还受益于入射光和出射光的干涉以及多次反射对总反射光率的提高。下面对掠入射 X 射线衍射的原理进行简单介绍。

X 射线在材料中的折射率可以描述为[1]

$$n = 1 - \delta(\lambda) - i\beta(\lambda) \tag{2-15}$$

伴随色散：

$$\delta(\lambda) = \frac{e^2\lambda^2}{8\pi^2 m_e c^2 \varepsilon_0}\rho \frac{\sum_k \left[f_k^0(\lambda) + f'(\lambda) \right]}{\sum_k M_k} \tag{2-16}$$

也伴随吸收：

$$\beta(\lambda) = \frac{e^2\lambda^2}{8\pi^2 m_e c^2 \varepsilon_0}\rho \frac{\sum_k f''(\lambda)}{\sum_k M_k} \tag{2-17}$$

折射率取决于元电荷 e，波长 λ，电子质量 m_e，光速 c，介电常数 ε_0，质量密度 ρ，原子质量 M_k 以及色散修正 f'、f''。f_k^0 可以用电子数来近似。求和是对小分子或聚合物的单体单元的所有原子 k 进行的。

从上述公式可以得到，一般情况下，X 射线在材料中的折射率是小于 1 的，这与可见光的情况不同，这就意味着，X 射线有着另一个与可见光不同的性质——在可见光范围出现的内全反射现象在 X 射线范围就会表现成外全反射。掠入射 X 射线散射就是利用了 X 射线的这个物理性质，使得前面所提到的两个薄膜研究的关键问题得以解决。当 X 射线相对薄膜表面介质的掠入射角度小于某个临界值 α_c 时，X 射线就不会再进入到介质中，而将全部反射回来（吸收会使 X 射线能量有一定损失）。在大于临界角 α_c 的情况下，X 射线的反射率将很快接近于 0。这个全反射的临界角可以根据折射定律来得到

$$\alpha_c = \sqrt{2\delta} \tag{2-18}$$

不同光线折射以及全反射示意图如图 2-5 所示。

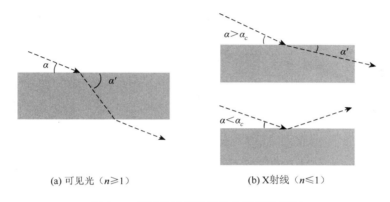

(a) 可见光（$n \geqslant 1$）　　　　　　　(b) X射线（$n \leqslant 1$）

图 2-5　不同光线折射以及全反射示意图

对于入射角 $\alpha_i < \alpha_c$，X 射线束的穿透深度仅限制在几纳米，因此获得了很高的表面灵敏度，如图 2-6 所示。

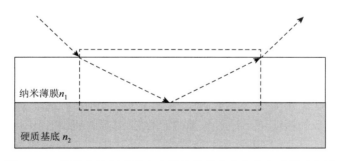

图 2-6　X 射线在被硬质基底支撑的纳米薄膜上的全反射示意图
虚线框为 X 射线所能照射的薄膜区域

对于 $\alpha_i > \alpha_c$，X 射线束有一个高穿透深度，超过整个纳米薄膜的厚度。因此，通过调整掠入射角，可以将近表面结构信息与薄膜的内部结构信息分离开来。此外，还可以利用波导增强散射强度调整入射角。

图 2-7 为在 GISAXS 或 GIWAXS 中使用的实验装置示意图[2]。

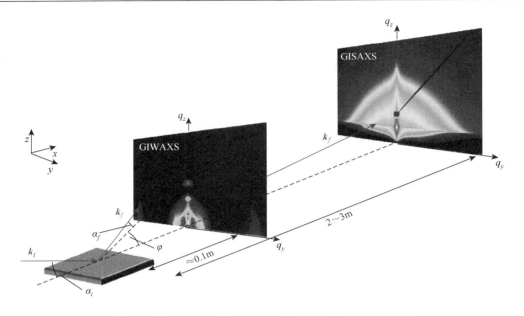

图 2-7 在 GISAXS 或 GIWAXS 中使用的实验装置示意图

漫散射的探测是用二维探测器完成的。颜色编码使散射强度的差异可视化，并给出了掠入射广角 X 射线散射（GIWAXS）和掠入射小角 X 射线散射（GISAXS）的典型取样检测器距离。

波向量 $\boldsymbol{k}_i$ 的入射光束保持在掠入射角 α_i；在一个相对于样品表面的平面外角 α_f 和相对于入射光束平面的平面内角 φ 处采集波向量 $\boldsymbol{k}_f$ 的出射光束。根据角（$\alpha_i, \alpha_f, \varphi$）的定义，散射波矢量 $\boldsymbol{q} = \boldsymbol{k}_f - \boldsymbol{k}_i$，可以用分量表示：

$$q_x = k_0(\cos\varphi\cos\alpha_f - \cos\alpha_i) \tag{2-19}$$

$$q_y = k_0(\sin\varphi\cos\alpha_f) \tag{2-20}$$

$$q_z = k_0(\sin\alpha_f + \sin\alpha_i) \tag{2-21}$$

式中，$k_0 = |\boldsymbol{k}_f| = |\boldsymbol{k}_i| = 2\pi/\lambda$ 是弹性守恒波矢量的模。利用二维（2D）区域探测器便允许同时探测相对于基底的平面内（in-plane）和平面外（out-of-plane）微观结构。在固定束流能量（约 10keV）的情况下，通过调整样品到探测器的距离，可以很容易地调节所探测微观结构的长度尺度。当探测器被放置在样品附近（约几厘米），探测长度尺度为 0.01～1nm（0.1Å^{-1}<q<10Å^{-1}），称为掠入射广角 X 射线散射（GIWAXS）。当探测器放置在离样品较远（约几米）的位置时，探测长度尺度在 1～100nm（0.001Å^{-1}<q<0.1Å^{-1}），称为掠入射小角 X 射线散射（GISAXS）。掠入射 X 射线散射数据处理主要利用的是扭曲波玻恩近似（distorted wave Born approximation，DWBA）；对散射数据的分析有三种方法：结构模型拟合、相关函数、非直接傅里叶变换，其中结构模型拟合适用于比较规则的纳米结构系统，后面两者适用于形状不固定的纳米结构系统。本章篇幅有限，对于该理论的详细解释请参考文献[1]。本书重点集中于有机多晶薄膜表征。

2.3.4　掠入射小角 X 射线散射

1. 基本原理

在掠入射小角 X 射线散射（GISAXS）中，信号来自电子密度的不均匀性，允许获得探测材料的特征长度尺度在 1～100nm 的数量级上的结构信息。由于这个距离尺度与材料中的电子甚至原子的距离相比很大，不可能将它们对散射的贡献分开。所以，单个电子的总和就被平均电子密度的积分所代替。GISAXS 在一个极小的角范围内记录散射图案，从布拉格定律就可以大致推出所获特征尺度范围，以波长 $\lambda = 1.54$Å 和 θ 在 $0.0°～1.3°$ 为例，可以探究长度在 34～1470Å 的信息[3]。每一个实验设置都考虑到不同的需要，可以实现略有不同的长度尺度。在纳米尺度（1～500nm），物质是由基本的复杂元素所表征的，它们很少是周期性的。事实上，GISAXS 信号可以携带任何纳米物体的形态信息，这些纳米物体可以不依赖于其结晶度而嵌入到基质中。换句话说，只要纳米物体的可见性（电子密度的对比）允许它被检测到，就可以用 GISAXS 研究纳米物体。GISAXS 和 GIWAXS 之间的主要区别如下。

（1）GISAXS 不需要任何纳米物体结晶度，而 GIWAXS 信号在没有晶格周期性的情况下无法记录。

（2）GIWAXS 提供了结晶域的信息，而 GISAXS 提供了纳米物体的外部形状。

（3）在纯物质薄膜中，由于晶体和非晶相之间电子密度的微小变化，GISAXS 不能有效地为晶体和非晶区域提供足够的对比。

从简单的角度看，在 GISAXS 测试中，对于硬质基底 n_2 上的纳米薄膜 n_1，根据入射角 α_i 和临界角 α_c 的比例可以区分为下面几种情况（假设纳米薄膜折射率比硬质基底的折射率小，这对绝大多数体系都有效）。①易消散态：$\alpha_i < \alpha_c(n_1)$。②动力态：$\alpha_c(n_1) < \alpha_i < \alpha_c(n_2)$。③运动态：$\alpha_i > \alpha_c(n_2)$。

GISAXS 测试技术的设备核心是由准直系统确定的点形 X 射线光束，这由前面提到的同步加速器提供。通过取样检测器的距离设置所需的 q 范围。

除此之外，探测器的类型也是需要考虑的。常见的是点或面积探测器。具有准直狭缝的点探测器使只有特定方位角的 X 射线散射被记录。这种探测器提供了精确的高分辨率数据，这是重要的定量测定方法。但是，点探测器的数据收集过程是连续的，每一个散射方向/角度分别测量，一方面，造成数据采集时间长；另一方面，由于薄膜衍射体积很小，长时间 X 射线照射对薄膜的损坏也是一个经常要考虑的问题。相反，区域探测器允许在大范围的散射角度快速地收集数据，允许很快地将数据全面收集，但是精度和分辨率较低。使用区域探测器时，探测器拍的是 X 射线散射的快照。曝光时间取决于探测器、光源强度、衍射体积和晶体质量等，从几秒钟到几十分钟不等。更短的采集时间能够最大限度地减少光束对样品的损伤。所记录的散射角分辨率数据取决于探测器的像素、光束大小、入射角和样本到探测器的距离。还有，在区域探测器使用中，为了避免 X 射线直接照射样品导致样品的损坏，探测器的镜面反射峰位置或整个中心线围绕 $\varphi = 0$ 被点形或杆状光阻器所阻挡，这也是 GIWAXS/GISAXS 图案中心位置通常会出现一块大的圆形暗斑的原因。

从 GISAXS 的 q 范围可以看出，它能够表征较大纳米尺度的结构信息，如介孔材料中的间隔尺寸、共混相中相的大小等。目前大部分 GISAXS 测量数据已被报道，涵盖了金属纳米颗粒、颗粒多层体系、植入体系、嵌入或堆叠或沉积的半导体纳米结构、多孔材料和共聚物薄膜等领域的原位研究。根据不同的情况，漫散射发展了不同的概念，相关理论的详细描述参考文献[1]。

2. GISAXS 中的重要概念

（1）Yoneda 峰：Yoneda 峰是一种在 GISAXS 实验中常见的强烈散射信号[1]，由动力散射引起。具体来说，在出口角度与临界角度下，散射强度大大增强。

（2）吉尼耶图：吉尼耶分析试图通过将散射拟合到下列形式的方程来提取结构的大小尺度[4]：

$$I(q) = I_0 \exp\left(-\frac{R_g^2}{3}q^2\right) \tag{2-22}$$

$$\ln[I(q)] = \ln(I_0) - \left(\frac{R_g^2}{3}\right)q^2 \tag{2-23}$$

因此，$\ln[I(q)]$ 与 q^2 的曲线可以用于量化散射。在这样的图中，一条直线表示吉尼耶量化。

回转半径：R_g 是对任意形状物体大小的度量。它可以直接从 GISAXS 数据的 $\ln[I(q)] - q^2$ 曲线中获得。

（3）扭曲波玻恩近似（DWBA）理论：玻恩近似（Born approximation，BA）通常用于对传统 SAXS 数据建模。在 BA 中，假设整个样品的光子场是均匀的，并且简单地由入射的平面波给出。在 GISAXS 以及其他掠入射技术所探测的区域中，BA 是无效的。较小的入射角在界面处会产生不可忽略的反射。因此，散射可能是由于入射光束，以及光束从衬底反射而发生的。这大大提高了光束探测到的有效散射体积，从而提高了测量到的散射强度。这个计算复杂的问题通常被简化，只考虑最强烈的散射贡献。最常用的方法是扭曲波玻恩近似（DWBA）理论，其中考虑入射场（BA）的散射以及前三个多重散射项[1]。在简单的 BA 中，形状因子是散射物体形状函数的傅里叶变换：

$$F(q) = \int \exp(iq \cdot r) d^3 r \tag{2-24}$$

在 DWBA 中，对于一个位于固体基底上的简单物体，形状因子被四项的相干和所取代，以考虑入射或散射的 X 射线光束在衬底上的反射不同的散射事件。因此，形状因子采用下面的表达式：

$$\begin{aligned} F_{\text{DWBA}}\left(\boldsymbol{q}_{\parallel}, q_z\right) &= F\left(\boldsymbol{q}_{\parallel},\ k_{z,f} - k_{z,i}\right) + R(\alpha_i)F\left(\boldsymbol{q}_{\parallel},\ k_{z,f} + k_{z,i}\right) \\ &+ R(\alpha_f)F\left(\boldsymbol{q}_{\parallel}, -k_{z,f} - k_{z,i}\right) + R(\alpha_i)R(\alpha_f)F\left(\boldsymbol{q}_{\parallel}, -k_{z,f} + k_{z,i}\right) \end{aligned} \tag{2-25}$$

式中，$R(\alpha_i)$、$R(\alpha_f)$ 为基底的菲涅耳反射系数。第一项是简单的 BA 项，当 $R(\alpha_i) = R(\alpha_f) = 0$ 时，方程类似于 BA。在这种情况下，BA 是有效的，反射/折射效应可以忽略，

可以使用有效层近似，漫散射的微分截面可以写成[5]

$$\frac{\mathrm{d}\sigma}{\mathrm{d}\Omega}\bigg|_{\text{diff}} = \frac{C\pi^2}{\lambda^4}(1-n^2)\left|T_i\right|^2\left|T_f\right|^2 P(\boldsymbol{q}) \propto P(\boldsymbol{q}) \tag{2-26}$$

式中，C 为被照射表面面积；λ 为波长；T_i、T_f 为菲涅耳转换函数；$P(\boldsymbol{q})$ 为漫散射因子。有了这个简化，漫散射因子可以表示为单个散射物体的形状因子 $F(\boldsymbol{q})$ 与考虑散射物体在基底表面的空间排列和散射之间相互干扰的结构因子 $S(\boldsymbol{q}_{\parallel})$ 之间的乘积。结构因子是对相关函数 $g(r)$ 的傅里叶变换，它描述了散射实体在真实空间中的空间排列，几个特定的相关函数可以用来分析 GISAXS 数据。对于表面上横向电子密度波动，漫散射强度 $I(\boldsymbol{q})$ 可以描述为

$$I(\boldsymbol{q}) \propto \left|F_{\text{DWBA}}(\boldsymbol{q})\right|^2 S(\boldsymbol{q}_{\parallel}) \tag{2-27}$$

3. GISAXS 的定性分析

为了有效区别 GISAXS 中不同信号所代表的不同结构信息，需要对一些概念进行了解。

（1）无散射信号：表明缺乏明确的结构。

（2）漫散射：这种散射出现在大范围的 q 值上，它是无序结构的结果。

（3）单宽环（光晕）：定义明确的重复结构导致单宽环。

（4）单环：尖锐的单环散射表明了明确的周期顺序。峰宽可以用来估计晶粒尺寸。

（5）多环：一般来说，有序材料的晶体平面重复会产生多个散射环。

（6）峰位：可以估计颗粒的大小。由于 GISAXS 在倒易空间工作，峰在大角度出现（大的 q 值）表示小尺度结构，反之亦然。

（7）峰宽：尖峰表示晶粒尺寸大，宽峰表示晶粒尺寸小。

（8）散射图案：薄层的散射图案决定了分子的取向。如图 2-8 所示，散射棒表示垂直于衬底的方向；平行片层表示沿 q_z 方向具有规则间距，且平行于衬底方向的分子去向；环表示随机分布无序的分子（三维粉末体结构）。

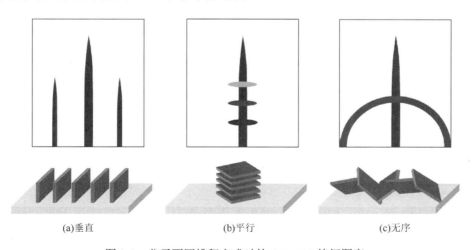

(a)垂直　　　　　　　　　(b)平行　　　　　　　　　(c)无序

图 2-8　分子不同堆积方式时的 GISAXS 特征图案

4. GISAXS 的定量分析

为了量化和比较相分离的大小，一维 GISAXS 数据被一个描述各相散射贡献的模型拟合（通常利用拟合软件进行数据拟合），通用模型表示为[4]

$$I(\boldsymbol{q}) = \frac{A_1}{[1+(\boldsymbol{q}\xi^2)]^2} + A_2 \langle P(\boldsymbol{q},R) \rangle S(\boldsymbol{q},R,\eta,D) + B \qquad (2\text{-}28)$$

式中，$\boldsymbol{q}$ 为散射波矢量；A_1，A_2，B 为独立的拟合参数，与每一项的总体强度成比例。第一项是 Debye Andersone Brumberger（DAB）项，用来模拟无定形的混合域的散射；ξ 为非晶态域的平均相关长度。第二项表示纯域的贡献，$P(\boldsymbol{q},R)$ 为纯域的形状因子，通常被建模为平均半径是 R 的球体，$S(\boldsymbol{q})$ 为纯域的结构因子，有时被建模为硬球或类分形网络。经常采用的是类分形网络[6]模型，它的表述如下：

$$S(\boldsymbol{q}) = 1 + \frac{\sin[(D-1)\arctan(\boldsymbol{q}n)]b \pm \sqrt{b^2 - 4ac}}{(\boldsymbol{q}n)^D} \times \frac{D\Gamma(D-1)}{\left[1+\dfrac{1}{(\boldsymbol{q}n)^2}\right]^{(D-1)/2}} \qquad (2\text{-}29)$$

式中，R 为由形状因子得到的平均半径；η 为类分形网络的相关长度；D 为网络的分形维数。通过分形网络 R_g 的吉尼耶半径可以估计平均域大小，计算公式如下：

$$R_g = \left[\frac{D(D+1)}{2}\right]^{\frac{1}{2}} \eta \qquad (2\text{-}30)$$

2.3.5　掠入射广角 X 射线散射

1. 基本原理

掠入射广角 X 射线散射（GIWAXS）可以理解为 GISAXS 在广角范围内的扩展。简单地说，从 GISAXS 到 GIWAXS 的变化是通过改变样品探测器的距离从几米到几厘米来实现的。使用相同尺寸的 2D 区域探测器，将探测器移到离样本更近的地方，可以获得更大的角度范围。因此，探测器上的每个像素从一个较大的角度范围收集强度将变成更多的信号，但在每个像素也有更多的背景信号。如果没有被光束阻挡，在倒易空间的中心，原始的 GISAXS 仍然依稀可见。GIWAXS 常用于研究纳米薄膜中的分子堆积情况，如结晶度、晶格常数和取向等。类似于 GISAXS，在 GIWAXS 中，随入射角的变化，可获取的信息是不同的，可分为以下三种情况。

（1）$\alpha_i \leqslant \alpha_c(n_1)$：近薄膜表面的晶体结构信息。
（2）$\alpha_c(n_1) < \alpha_i \leqslant \alpha_c(n_2)$：整个薄膜内部的晶体结构信息。
（3）$\alpha_i > \alpha_c(n_2)$：薄膜和基底的晶体结构信息。

在 GIWAXS 数据的分析中，主要提取所测薄膜内部晶体信息。这个分析的复杂性取决于被测薄膜的有序程度。图 2-9 总结了在纳米薄膜中 GIWAXS 图案的 4 种常见情况。

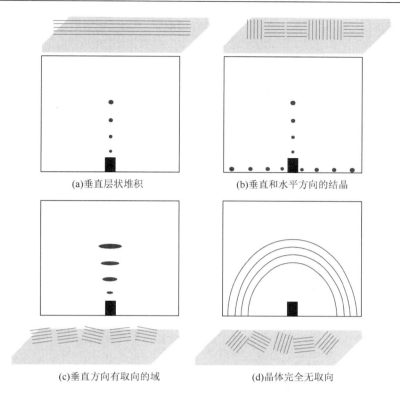

(a)垂直层状堆积　　　　　　　　　(b)垂直和水平方向的结晶

(c)垂直方向有取向的域　　　　　　　(d)晶体完全无取向

图 2-9　薄膜结晶示意图以及相应的 GIWAXS 二维图像

GISAXS 的信号被一个阻挡器阻挡（黑色方块）

在薄膜具有高度结晶性的情况下，当晶体的方向平行于基底表面时，明显的布拉格峰出现在 2D 探测器上［图 2-9（a）］；如果薄膜中同时存在平行和垂直于基底的晶体取向，则布拉格峰沿表面法线（垂直方向）和水平方向同时出现［图 2-9（b）］；如果薄膜的结构更加纹理化，其域沿水平方向呈角分布，则布拉格峰沿垂直方向将会变宽［图 2-9（c）］；在晶体呈现很大程度的取向无序的薄膜中，这些布拉格峰被呈现为圆形衍射环［图 2-9（d）］。如果涉及聚合物材料，许多纳米薄膜显示出后两种情况类似的 GIWAXS 图案［图 2-9（c），（d）］，这反映了这种薄膜的结晶度有限，无序程度较高；在一些结晶度很高的无机纳米薄膜或者小分子薄膜中，可能会呈现出像前两种情况一样的点状衍射斑纹，相比之下，可以表现出非常高的结晶度，可以形成复杂的晶体结构，这导致二维探测器上的衍射斑数量大量增加。在这种情况下，可以用软件包进行分析。

当入射的 X 射线在薄膜中传播时，它们中的一部分被原子或分子物质的周期平面衍射。晶体中相邻平面散射为干涉提供了一个高强度衍射点。根据布拉格定律，衍射发生的角度与平面间距有关，而衍射方向与该平面的方向有关。散射矢量 q 的大小为

$$q = \frac{4\pi}{\lambda}\sin\theta \qquad (2\text{-}31)$$

散射角为 2θ，X 射线波长为 λ，根据布拉格定律：

$$q = q_B = \frac{2\pi}{d_{hkl}} \tag{2-32}$$

其中，h、k、l 为用来表示晶体内平面的米勒指数；q_B 正交于晶格平面，晶格平面之间相隔一段距离 d_{hkl}。

多晶和半晶薄膜有序区域的分子堆积信息包含在衍射峰的峰位和强度中。必须获得相当大的单晶，充分进行单晶衍射测量，这样才可以观察到数以千计的峰。不幸的是，绝大部分有机材料的大型单晶很难或不可能生长出来，而且单晶的相通常与杂混时的相不同，多晶薄膜或单晶的衍射峰仅出现在离散散射矢量 q 处，特别是当相邻晶格面散射波构成干涉时。这就是布拉格定律，并由式（2-32）将晶体样品中的平面晶格间距与 q 联系起来。晶格向量（a,b,c）描述晶体中晶胞的间距和方向，对于一类具有米勒指数 hkl 的晶格平面，其相对应的面间距 d_{hkl} 的大小和方向形成自己的晶格，称为倒易点阵（a^*,b^*,c^*）：

$$a^* = 2\pi \frac{b \times c}{a \cdot (b \times c)} \tag{2-33}$$

$$b^* = 2\pi \frac{c \times a}{a \cdot (b \times c)} \tag{2-34}$$

$$c^* = 2\pi \frac{a \times b}{a \cdot (b \times c)} \tag{2-35}$$

在倒易点阵的情况下讨论衍射很方便，因为满足布拉格条件的 q 值（q_B）可以由倒易点阵矢量构造：

$$q_{hkl} = (ha^* + kb^* + lc^*) \tag{2-36}$$

基于真实空间晶格与倒易空间晶格之间的关系，从衍射数据可以分两步重构真实晶格。首先，晶体样品的 q 值由实验观察到的衍射峰的位置确定（典型的是平面上各向同性的样品的 q_{xy}、q_z）。其次，通过给每个峰值分配一组整数 h、k、l，对峰值进行索引。这种衍射图像的分析只能产生纯粹的几何信息（单位晶胞的大小和形状），而不能揭示该晶胞内分子的排列。

2. GIWAXS 中的重要概念

为了区分 GIWAXS 中分子的不同堆积方式以及结晶程度，需要对一些概念进行定义。

（1）谢乐公式：除了分子堆积距离，关于晶粒大小的信息包含在衍射峰的宽度中，在最简单的情况下，谢乐公式可以用来获得取晶粒大小。谢乐公式将峰宽与相干长度 L_c 联系起来[7]：

$$L_c = \frac{2\pi K}{\Delta q} \tag{2-37}$$

其中，K 为形状因子（通常为 0.8～1）；Δq 为衍射峰半高宽。应该很好理解，当影响测量峰宽的唯一因素是晶体有限大小时（排除仪器分辨率以及晶体尺寸分布的影响），称为晶粒或结晶的大小是严格正确的。

（2）晶体相干长度：沿指定方向的晶体域称为晶体相干长度。研究表明，晶体的相干长度被严格地认为等于晶体的大小。

（3）层状堆积：由于横向分子骨架与骨架之间分离造成的散射称为层状堆积，q 值为 $0.2 \sim 0.4 \text{Å}^{-1}$。

（4）$\pi - \pi$ 堆积：骨架的共轭环在 π -轨道方向的堆叠。典型的 q 值为 $1.4 \sim 1.8 \text{Å}^{-1}$。

3. GIWAXS 的定性分析

GIWAXS 中定性分析的意义在于将 GIWAXS 中的峰位、峰宽等信号与分子结晶联系起来，不同的信号隐藏着不同的结晶信息。

（1）峰位：特定峰的位置表示特定的 d-spacing（晶面间距）。

（2）晶体取向：如果 $\pi - \pi$ 堆积散射在 q_z 方向上出现，而层状堆积的散射在 q_{xy} 方向出现，那么则是 face-on 取向；如果 $\pi - \pi$ 堆积散射在 q_{xy} 方向上出现，而层状堆积的散射在 q_z 方向出现，那么则是 edge-on 取向。

（3）峰宽：衍射峰半峰强处的峰宽用于计算相干长度。较窄的峰表明晶体的相干长度较大，结晶性较好，反之亦然。

4. GIWAXS 的定量分析

在一些情况下，定性分析无法直接得到实验数据之间的区别。因此，定量的 GIWAXS 分析更有利于理解实验数据。为此，使用极图和扇形图。

（1）极图：提供材料的纹理信息。它是用一种图形化的方法来表示一组特定的晶体晶格平面的取向分布。极图可用来找出 face-on 和 edge-on 取向的百分比。由 $-90° \sim 90°$ 的不同的方位角 χ（χ 是 q 和 q_z 的夹角）获取出线切割数据。用切割数据的特殊峰面积作为方位角 χ 的函数来绘制极图。χ 在 $0° \sim 45°$ 为 edge-on 取向，$45° \sim 90°$ 为 face-on 取向。

（2）扇形图：是笛卡儿坐标系中用 q 和 χ 表示 GIWAXS 数据的另一种方法。首先，原始数据被分解成大量等距的径向和方位数据。图是通过在 x 轴上取极角，在 y 轴上取 q，在 z 轴上取强度绘制出来的。由于薄膜显示各向异性散射，扇形图容易将散射贡献分离在不同的极角。

（3）相对结晶度：rDoC 描述一种材料的薄膜的结晶度与另一种相同材料制备而成的薄膜结晶度的对比。这个参数的好处是允许人们比较不同处理方式下的薄膜的结晶度。只要知道这些薄膜具有相同的结晶相，就不需要了解结构因子。为了测量 rDoC，必须首先确定选定峰覆盖所有方向的完整集成强度。采用极点图计算 rDoC，公式如下[7]：

$$\text{rDoC} \propto \int_{0 \text{或} \chi_{\min}}^{\frac{\pi}{2}} I(\chi) \sin \chi \, d\chi \tag{2-38}$$

式中，$\chi_{\min}$ 为 GIWAXS 几何所允许的最小 χ 值。

取向顺序参数（S）：定量描述晶体特征的取向分布。

$$S = \frac{1}{2}(3f_\perp - 1) \qquad (2\text{-}39)$$

式中，分子取向参数 $f_\perp$ 用来表示晶体相对于表面法线轴的取向，它是由几何校正散射强度 $f(\chi)$ 确定的。

$$f_\perp = \int_0^{\frac{\pi}{2}} \cos^2\chi f(\chi)\mathrm{d}\chi \qquad (2\text{-}40)$$

从实际的角度来看，S 的数值在 $-0.5\sim1$ 变化，值为 1（-0.5）表明晶体平面法线相对于基底法线的平行（垂直）取向。相反，晶体平面的完全各向同性分布导致 S 值为 0。

2.4 案例分析

1. 案例 1

如图 2-10 所示，在界面型光热海水淡化的研究中，半导体光热转换材料由于其低成本和性能可靠一直被视为良好的候选材料。研究发现，半导体光热转换材料对太阳光的吸收能力可通过带隙调整进行调节。基于此，有研究人员提出通过 N、Ti^{3+}共掺杂的策略来减小二氧化钛的带隙。结果表明，4 个样品的 XRD 图谱均显示出高纯度的锐钛矿相（ICDD-PDF#21-1272），证实经带隙调节的 TiO$_2$ 的相在合成过程中不会发生转变。然而，带隙调节后的 TiO$_2$ 的峰强度比原始 TiO$_2$ 样品的峰强度弱，这表明带隙调节过程对结晶度有负面影响。

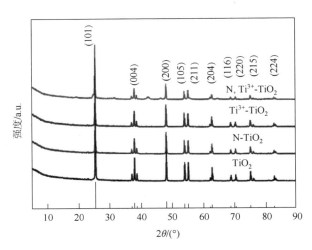

图 2-10　TiO$_2$，N 掺杂 TiO$_2$，Ti^{3+}掺杂 TiO$_2$，以及 N、Ti^{3+}共掺杂 TiO$_2$ 的 XRD 谱图[8]

2. 案例 2

电催化分解水制氢领域中，MoS$_2$ 作为一种常见的催化剂材料已经被广泛研究。现有研究认为 MoS$_2$ 边缘虽非常有利于氢吸附，但水分子分解的能垒非常高，将不利于其析氢反应活性。因此，有研究人员提出通过异质界面策略改善这一问题。如图 2-11 所示，采用不同的硫化温度时，催化剂的 XRD 谱图中特征峰出现的位置相同，但强度不同。其中，位于 21.7°、31.1°、37.8°、38.3°、44.3°、49.7°、50.1°、54.6°、55.2° 和 55.3° 的特征峰（& 标记）分别属于 Ni$_3$S$_2$ 的 (101)、(110)、(003)、(021)、(202)、(113)、(211)、(104)、(122) 和 (300) 晶面，这与硫镍矿的标准卡片（ICDD-PDF#44-1418）一致；位于 14.4°、32.9°、33.7°、39.5°、44.1°、58.9°、60.8° 和 62.0° 的特征峰（* 标记）分别属于 MoS$_2$ 的 (002)、(100)、(101)、(103)、(104)、(008)、(112) 和 (107) 晶面，这与 2H 相辉钼矿的标准卡片（ICDD-PDF#87-2416）一致；另外，位于 25.8° 左右的宽峰（# 标记）属于六方结构的 2H 相石墨，来自碳布（CC）；除 MoS$_2$、Ni$_3$S$_2$ 和 CC 的特征峰，没有其他杂质峰出现，说明产物纯净，在这个温度范围内合成的催化剂就是 MoS$_2$ 和 Ni$_3$S$_2$ 的杂化物。同时，随着温度的升高，MoS$_2$ 和 Ni$_3$S$_2$ 的特征峰变得越来越尖锐，强度也逐渐增加，说明 MoS$_2$ 和 Ni$_3$S$_2$ 复合催化剂的结晶度随温度升高而增加。上述结果有效地证明了 MoS$_2$ 和 Ni$_3$S$_2$ 异质结的制备。

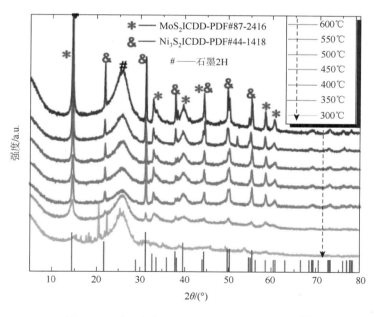

图 2-11　不同硫化温度下各样品的 XRD 谱图[9]

3. 案例 3

图 2-12 为二维（2D）GISAXS 图像及其沿 q_y 方向的积分曲线。

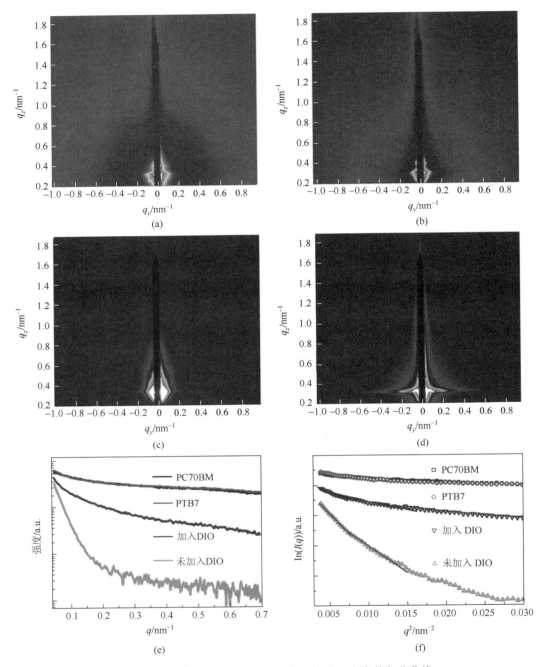

图 2-12　二维（2D）GISAXS 图像及其沿 q_y 方向的积分曲线

（a）PC70BM 薄膜的二维 GISAXS 图像；（b）PTB7 薄膜的二维 GISAXS 图像；（c）PC70BM：PTB7 共混膜的二维 GISAXS 图像；（d）PC70BM：PTB7：DIO 的二维 GISAXS 图像；（e）沿 q_y 方向的积分曲线；（f）低 q 区域的吉尼耶近似[10]

　　PTB7 与 PC70BM 混合后，低 q 区域的散射得到了明显增强，如图 2-12（a）～（d）所示。低 q 区域强度的增强归因于 P3HT：PCBM 体系中相分离引起的 PCBM 聚集物。

在低 q 区域（0.06～0.16nm^{-1}），共混膜的散射强度急剧下降，如图 2-12（e）所示。为获得 PC70BM 聚集的详细结构信息，采用吉尼耶近似计算 PC70BM 聚集体的回转半径（R_g）。R_g 的值可以通过取 ln[$I(q)$] 与 q^2 之间的线性相关的斜率得到。ln[$I(q)$] 与 q^2 的函数曲线如图 2-12（f）所示，并采用两条直线进行拟合，以减小实验误差。PTB7 或 PC70BM 在低 q 区域的散射强度变化很小。这表明局部相分离在纯 PTB7 或 PC70BM 薄膜中低 q 区域的强度变化贡献不大。因此，低 q 区域强度的变化可能主要来自 PTB7 与 PC70BM 的电子密度差异。通过斜率拟合计算，共混膜中，PC70BM 团簇的 R_g 在加入体积分数为 3% 的 DIO 后，从 26nm 下降到 15nm，共混膜中 PC70BM 团簇的平均直径也从 67nm 下降到 38nm。这些结果表明，DIO 的加入显著降低了 PC70BM 在共混膜中的聚集。

4. 案例 4

通过 GIWAXS 了解添加剂 IC-FI 对活性层薄膜分子堆积和取向的影响。在图 2-13 中，BTR-Cl 纯膜在平面外(q_z)方向呈现出清晰的($h00$)层状堆积衍射峰，而在平面内(q_{xy})方向呈现出清晰的(010) π−π 堆积的衍射峰，这表明 BTR-Cl 更倾向于以 edge-on 的堆积方式伴随着长程有序层状堆积。然而，N3 纯膜在 q_z 方向上出现了强烈的(010) π−π 堆积衍射峰，说明 N3 更倾向于 face-on 取向。

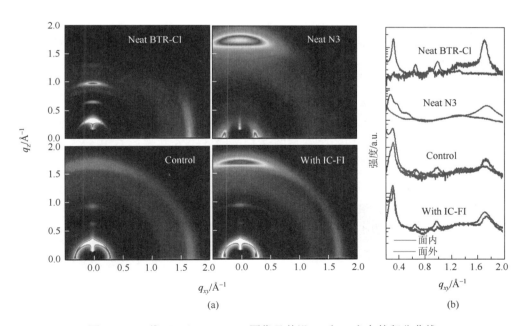

图 2-13　二维（2D）GIWAXS 图像及其沿 q_{xy} 和 q_z 方向的积分曲线

其中，"Control" 为 BTR-Cl：N3 共混膜；"With IC-FI" 为 BTR-Cl：N3：IC-FI 的共混膜

在 BTR-Cl 与 N3 混合后的对照薄膜中，在 edge-on 以及 face-on 方向同时出现 π−π 堆积，双向取向得以形成。明显的 edge-on($h00$)层状堆积衍射和在 $q_{xy} = 1.73$ Å^{-1} 处出现的

(010)$\pi-\pi$ 堆积衍射是 BTR-Cl 的晶体结构特征,表明在共混物中基本保持 BTR-Cl 的晶体结构。然而,由 N3 产生的衍射($q_{xy} = 0.32\,\text{Å}^{-1}$,$q_z = 1.70\,\text{Å}^{-1}$)并不像在纯膜中观察到的那样明显,这表明 N3 的结晶度在与 BTR-Cl 的共混过程中显著减弱。利用谢乐公式,得到了 edge-on 和 face-on 取向上 $\pi-\pi$ 堆积晶体的相干长度(CCL$_{010}$)分别为 3.68nm 和 2.81nm。

对于加入 IC-FI 后的共混膜,一个强的(010)衍射在 $q_z = 1.72\,\text{Å}^{-1}$(CCL$_{010}$ = 4.19nm)处出现,同时在 $q_{xy} = 0.28\,\text{Å}^{-1}$ 处出现了尖锐的(001)衍射(CCL$_{001}$ = 10.91nm),表明共混膜中 N3 组分 $\pi-\pi$ 堆积以及骨架之间的层状堆积的有序度都显著提高。此外,来自 BTR-Cl 晶体的 edge-on 取向上的 CCL$_{010}$ 从对照薄膜的 3.63nm 减少到加入 IC-FI 后薄膜的 3.20nm。这表明加入 IC-FI 后,在共混膜中,BTR-Cl 的结晶度略有降低。

习　题

2-1　X 射线产生的方式有几种?分别是什么?

2-2　简述利用 Jade 软件进行物相分析的一般步骤。

2-3　采用掠入射的目的是什么?掠入射 X 射线技术相对于其他表面探测技术的特点是什么?

2-4　简述 GISAXS 与 GIWAXS 应用场景的区别。

2-5　从 GIWAXS 的一维曲线图中,能够得到什么信息?如何通过一维曲线图中数据得到结晶性相关信息?

2-6　怎么理解 face-on 以及 edge-on 取向,反映到分子层面,两者堆积方式有何区别?除了 $\pi-\pi$ 堆积位置,q_z 和 q_{xy} 上其他位置出现的衍射斑可能反映什么信息?

2-7　已知 DBTR-Cl 是将分子 BTR-Cl 二聚后的新分子,简述图 2-14(a)和(b)的区别,可否将两者分子结构的区别与图 2-14 两者与 Y6 共混后 GIWAXS 二维图像联系起来?

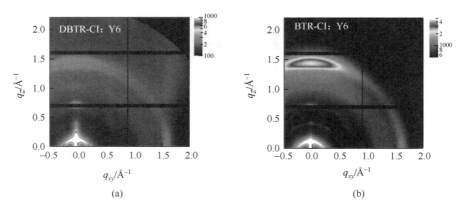

图 2-14　GIWAXS 图像

参 考 文 献

[1]　Renaud G，Lazzari R，Leroy F. Probing surface and interface morphology with Grazing incidence small angle X-ray scattering. Surface Science Reports，2009，64（8）：255-380.

[2]　Müller-Buschbaum P. The active layer morphology of organic solar cells probed with grazing incidence scattering techniques. Advanced Materials，2014（26）：7692-7709.

[3]　Xiao Y，Lu X. Morphology of organic photovoltaic non-fullerene acceptors investigated by grazing incidence X-ray scattering techniques. Materials Today Nano，2019，5：100030.

[4]　Mahmood A，Wang J L. A review of grazing incidence small-and wide-angle X-ray scattering techniques for exploring the film morphology of organic solar cells. Solar RRL，2020，4（10）：2000337.

[5]　Hexemer A，Müller-Buschbaum P. Advanced grazing-incidence techniques for modern soft-matter materials analysis. IUCRJ，2015，2：106-125.

[6]　Liao H C，Tsao C S，Shao Y T，et al. Bi-hierarchical nanostructures of donor-acceptor copolymer and fullerene for high efficient bulk heterojunction solar cells. Energy & Environmental Science，2013，6（6）：1938-1948.

[7]　Rivnay J，Mannsfeld S C B，Miller C E，et al. Quantitative determination of organic semiconductor microstructure from the molecular to device scale. Chemical Reviews，2012，112（10）：5488-5519.

[8]　Ying P J，Li M，Yu F L，et al. Band gap engineering in an efficient solar-driven interfacial evaporation system. ACS Applied Materials & Interfaces，2020，12（29）：32880-32887.

[9]　Zhang L Y，Zheng Y J，Wang J C，et al. Ni/Mo bimetallic-oxide-derived heterointerface-rich sulfide nanosheets with co-doping for efficient alkaline hydrogen evolution by boosting volmer reaction. Small，2021，17（10）：2006730.

[10]　Xu W L，Wu B，Zheng F，et al. Homogeneous phase separation in polymer：fullerene bulk heterojunction organic solar cells. Organic Electronics，2015，25：266-274.

第3章 光学和透射电子显微镜

本章主要介绍光学成像原理与模式、透射电子显微镜的工作原理，并结合文献中的案例进行分析与讨论。

3.1 光学成像原理与模式

光学成像是指被观测对象通过一定的光学成像系统，转化成可目视观察的图像。本节将简要介绍光学系统、光学成像原理、经典光学成像仪器——光学显微镜的工作原理、光学成像模式，以便读者了解光学成像的过程。

3.1.1 光学成像原理

1. 光学系统的基本概念

人们通过对光传播规律的研究，设计制造了各种光学仪器，所有光学仪器的核心部分便是光学系统。大多数光学系统的基本作用是成像，即将物体通过光学系统成像，以供人眼观察、照相或光电器件等接收[1]。

所有的光学系统都是由一些光学零件按照一定方式组合而成的。图 3-1 所示是一个光学瞄准镜的光学系统图，它是由两组透镜（物镜和目镜）、一组棱镜、一个平面反射镜、一个分划板和一块保护玻璃组成的。

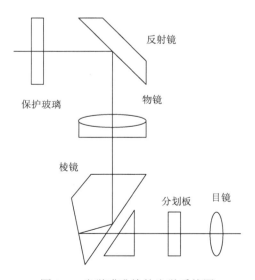

图 3-1 光学瞄准镜的光学系统图

组成光学系统的光学零件基本有以下几类。

（1）透镜。单透镜按其形状和作用可分为两类：第一类为正透镜，又称凸透镜或会聚透镜，其特点是中心厚边缘薄，起会聚光束作用，如图 3-1 所示的目镜，这类透镜又具有各种形状；第二类为负透镜，又称凹透镜或发散透镜，其特点是中心薄边缘厚，起发散光束作用。

（2）反射镜。按形状可以分为平面反射镜和球面反射镜，其中球面反射镜又有凸面镜和凹面镜之分。如图 3-1 所示的反射镜属于平面反射镜。

（3）棱镜。按其作用和性质可以分为反射棱镜和折射棱镜。如图 3-1 所示的棱镜同时具有反射棱镜和折射棱镜的特点。

（4）平行平板。由同种介质制成工作面为两平行平面的折射零件。

所有的光学零件都是由不同介质（光学玻璃或塑料、晶体等）的一些折射面和反射面构成的。这些面形可以是平面、球面，也可以是非球面。由于球面和平面便于大量生产，因而目前绝大多数光学系统中的光学零件面形为球面和平面。随着工艺水平的提高，非球面也正被更多地采用。

凡由球面透镜（平面可视为半径无限大的球面）和球面反射镜组成的光学系统称为球面系统。所有球面球心的连线为光学系统的光轴。光轴为一条直线的光学系统称为共轴球面系统。共轴球面系统的光轴也就是整个系统的对称轴线。

平面反射镜和棱镜、平行平板等组成的光学系统称为平面镜棱镜系统。实际中采用的光学系统绝大多数都是由共轴球面系统和平面镜棱镜系统组合而成的。

2. 物与像

无论激发发光的物体还是被照射而发光的物体，均可视为其表面由很多发光点组成。每一个发光点发射球面波，球面波相交于一点或其延长线相交于一点，可称为同心光束。同心光束可分为平行的、发散的和会聚的，其中平行光束的光线相交点位于无穷远处[2]。

成像光学系统的基本作用是接收物体表面各个点发出的部分球面波，改变入射球面波的形状，生成发射球面波物体的像。从光束的角度看，光学系统成像的本质就是对光束进行变换，将发射或会聚的同心光束进行反射、折射，进而变换成一个新的会聚或发散的同心光束。如图 3-2（a）所示，A 点发射一束同心光束，经光学系统变换后一束同心光束会聚于 B 点。或者，一束会聚于 A 点的同心光束经过光学系统变换成由 B 点发射出一束发散的同心光束。在光学成像系统中，同心光束的中心 A 点称为物点，而 B 点称为像点。物与像是相对的，前面光学系统所生成的像可以作为后面光学系统的物。

同心光束各光线实际通过的交点，或者实际光线相交形成的点称为实物点或实像点。由实像点与实物点所构成的像与物称为实像与实物。实像可以直接被底片、光电器件和屏幕等记录，也就是可直接呈现在接收面上。

由实际光线的延长线的交点所形成的物点和像点称为虚物点和虚像点。如图 3-2（b）所示的虚点所构成的物和像称为虚物和虚像。虚物通常是由前面的光学系统所成的像；同时，肉眼可以观察到虚像，但是屏幕、底片或其他接收面不能获得虚像。

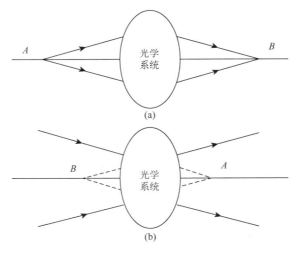

图 3-2   物点和像点

物与像所在的空间称为物空间与像空间。如果一条光线从左到右传播，光学系统第一面左边空间为物空间，右边空间为像空间；光学系统最后一面左边空间为物空间，右边空间为像空间。因此，物空间与像空间是无限扩展的，都占据了整个空间。

在进行光学计算时，不论对整个系统还是对每一个折射面，其物方折射率应按照入射光线所在介质的折射率来计算，其像方折射率应按照出射光线所在介质的折射率计算。

3.1.2   理想光学系统

1. 理想成像

理想光学系统的成像过程称为理想成像。理想光学系统中物方与像方之间互为依存，并且性质上能互换的关系称为共轭关系。从物点发出的光线经光学系统后必通过像点，由光的可逆性原理可知，从像点发出的光线经光学系统后必通过原来的物点，这一对物像可互换的点称为共轭点。通过物点的某条光线经光学系统后，相应的出射光线必通过像点，这一对光线称为共轭光线，共轭光线与主光轴所夹的一对角称为共轭角。因此，物面与像面是一对共轭面，理想光学系统具有如下性质[3]。

（1）物方每个点对应像方一个点（共轭点）。

（2）物方每条直线对应像方一条直线（共轭线）。

（3）物方每个平面对应像方一个平面（共轭面）。

研究物像两方上述一一对应的理论称为高斯光学，它纯粹是一种几何理论。在实际中几乎不存在理想光学系统，平面反射镜是唯一的例外，但它的横向放大率恒等于1，作为成像系统的实用价值很有限。实际的光学系统只能做到接近于理想光学系统。

2. 物像之间的等光程性

理想光学系统成像时，有一个重要的性质，即从物点 A 到像点 B 的各光线的光程相等。

物像之间的等光程性可用费马原理证明。费马原理指出：光线在 A、B 两点之间传播的实际路径，与其他可能的邻近的路程相比，其光程为极值，简而言之光沿光程为极值（极大、极小或常量）的路径传播。在图 3-3 中，物点 A 发出的同心光束通过系统后成为中心在像点 B 的同心光束。在这个同心光束中连续分布着无穷多条实际的光线路径。根据费马原理，它们的光程应取极大值、极小值或恒定值。对于这些连续分布的实际光线，其光程都取极大或极小值是不可能的，所以唯一的可能性是光程取恒定值，即它们的光程都相等。

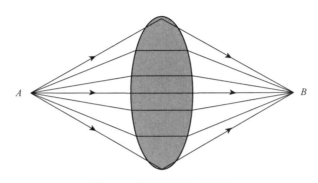

图 3-3　物像之间等光程性

3. 理想光学系统的物像关系

本小节将讨论像的计算方法。根据选取坐标原点的不同，可以导出两种物像关系的计算公式：第一种是以焦点为原点的牛顿公式，第二种是以主点为原点的高斯公式。

图 3-4 为使用作图法找出物体 AB 的像 $A'B'$，有关的线段都按照符号规则标注其绝对值，然后利用几何关系，便可导出能普遍适用于各种情形的求像公式。

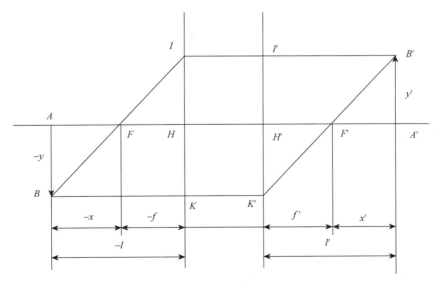

图 3-4　物像图

1）牛顿公式

对于牛顿公式，图3-4 中表示物点和像点位置的坐标分别为：x 以物方焦点 F 为原点算到物点 A，由左向右为正，反之为负；x' 以像方焦点 F' 为原点算到像点 A'，由左向右为正，反之为负。物高和像高用 y、y' 表示，其符号规则同前。

由于 $\triangle ABF \sim \triangle HIF$，按相似三角形对应边成比例的关系，得

$$\frac{y'}{-y} = \frac{-f}{-x} \tag{3-1}$$

同理，由于 $\triangle A'B'F' \sim \triangle H'K'F'$，得

$$\frac{y'}{-y} = \frac{x'}{f'} \tag{3-2}$$

将以上二式合并，可得纵向放大率 β

$$\beta = \frac{y'}{y} = -\frac{f}{x} = -\frac{x'}{f'} \tag{3-3}$$

将上式交叉相乘，得

$$xx' = ff' \tag{3-4}$$

上述为最常用的表示物像关系的牛顿公式。如果光学系统的焦点和主平面位置已经确定，则 f、f' 一定。再给出物点的位置和大小(x, y)，就可以算出像点的位置与大小 (x', y')。

2）高斯公式

对于高斯公式，图3-4 表示物点和像点位置的坐标为：l 为以物方主点 H 为原点算到物点 A，从左到右为正，反之为负；l' 为以物方主点 H' 为原点算到像点 A'，从左到右为正，反之为负；物高和像高的符号规则同牛顿公式。

由图3-4 可得出 l、l' 与 x、x' 有如下关系：

$$\begin{cases} AH = -l = (-x) + (-f) \\ A'H' = l' = x' + f' \end{cases} \tag{3-5}$$

由此得到

$$\begin{cases} x = l - f \\ x' = l' - f' \end{cases} \tag{3-6}$$

代入牛顿公式（3-4），得

$$(l - f)(l' - f') = ff' \tag{3-7}$$

将式（3-7）化简，得

$$lf' + fl' = ll' \tag{3-8}$$

以 ll' 除等式两端，得

$$\frac{f'}{l'} + \frac{f}{l} = 1 \tag{3-9}$$

同理，将式（3-6）中 x' 代入式（3-3），得

$$\beta = -\frac{x'}{f'} = -\frac{l' - f'}{f'} \tag{3-10}$$

把式（3-8）中的 lf' 项移至等式右边，得

$$fl' = l(l' - f')$$ （3-11）

代入式（3-10），得

$$\beta = -\frac{fl'}{f'l}$$ （3-12）

式（3-10）与式（3-12）为另一种常用的表示物像关系的公式，称为高斯公式。在知道 f 和 f' 后，由物点位置与大小(l, y)就可以求出像点位置和大小(l', y')。

3.1.3　光学系统的放大率

由于共轴理想光学系统只是对垂直于光轴的平面所成的像和物相似，所以绝大多数光学系统都只是对垂直于光轴的某一确定的物平面进行成像。为了进一步了解这些确定的物平面的成像性质，下面介绍光学系统成像的三种放大率。

1. 垂轴放大率

前面讨论过，垂轴放大率代表共轭面像高和物高之比，计算公式见式（3-3）和式（3-12）。

2. 轴向放大率

当物平面沿着光轴移动很小的距离 dx 时，像平面相应地移动距离 dx'，比例 $\dfrac{dx'}{dx}$ 称为光学系统的轴向放大率，用 α 表示。它代表平行于光轴的微小线段所成的像与该线段的长度之比。

（1）高斯公式中，对式（3-9）进行微分，得

$$-\frac{f'}{l'^2} dl' - \frac{f}{l^2} dl = 0$$ （3-13）

由图 3-4 很容易看出 $\dfrac{dx'}{dx}$ 和 $\dfrac{dl'}{dl}$ 相等，所以有

$$\alpha = \frac{dx'}{dx} = \frac{dl'}{dl} = -\frac{fl'^2}{f'l^2}$$ （3-14）

（2）牛顿公式中，对式（3-4）进行微分，得

$$xdx' + x'dx = 0$$ （3-15）

由此得到

$$\alpha = \frac{dx'}{dx} = -\frac{x'}{x}$$ （3-16）

3. 角放大率

角放大率是共轭面上的轴上点 A 发出的光线通过光学系统后，与光轴的夹角 U' 的正切和对应的入射光线与光轴所成的夹角 U 的正切之比，一般用 γ 表示，如图 3-5 所示。假定由 A 点发出的成像光束的会聚角为 U，则会聚在像点 A' 的光束的会聚角将为 U'，于是有

$$\gamma = \frac{\tan U'}{\tan U} \tag{3-17}$$

对近轴光线来说，U 和 U' 趋近于零，这时 $\tan U'$ 和 $\tan U$ 趋近于 U 和 U'。由此得到近轴范围内的角放大率公式

$$\gamma = \frac{U'}{U} \tag{3-18}$$

（1）由图 3-5 得

$$\tan U' = \frac{h}{l'}$$
$$\tan(-U) = \frac{h}{-l} \tag{3-19}$$

代入式（3-17），得

$$\gamma = \frac{\tan U'}{\tan U} = \frac{l}{l'} \tag{3-20}$$

由式（3-20）可知，角放大率只和 l、l' 有关。因此，其大小仅取决于共轭面的位置，而与光线的会聚角无关，所以它与近轴光线的角放大率相同。

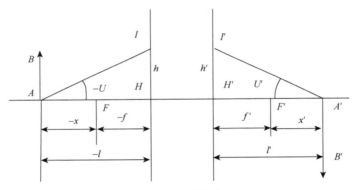

图 3-5　光线图

（2）由式（3-12）和式（3-20）得

$$\beta = -\frac{f}{f'} \cdot \frac{1}{\gamma} \tag{3-21}$$

由此得到

$$\gamma = \frac{1}{\beta}\left(-\frac{f}{f'}\right) \tag{3-22}$$

将式（3-3）代入式（3-22）得

$$\gamma = \frac{x}{f'} = \frac{f}{x'} \tag{3-23}$$

式（3-12）、式（3-16）和式（3-23）就是三种放大率的计算公式。它们都与共轭面的位置有关，故对于同一光学系统来说，物（像）面的位置不同，其所对应的放大率也是不同的。

4. 三种放大率之间的关系

比较以上三种放大率计算公式，可发现它们并非彼此独立，而是互相联系的。由式（3-14）可得轴向放大率 α 为

$$\alpha = -\frac{fl'^2}{f'l^2} \tag{3-24}$$

把式（3-20）代入式（3-24），可得

$$\alpha = -\frac{f}{f'} \cdot \frac{1}{\gamma^2} \tag{3-25}$$

将式（3-25）与式（3-22）进行比较可得

$$\alpha = \frac{\beta}{\gamma} \tag{3-26}$$

式（3-26）即理想光学系统中同一共轭面上三种放大率之间的关系式。

3.1.4　显微镜成像

用肉眼观察物体时，要能看清物体的细节，则该细节对眼睛的视角必须大于眼睛的极限分辨角，此极限分辨角约为于 1 分（1′）视角。当物体大小一定时，它对眼睛的张角取决于该物体到眼睛的距离，距离越近，视角越大。但被观察的物体不能无限靠近眼睛，它必须位于近点之外才能被看清。当物体位于最近距离而其细节对眼睛的视角仍小于极限分辨角时，肉眼将无法分辨，这时必须借助放大镜或显微镜进行放大。一般地，单个凸透镜可以作为放大镜使用，但其像差较大，放大率不会太高。因此，具有两次放大作用的显微镜成为科学和技术领域应用最为广泛和重要的目视光学仪器。

显微镜的光学系统由物镜和目镜两部分组成，如图 3-6 所示。为了简单，图中物镜 L_1 和目镜 L_2 均以单透镜表示。

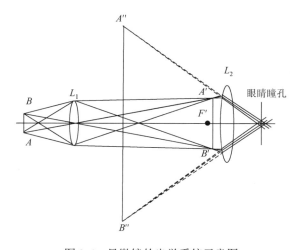

图 3-6　显微镜的光学系统示意图

位于物镜物方焦点以外但靠近焦点处的物体 AB，先被物镜 L_1 形成一个放大、倒立的中间实像 $A'B'$。实像 $A'B'$ 将位于目镜 L_2 的前焦点 F' 的右方邻近处，然后此中间像被目镜形成一个放大的虚像 $A''B''$ 于无穷远或明视距离处。人眼通过目镜就可观察到该放大的虚像 $A''B''$。即人眼通过目镜所看到的不是物体本身，而是物体通过物镜所成的像。由于物体经物镜和目镜二次放大成像，因此显微镜具有很高的放大倍数。总放大倍数 M 是物镜放大率 β_1 和目镜放大率 Γ_2 的乘积，即

$$M = \beta_1 \Gamma_2 = -\frac{250\Delta}{f_1' f_2'} = \frac{250}{f'} \tag{3-27}$$

式中，Δ、f_1'、f_2' 及 f' 分别为光学筒长、物镜焦距、目镜焦距和系统的组合焦距，其中

$$f' = -\frac{f_1' f_2'}{\Delta}$$

由式（3-27）可知，显微镜的视觉放大率与光学筒长 Δ 成正比，与物镜和目镜的焦距成反比。M 为负值，表示对物体成倒像。对于实际的显微镜来说，其物镜和目镜的放大倍数已在镜筒上标明，两者相乘即可得总放大倍数 M。

3.1.5　光学成像模式

本小节将介绍光学成像的基本模式。按照成像方式，光学成像可分为直接成像、间接成像和扫描成像三类。其中几何光学成像属于直接成像，衍射成像与综合孔径成像属于间接成像，近场光学成像属于扫描成像。

1. 直接成像

直接成像法是利用几何光学的物像关系构成光学成像系统。直接成像基本结构示意图如图 3-7 所示。被测对象由成像光学系统成像在记录系统上。被测对象可以本身发光（这时不需外加照明系统），也可以本身不发光，而用外加照明系统照明。

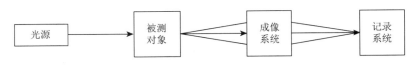

图 3-7　直接成像基本结构示意图

几何光学成像是光学成像的基础，遵循光的反射和折射定律，是一个典型的直接成像方法[4]。

一个本身发光或受到光照的物体在几何光学中都可以称为物，物表面可视为由许多发光点构成，每个发光点均发射出球面波，每个球面波对应一束同心光束。讨论每个物点发出的球面波经光学元件（反射镜、棱镜、透镜等）后波面的变化，诸物点发出的这些球面波经光学系统后的总和就是物所成的像。

几何光学成像原理在光学领域有着广泛的应用。显微镜与望远镜是两种典型的光学

仪器。光学显微镜在材料表征领域有着很多应用，介绍光学显微镜的成像原理对光学显微镜的选用有很帮助。

2. 间接成像

间接成像法不是根据直接成像的物像关系，而是利用被测对象产生的物理效应来构建成像系统的。间接成像法的直接记录对象是光波，而光波具有振幅（或强度）、相位、偏振、波长等特征参量，因此利用光波的一个或几个参量的变化与样品之间的关系，即可对样品进行成像。由于间接成像直接记录的是光波传输过程中光波参量的变化，因而更多地利用了物理光学的原理。

波在传播过程中不是由于反射、折射等出现的偏离直线传播规律的现象即衍射现象。衍射主要有两个特点：①波传播方向会变，经障碍物后会在某种程度上绕到其几何阴影区域中；②在几何阴影区附近，波的强度会有起伏。干涉和衍射是波动的两大特征，光既是电磁波，又有明显的干涉现象，则在其传播过程中也应该出现衍射。但在日常生活中所见到的，多为光的直线传播和反射、折射等现象，极少发现光绕到障碍物后面的衍射现象，这是因为光波波长太短。

20 世纪 60 年代初，高相干性的新型光源——激光诞生后，光学成像技术由简单的直接成像发展到成像技术的一个新阶段——间接成像，即衍射成像。衍射成像和几何光学成像方式的本质差别是，几何光学成像仅记录了物光波（由物体发出的光波）的振幅，而丢失了物光波的相位信息。衍射成像记录了物光波的全部信息：振幅和相位。衍射成像的全息成像术，又称为波前再现成像，其特点是可再现真正的立体图像。但其成像过程比直接成像复杂，对成像用光源也有严格要求，记录时要求相干性高的光源照明被拍摄的物体。

全息成像术是利用光的干涉和衍射原理，将物体散射的特定波长的单色光波以干涉条纹的形式记录下来，并在一定条件下以光栅衍射的原理再现，形成和原物体逼近的三维像。由于它记录了被拍摄物体的全部信息（振幅和相位），被称为全息成像术或全息照相。全息成像术被用于全息防伪、全息储存、全息显微镜、彩色全息、X 射线激光全息等领域[5]。

综合孔径成像就是用小孔径综合成大孔径。如图 3-8 所示，用许多小孔径的物镜代替一个大孔径的物镜聚光，使大孔径范围的平行光聚在焦点 F。用小孔径综合成大孔径最重要的是经过所有小孔径物镜到达焦点的光波同相位——即欲使图 3-8 所示的许多小孔径物镜在点 F 处成像的结果等同于一个大孔径的物镜在点 F 处的成像，应使光波通过每个小孔径物镜到达 F 点时是同相位的（也就是同时间到达）。同相位的结果是使每个小孔径物镜在 F 点处所成像（即艾里斑）的中心形成相干叠加，使艾里斑变窄（利用多光束叠加，可使干涉光变窄的原理）。这种同相位，可以是实时的，表现为干涉效应；也可以是事后的，需要记录通过每个小孔径物镜的光波的相位信息。综合孔径同相位的要求使得在很多情况下，光频的孔径综合十分困难。因为要满足十分之一光频波长的精度，所以应使机械调整、系统稳定性、大气扰动等因素引起波动的总变化控制在十分之一波长内。要做到这点，对于光波而言相当困难。但是在无线电波段，由于工作波长长，同相位的要求并不十分困难。在无线电波段上工作的另一个重要优越性是无线电波接收器可对无线电波频率直接响应，即相位信息可以直接测量而转化为电信号。对于光波，由于无法直接探测其频率，所以其相位信息的探测必须通过光场的干涉，从干涉强度分布而间接获得相位信息[6]。

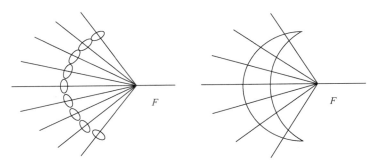

图 3-8　综合孔径成像基本原理图

目前，综合孔径成像方法可分为三大类：①干涉法，即通过测量物体辐射场的复相干度，获得关于物体的信息；②孔径组合法，即用多个小孔径透镜作为大孔径透镜的部件，取其成像的相干叠加，而获得物体的高频（大空间频率）信息；③相干编码法，即把物体辐射的相干波的振幅和相位分布以编码形式记录下来，事后通过解码重现物体的图像。

3. 扫描成像

扫描成像是把图像信息用一定的取样孔径，按一定扫描方式获取和记录，再以同样的扫描方式重现图像。

目前应用广泛的电视扫描成像系统是扫描成像的典型实例。下面以此为例说明扫描成像系统的一般特性。如图 3-9 所示，电视扫描成像系统主要由三部分组成，即图像输入用光学单元、取样/扫描单元、光电转换和显示单元。被测样品 1 由成像系统 2 成像到取样/扫描单元 3，取样/扫描单元被测成像取样、扫描输出的信号经过光电转换和显示单元 4 后，成再现像。

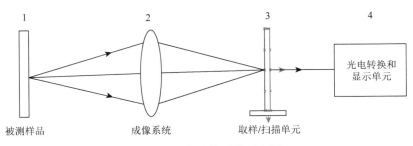

图 3-9　扫描成像系统示意图

光学显微镜的分辨率极限受光波的衍射效应影响，根据瑞利判据，其相应的理论值为 $d=\dfrac{0.61\lambda}{n\sin\theta}$，其中 λ 是显微镜的工作波长，n 是物镜与样品间介质的折射率，θ 是物镜的半孔径角。以 $\lambda = 0.5\mu m$ 的可见光波为例，相应的分辨率极限为 $0.22\mu m$。如何突破这一极限，是我们的目标。近场光学显微镜的研制成功，使这一目标得以实现。近场光学显微镜的基本构想是：以极小的针孔，在极近的距离，对样品进行极小步距的逐点扫描，以获取样品的光强分布（反射率分布或透射率分布），从而突破衍射限制，获得超高分辨率的图像。

物体表面外的电磁场分布可以划分为两个区域：一是距离物体表面仅几个波长范围的区域，称为近场区域，如图 3-10 所示；二是从近场区域外至无穷远处的区域，称为远场区域。

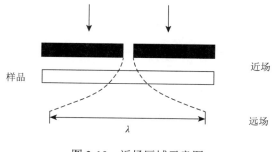

图 3-10　近场区域示意图

当一个孔径为亚微米的微小光源在近场范围内照明物体（样品）时，其照明光斑面积只与孔径有关，与波长无关。这时，在其反射光或透射光中有很强的衰逝光场，它们携带着物体亚微米尺寸结构的信息，通过扫描采集样品各点的近场光，即可得到分辨率小于半个波长的样品近场图像。因此，近场光学研究的是距离物体表面一个波长范围内的光学现象，或者说，近场光学研究是对微小光源发出的光场在微小区域进行探测[7]。

近场光学显微镜用光波作为样品成像的媒介，且具有超高空间分辨的能力。因为光波对被测样品无直接损伤（即干扰最小），所以近场光学显微镜的应用范围日益扩大，主要应用于超分辨成像、近场光谱成像、近场光刻/光写和近场光存储等[8]。

3.1.6　案例分析

1. 案例 1

光学显微镜应用于观测杂化钙钛矿结晶过程中甲胺诱导甲胺碘化铅钙钛矿从 δ 相到 α 相的相变[9]。图 3-11（a）为黄色（黑白显示下为灰色）透明的起始钙钛矿薄膜，为第一阶段。钙钛矿薄膜放在甲胺气体中变成棕色（黑白显示下为黑色）不透明钙钛矿，如图 3-11（b），为第二阶段。钙钛矿薄膜很快从棕色不透明变成无色有光泽钙钛矿，如图 3-11（c），为第三阶段。当从气体中取出时，薄膜又变成棕色有光泽的钙钛矿，如图 3-11（d），为第四阶段。使用光学显微镜可观测到这四个阶段光致发光变化过程：第一阶段钙钛矿不发光同时有着微观缺陷点，第二阶段钙钛矿发光并且有缺陷点，第三阶段钙钛矿不发光且缺陷点消失，第四阶段钙钛矿薄膜发光没有缺陷点。通过光学显微镜表征可说明在甲胺气体的作用下，钙钛矿薄膜形成过程中，甲胺气体诱导钙钛矿相变，同时可以起到修复钙钛矿缺陷的作用。

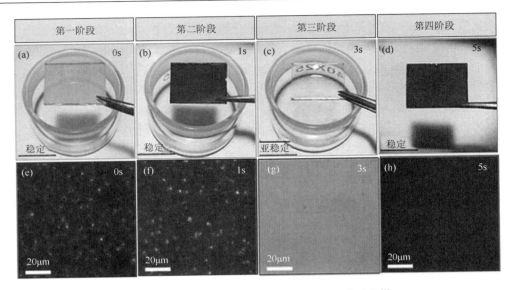

图 3-11　钙钛矿晶体结晶过程的光学显微镜成像[9]

2. 案例 2

　　二维层状纳米材料的电子特性与其层数有很大的关系，因此快速识别 MoS_2 等二维材料层数是一个很重要的工作。光学显微镜方法是识别二维材料层数的一种快速、简单、准确的方法[10]。如图 3-12（a）所示，使用光学成像方法结合图像后处理软件把光学图像转换为 RGB 的彩色图像，可以看出不同层数的 RGB 值也不同。同时为了判断光学成像的二维彩色图像准确性，进一步使用原子力显微镜（AFM）［图 3-12（b）］验证各区域的厚度（即层数）。对比图 3-12（a）与图 3-12（b）可以发现，伪彩色图像可以识别一些区域二维材料的层数，但是对一些边界的敏感性较低。为了解决这个问题，可进一步使用单通道二维灰度图，如图 3-12（c）所示，其既可以很好地辅助光学显微镜识别二维材料的层数，也可以很好地识别二维材料不同层数的区域。

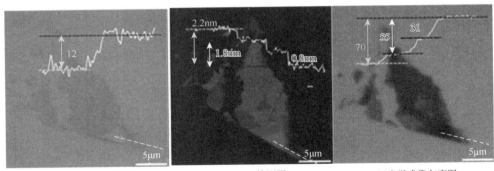

(a)光学成像伪彩色图　　　　　　(b)AFM检测图　　　　　　(c)光学成像灰度图

图 3-12　二维材料光学成像图[10]

3.2　透射电子显微镜

透射电子显微镜（transmission electron microscope，TEM）是一种现代综合性大型分析仪器，在现代科学技术的研究与开发工作中被广泛使用，实物如图 3-13 所示。1932～1933 年，德国实验物理学家鲁什卡等制成了以电子射线为照明源的第一台电子显微镜。然后，电子显微镜放大率增加了接近百万倍，分辨率也逐渐接近其理论值，达到了原子尺度。Yada 和 Hibi 在 1969 年获得了 Pd 的(002)面的晶格像，可测得其面间距为 0.97Å[11]。

电子显微镜是以电子束为照明光源的显微镜。电子束在外部磁场或电场的作用下可以发生弯曲，形成类似于可见光通过玻璃时的折射现象，所以利用这一物理效应制造出电子束的"透镜"，从而开发出透射电子显微镜。透射电子显微镜的特点是利用透过样品的电子束来成像，这一点与扫描电子显微镜（SEM）不同。由于电子波的波长（100kV 的电子波的波长为 0.0037nm）远小于可见光的波长（紫光的波长为 400nm），根据光学理论，电子显微镜的分辨率将大大优于光学显微镜。

图 3-13　透射电子显微镜实物图[12]

3.2.1　基本工作原理简述

从功能和工作原理上讲，电子显微镜与光学显微镜是相同的。其功能都是将细小物体放大至肉眼可以分辨的程度，工作原理也都基于射线的阿贝成像原理。如图 3-14 所示，透射电子显微镜和光学显微镜的各透镜位置及光路图也基本一致，都是光源发射电子或光子，经过聚光镜会聚之后照到样品上，电子或光束透过样品后进入物镜，由物镜会聚成像。光学显微镜中物镜所成的一次放大像在光镜中由投影镜再次放大后进入观察者的眼睛，在透射电子显微镜中则是由中间镜和投影镜再进行两次接力放大后最终在荧光屏上形成投影供观察者观察。下面是对电子显微镜和光学显微镜异同点的详细比较。

（1）电子显微镜入射射线为电子束，波长比光的波长低，从而分辨率更高。同时电子束通过物质，遵从布拉格定律，产生衍射现象，借此可以对晶体物质进行结构分析；此外，电子显微镜成像的衬度机理也不同于光学显微镜，电子射线与物质相互作用时提供的信息要丰富得多，光学显微镜只能观察试样表面。

（2）电磁透镜的焦距可以通过励磁电流来改变，光学显微镜中的光学透镜一旦完成，焦距固定无法改变。

（3）为减少运动电子能量损失，电子显微镜整个系统必须在真空下工作；光学显微镜则没有这个要求。

（4）电子束成像肉眼不可见，必须投射在荧光屏上，上面荧光物质发光，使得人眼可观察；而光学显微镜可在玻璃上直接观察。

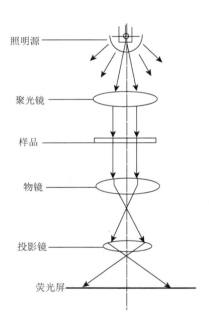

图 3-14　透射电子显微镜光路原理图

3.2.2　透射电子显微镜的基本构造

透射电子显微镜主要由以下 5 个系统组成。

（1）照明系统：包括电子枪和聚光镜。

（2）成像系统：包括物镜、中间镜和投影镜。

（3）记录系统：包括常规照相、快速摄影和其他显示装置等。

（4）真空系统：保证镜体有足够的真空度。

（5）电气系统：包括高压电源、透镜电源、真空系统电源和其他电气部件。

如图 3-15 所示，其中前三个部分是透射电子显微镜的基本结构，可以合并为电子光学系统，为电镜的核心部分，接下来做具体介绍。

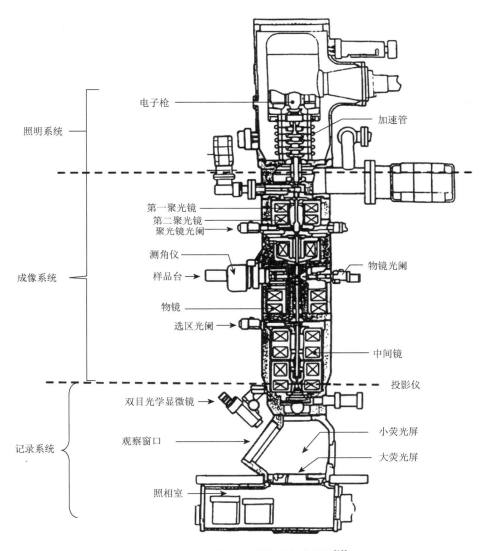

照明系统

成像系统

记录系统

电子枪

加速管

第一聚光镜
第二聚光镜
聚光镜光阑

测角仪
样品台

物镜光阑

物镜

选区光阑

中间镜

投影仪

双目光学显微镜

观察窗口

小荧光屏

大荧光屏

照相室

图 3-15　透射电子显微镜基本结构图[13]

1. 照明系统

照明系统是由发射电子并使其加速的电子枪和会聚电子束的聚光镜组成的。

1）电子枪

电子枪受热或外场激发产生电子，形成一定亮度以上的电子束斑以满足观察的需要。

透射电子显微镜对电子束的要求是：高亮度、小截面和高稳定性。当前电子枪主要有三种类型：钨丝枪、六硼化镧（LaB₆）枪、场发射枪。前两种电子枪为热发射型，后一种电子枪为场发射型。

钨丝枪构造一般如图 3-16 所示，主要包括一个发卡型灯丝或点状灯丝（即阴极）和两个电极（阳极和栅极）。灯丝一般由钨丝弯成 V 形制成，钨的熔点高、寿命长、逸出功低、发射效率高。要使灯丝中的自由电子获得足够的能量脱离原子核束缚离开表面，需要给金属丝加热升温。一般来说，灯丝在外加高压下升温至 2800K 左右可以发射电子。阴极下端是栅极和阳极。其中，栅极电压略低于阴极电压，可使阴极分散发出的电子聚焦，形成电子交叉点。改变栅极电位，可以控制从阳极通过的电子数目，从而调节电子束的强度。阳极为带小孔的金属板，在阳极和阴极之间有高压，称为加速电压，阴极上发射的电子会被阳极吸引，从而快速穿过小孔，形成电子束。整体过程理解为灯丝加热发射电子，电子通过栅极，穿过阳极，形成一束电子束进入聚光镜。

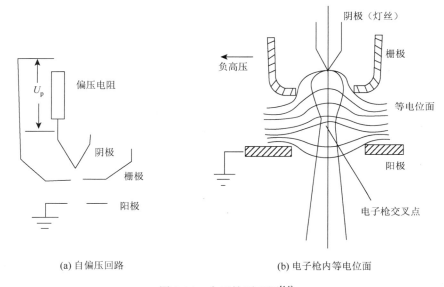

(a) 自偏压回路　　　　　　　　　　(b) 电子枪内等电位面

图 3-16　电子枪原理图[14]

电子完全逸出表面克服阻力所做的功称为逸出功。不同金属材料有不同的逸出功。根据理查森-杜什曼方程发射的电子数 n 与逸出功 W 存在如下关系：

$$n = AT^2 e^{-W/kT} \tag{3-28}$$

式中，n 为金属表面单位面积能够发射的电子数目；T 为热力学温度；A 为常数；k 为玻尔兹曼常数。逸出功的单位是 eV。

从式（3-28）可知，在一定的温度下，逸出功越低，单位面积金属表面能发射的电子数目就越多。钨就是逸出功低的金属材料。但是，如果灯丝工作温度波动，发射电子也会不稳定。从公式可知，温度的小幅度波动对发射电子的数目也会造成很大影响，从而使得照明亮度不稳定。实际应用中，高稳定型的阴极灯丝对电子枪极为重要。为了保持灯丝的稳定，多采用高稳定的直流电源给灯丝加热，从而提高照明亮度的稳定性。正常工作情况下，灯丝的平均寿命应该不低于 200 小时。但是钨灯丝的使用寿命短，若连续使用，只有数十小时寿命。并且钨灯丝的电子束照明亮度较低，单色性差。所以近年来，透射电子显微镜中不再使用钨金属作为灯丝。为了提高灯丝的单色性和照明亮度，采用六硼化镧单晶体作为灯丝。六硼化镧单晶体加工成的锥形灯丝是当前透射电子显微镜中最为普及的灯丝。

场发射型电子枪也有三极：阴极，第一阳极，第二阳极。阴极和第一阳极之间的场发射原理使得阴极表面发射电子。阴极与第二阳极之间的电压较高，发射的电子通过第二阳极被加速，从而形成电子束。场发射枪的灯丝寿命可以长达一两年，其单色性和照明亮度也远好于热发射枪，但是价格昂贵。

2）聚光镜

从阳极小孔出来的电子束，通过聚光系统的多次缩小，形成强度高、束斑小的平行电子束。现在大多数为两级电子透镜的双聚光镜方式。当电子束进入第一聚光镜时，固定光栅将偏离的电子束挡住，使得电子枪交叉点缩小至 $\frac{1}{100} \sim \frac{1}{10}$。透过第一聚光镜的电子束缩小之后，通过第二聚光镜照射在样品上。第二聚光镜的极靴包括一个可动的光栅，可以将偏离的电子束挡住，使得只有平行性好的电子束才可以通过。同时为了电子束的对中，第二聚光镜和样品之间还会有偏转线圈，对电子束进行倾斜调整和水平调整。

2. 成像系统

成像系统在原理上可认为由三级透镜构成，即物镜、中间镜、投影镜。物镜一般为短焦距磁透镜，中间镜为长焦距弱磁透镜，投影镜为短焦距强磁透镜。每一级透镜都可以单独动作，但是成像时相互影响。

物镜的放大倍率一般为 100 倍，是电子要经过的第一个电磁透镜，透过样品的电子携带着样品信息，透过物镜聚焦，形成中间像，再经过中间镜和投影镜将中间像进一步放大，最后投射在荧光屏上成像。因为电磁透镜是对电子进行会聚与散射，所以与传统光学显微镜中的透镜有着巨大的区别。将线圈用软铁包裹，在线圈中空的地方有一个磁性夹缝，能够产生磁场，在夹缝中间装有更强磁场的磁极片，称为极靴。因为物镜的好坏对最终成像有着至关重要的影响，所以物镜的极靴极为重要，需要精密加工。极靴的材料选择、设计构型和精密加工程度会直接影响透射电子显微镜的性能，故极靴通常被称为透射电子显微镜的心脏。

中间镜的放大倍数为 1～20 倍。在没有中间镜之前，电镜为两级透镜系统，最高的放大倍数为 15000 倍左右。但若有畸形像变，放大倍数甚至低至 1000 倍。当采用中间镜，扩展为三级透镜系统时，可得到高至 100 万倍的放大倍数。同时，中间镜还起到另外两个作用：①在放大倍数小的情况下，抵消投影镜所产生的像差，产生负畸变，从而获得没有畸变的像；②观察衍射电子像，中间镜可使得物镜成像的衍射像同比例在投影镜前成像，在衍射的工作模式下，可以得到样品的物像信息。

投影镜的放大倍数略大于物镜，在高倍放大时，投影镜的放大倍数为固定值。由于投影镜景深和焦深都很大，所以在改变放大倍数时，通常只改变中间镜电流，不需要改变投影镜电流。

3. 记录系统

电子束透过样品，由电磁透镜所放大的图像仍是肉眼不可见的，所以需要把电子束打到荧光物质上，产生光波才能被人类观察到。镜筒下有视窗，可以通过视窗观察荧光屏上的图像。当需要记录时，将荧光屏中央的小荧光屏活动板翻起 90°，图像便可以直接投在照相底片上。

3.2.3 主要技术参数

1. 分辨率

物理学家阿贝博士曾用衍射像差来表示光学显微镜的分辨率极限。分辨率被定义为能够把接近的两点区分开来单独成像的最小距离。根据阿贝公式，如果两点相距为 d，那么

$$d = \frac{0.6 \cdot \lambda}{n \cdot \sin\theta} \tag{3-29}$$

式中，λ 为入射射线的波长；θ 为入射角度；n 为折射率。公式中分母又称为孔径数。可以看出，决定显微镜的成像因素在于入射光的波长。由于光波的波长为 4000~7000Å，所以光学显微镜的分辨率约为波长的一半。现在透射电镜的分辨率基本都在 1Å 以下。为了便于理解，透射电镜的分辨率也可以借用阿贝公式来讨论。

由于电子束的波长极短，如式（3-30）所示，其波长 λ 随加速电压改变而变化。

$$\lambda = \sqrt{\frac{150}{V}} A \tag{3-30}$$

式中，V 为加速电压；A 为相应的波长。可以看出，加速电压越高，波长越短，分辨率越高。影响分辨率的因素还有很多，在结构上主要取决于物镜的性能。物镜的理论分辨率也与像差和衍射误差有关。像差即位像失真，降级像差的有效方法为减小物镜的孔径角，但减小孔径会降低分辨率。像差主要分为球差、色差、像散、像畸变。

球差是一点出发的射线透过透镜后，无法聚焦在一点上，形成弥散圆。弥散圆的直径为球差 d_s。

$$d_s = \frac{1}{2} C_s \cdot a^3 \tag{3-31}$$

其中，C_s 为球差系数；a 为孔径角。可知减少孔径角，可减小球差。但是，孔径角越小，衍射的影响越大，一般来说，最佳孔径角为 $10^{-3} \sim 10^{-2}$rad。

不同射线透过透镜时焦点不同，从而形成一个模糊的圆斑，这种现象称为色差。同时，电磁透镜与光学透镜不同，还有旋转色差。为了消除色差，需要尽量保持稳定的加速电压和稳定的透射电流。

若电磁透镜的磁场不是轴对称的，在垂直方向上则具有不同的焦距，样品的水平方向成像和垂直方向成像不在同一平面内，从而形成像散。严格来说，电磁透镜在设计时

应该是轴对称的，但是由于材料的不均匀性和加工误差，总会存在一定像散，称为固定像散，可以调节磁场的方向和强度来进行校正，使其减至最小，这样的部件称为消像散器。在电镜使用过程中，需要经常调解消像散器。

当物镜的像被投影镜再次放大时，边缘的聚焦能力强、焦距短，中间部分聚焦能力弱、焦距长，从而像的放大倍数随着离轴远近而改变，因此图像发生弯曲。像畸变在低倍放大时更为明显，在设计透镜系统时，可以通过中间镜的设计对投影镜的像畸变做出补偿，相互抵消，降低畸变程度。

2. 放大倍数

各级电磁透镜的放大倍数相乘即为透射电镜总的放大倍数：

$$M_{总} = M_{物镜} \times M_{中间镜} \times M_{投影镜} \tag{3-32}$$

有效放大倍率 = 裸眼分辨率/物镜分辨率。若增加物镜放大倍率，仅是总放大倍率增大，结果是像增大，却模糊不清，这种放大是无意义的，称为空放大。换言之，超过有效放大倍率的放大称为空放大。

3.2.4　样品制备

由于电子束的穿透能力比较低（其散射能力强），因此用于 TEM 分析的样品厚度要非常薄。根据要测样品的原子序数的不同，通常样品观察区域的厚度控制在 100～200nm，对于高分辨 TEM 样品要求厚度在 5～10nm。要制备这样薄的样品必须通过一些特殊的方法，并且所制得的样品必须具有代表性以真实地反映所分析材料的某些特征。因此，样品制备时不可影响拟观察的特征，若已产生影响则必须知道影响的方式和程度。根据原始样品的不同形态，TEM 样品可分为间接制样和直接制样。一般来说，在 TEM 中易起变化的样品或者难以制备成薄膜的样品采用间接制样。

1. 样品的支持膜

光学显微镜需要载玻片承载样品，与光学显微镜类似，透射电子显微镜中则使用 50～100Å 的塑料薄膜或者碳质蒸发膜作为支持膜来承载样品。对支持膜材料的要求为：对电子束吸收不大，颗粒度小，以提高样品分辨率；有一定的力学强度和刚性，能承受电子束照射而不变形。

火棉胶支持膜就是 TEM 常用的一种支持膜。火棉胶是一种硝化度较低的硝化纤维醋酸铝溶液，支持膜上所用的火棉胶溶液浓度一般为 1.5%～2.0%。在水面上滴下这种溶液，由于水的表面张力，液滴在水面上伸展。当溶液蒸发后，在水面上可形成一层厚 100Å 左右的膜。可通过控制水的温度或者溶液的浓度来调控火棉胶的厚度。一般来说，水面上形成的膜不能用镊子夹取，而是用预先沉在水中的金属网捞出。这种金属网上附着的火棉胶膜称为试样支持膜。火棉胶除了做支持膜材料，还可以在塑料支持膜上再镀上一层碳膜，提高其强度和耐热性，镀碳之后的支持膜称为加强膜。

2. 粉末状样品制备

粉末状样品制备的关键是如何将超细的粉颗粒分散开来，各自独立而不团聚。

胶粉混合法：在干净的玻璃片上滴火棉胶溶液，然后在玻璃片胶液上放少许粉末并搅匀，再将另一个玻璃片压上，两个玻璃片对研并突然抽开，等候膜干。用刀片划成小方格，将玻璃片斜插入水杯中，在水面上下空插，膜片逐渐脱落，用铜网将方形膜捞出。

支持膜分散粉末法：需 TEM 分析的粉末颗粒尺寸一般都远小于铜网孔径，因此要先制备对电子束透明的支持膜。常用的支持膜有火棉胶膜和碳膜，将支持膜放在铜网上，再把粉末放在膜上送入电镜分析。

支持膜上的粉末试样要求高度分散，可根据不同情况选用不同的分散方法。

（1）悬浮法：超声波分散器将粉末在与其不发生作用的溶液中分散成悬浮液，滴在支持膜上，干后即可。为了防止粉末被电子束打落污染镜筒，可在粉末上再喷一层碳膜，使粉末夹在中间。

（2）撒落法：直接撒在支持膜表面，叩击去掉多余粉末，剩下的粉末就分散在支持膜上。

3. 块体材料样品制备

通过减薄块体制成对电子束透明的薄膜样品。制样要求如下：薄膜样品的组织结构必须和大块样品相同，且制备过程中不引起材料组织的变化；相对电子束而言必须有足够的"透明度"，且避免薄膜内不同层次图像的重叠干扰分析；具有一定的强度。

样品减薄方法分为三种：①切块，切成薄块（<0.5mm）；②预减薄，机器研磨或者化学抛光（0.1mm）；③终减薄，用电解抛光、离子轰击减薄成"薄膜"（<500nm）。视材料特性而定，对于塑性较好而又导电的材料，一般采用双喷电解抛光；对于陶瓷等脆性较大又不导电的材料，一般用离子减薄。

4. 间接样品（复型）制备

复型就是表面形貌的复制。通过复型制备出来的样品是真实体现样品表面形貌组织结构细节的薄膜复制品。对复型材料的主要要求如下。

（1）复型材料本身必须是"无结构"或非晶态的。

（2）复型材料要有足够的强度和刚度，良好的导电、导热和耐电子束轰击性能。

（3）复型材料的分子尺寸应尽量小，以利于提高复型的分辨率，更深入地揭示表面形貌的细节特征。

常用的复型材料是对电子束透明的薄膜——非晶碳膜、各种塑料薄膜和氧化物薄膜。按复型的制备方法，复型主要分为三种。

（1）一级复型：是指在试样表面的一次直接复型。一级复型主要分为塑料（火棉胶）一级复型和碳膜一级复型。其中，塑料一级复型相对于试样表面是一种负复型，即复型与试样表面的浮雕相反。它是对样品表面形貌的简单复制，其表面的形貌与样品的形貌刚好互补，所以称为负复型。碳膜一级复型则是一种正复型。

（2）二级复型：是指先做一次复型，然后进行二次碳复型，把一次复型溶去，得到二次碳复型。塑料-碳二级复型结合两种一级复型的优点：不破坏样品原始表面；最终复型碳膜的稳定性和导电导热性都很好，电子束照射下不易分解和破裂；分辨率和塑料一级复型相当。二级复型适于粗糙表面和断口的复型。

（3）萃取复型（半直接样品）：用碳膜把经过深度侵蚀（溶去部分基体）试样表面的第二相粒子粘附下来。萃取复型既复制表面形貌，又保持第二相分布状态，还可通过电子衍射确定物相，兼顾了复型膜和薄膜的优点。

3.2.5　扫描透射电子显微镜

扫描透射电子显微镜（scanning transmission electron microscope，STEM）是指透射电子显微镜中有扫描附件者，尤其是指采用场发射电子枪做成的扫描透射电子显微镜。扫描透射电子显微分析是综合了扫描和普通透射电子分析的原理和特点而出现的一种新型分析方式。本书既有扫描电子显微镜的介绍，也有透射电子显微镜的讲解，所以对STEM 部分只进行简略分析。

扫描透射电子显微镜是透射电子显微镜的一种发展，其不同于一般的平行电子束透射电子显微成像，是利用会聚电子束在样品上扫描形成的。场发射电子枪发射的相干电子经过聚光镜、物镜前场及光阑，会聚成原子尺度的电子束斑。通过线圈控制电子束斑，逐点在样品上进行光栅扫描。在扫描每一个点的同时，放在样品下方且具有一定内环孔径的环形探测器同步接收高角散射的电子，对应于每个扫描位置的环形探测器把接收到的信号转换为电流，显示于荧光屏或计算机屏幕上。因此，样品上扫描的点与所产生的像点一一对应。连续扫描样品的一个区域，便形成扫描透射像。在入射电子束与样品发生相互作用时，会使电子产生弹性散射和非弹性散射，导致入射电子的方向和能量发生改变。因而，在样品下方的不同位置将会接收到不同信号的透射电子束和部分格散射的电子，此时得到的图像为环形暗场像（annular dark field，ADF）。

在同样成像条件下，环形暗场像相对于环形明场像（annular bright field，ABF）受像差影响小，衬度好，但环形明场像分辨率更高。若环形探测器接收角度进一步加大，接收到的信号主要是高角度非相干散射电子，则得到的像为高角环形暗场像（high angle annular dark field，HAADF）。HAADF 探测器得到的像点强度正比于原子序数的平方，因而也称为 Z 衬度像。Z 衬度像利用高角散射电子，为非相干像，是原子列投影的直接成像，其分辨率主要取决于电子束斑的尺寸，因而它比相干像具有更高的分辨率。Z 衬度像不会随所测试样品的厚度和物镜焦距变化有很大变化，也不会出现衬度反转，所以像中的亮点总是对应原子列的位置。

相比于传统的高分辨相位衬度成像技术，高分辨扫描透射电子显微镜因可提供更高分辨率、对化学成分敏感以及可直接解释的图像，而被广泛应用于从原子尺度研究材料的微观结构及成分。其中高角环形暗场像为非相干高分辨像，图像衬度不会随着样品的厚度及物镜的焦距的改变而发生明显的变化。因此，像中亮点能反映真实的原子或原子对，且像点的强度与原子序数的平方成正比，能够凭借像点的强度来区分不同元素的原子，从而可以得到原子分辨率的化学成分信息。HAADF-STEM 像的解释简明直接，一般不需要复杂烦琐的计算机模拟，因而尤其适合于材料中缺陷及界面的研究。近年来，随着球差校正技术的发展，扫描透射电镜的分辨率和探测敏感度进一步提高，分辨率已经达到亚埃尺度，使单个原子的成像成为可能。

3.2.6 案例分析

1. 案例 1

析氢反应是水裂解和氯碱工业的重要半反应，该反应速率受到缓慢动力学过程的限制。为了加快氢的析出，研发高性能的电催化剂以降低析氢反应能垒十分关键。多级碳骨架上锰掺杂的二硫化钼超薄纳米片电极（记为 Mn-MoS$_2$@CA/CC）被证明具备优异的析氢反应性能。作者应用 TEM 观察了修饰后的 MoS$_2$ 的结构。通过超声振动的方式将 Mn-MoS$_2$ 纳米片从 Mn-MoS$_2$@CA/CC 剥落下来。从图 3-17（a）可以看出 Mn 掺杂的 MoS$_2$ 的横向尺寸在 100～200nm，并且可以看到纳米片具有独特的褶皱和波纹，这表明 Mn-MoS$_2$ 具有超薄结构。图 3-17（b）～（c）所示的高倍 TEM 图像揭示 Mn-MoS$_2$ 具有多个 S-Mo-S 单层结构，整个纳米片的厚度均小于 10 个 S-Mo-S 层，进一步证明所合成的二硫化钼的超薄特性。相比于块体二硫化钼，这种超薄特性可以减少体相被埋没的质量，

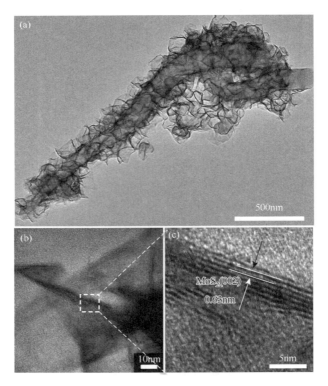

图 3-17　超声剥落的在单根碳纳米线上的 0.5Mn-MoS$_2$ 纳米片的 TEM 图

（a）低倍 TEM 图；（b）～（c）高倍 TEM 图[15]

最大限度地暴露边缘活性位点，有利于电解质和气泡传输，从而促进析氢反应。从图 3-17（c）所示的高倍 TEM 图还可以看到 0.63nm 宽的晶格间距，这正好对应二硫化钼的(002)晶面，即两个二硫化钼单层之间的距离。

2. 案例 2

近期研究发现 Ni_3S_2/MoS_2 形成的异质界面也会促进析氢反应。作为表征材料微观晶体结构的常用手段，TEM 被用于表征及证明 Ni_3S_2/MoS_2 形成了有效异质界面而非简单的物理混合，以及解释 Ni_3S_2/MoS_2 异质界面析氢性能优异的原因。在图 3-18（a）中可见明显的宽条纹，明暗相间，还存在一些弯曲，通过进一步测量得其晶格间距为 0.63nm，恰好是六方结构的 $2H\text{-}MoS_2$(002)晶面的层间距。该晶面的晶格条纹是 MoS_2 的典型条纹，可作为特征条纹来判定 MoS_2 的存在，并且(002)晶面边缘正是 MoS_2 最具催化活性的位点。图 3-18（a）和图 3-18（c）中晶格条纹间距为 0.28nm 的晶面则为 Ni_3S_2 的(110)晶面。因此，在 TEM 图中可以发现，MoS_2 的(002)晶面和 Ni_3S_2 的(110)晶面最为明显。图 3-18（a）中还可见晶粒长小于 5nm，厚度为 1.2nm 的两层 MoS_2 超小晶粒与 Ni_3S_2(101)面（晶格间距 $d = 0.4nm$）形成的异质界面。这说明合成的 MoS_2 可达其晶体尺寸的单层极限。这种少层的 MoS_2 微小晶粒越多，MoS_2 和 Ni_3S_2 在物质总量一定的情况下，形成的异质界面也就越多，进而高活性的催化位点也越多。此外，如图 3-18（d）所示，通过 TEM 图

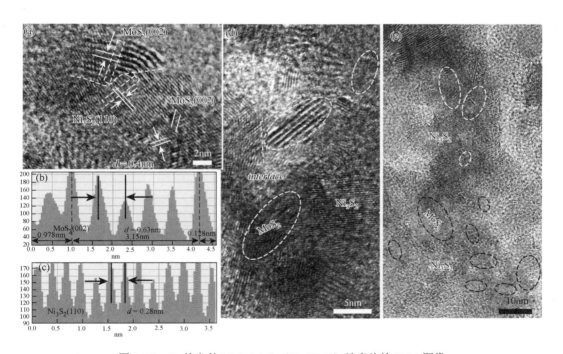

图 3-18　Co 掺杂的 Ni_3S_2/MoS_2（Co-NMS）纳米片的 TEM 图像

（a）Co-NMS 的高倍 TEM 图像；（b）从 Co-NMS 的高倍 TEM 图中量取的 MoS_2 的(002)晶格间距；（c）从 Co-NMS 的高倍 TEM 图中量取的 Ni_3S_2 的(110)晶格间距；（d）Co-NMS 标记了晶格缺陷的 TEM 图；（e）Co-NMS 的低倍 TEM 图[16]

还发现界面处因晶格失配、交叉生长以及低温还原气氛下的硫化导致大量晶格缺陷（位错、扭曲、空缺）。这些缺陷能暴露额外的活性位点，或者让线分布的界面双功能位点变为面分布，总体通过增加活性位点数目的方式让活性位点的分布更加密集。图 3-18（e）中 MoS_2 小片（虚线圈所圈位置）周围即为异质界面，可见这种异质界面广泛存在，分布密度最小可至 $5nm^{-1}$ 左右（平均每隔 5nm 就会出现异质结）。其中，MoS_2 长度均小于 50nm，厚度均小于 20nm，颗粒尺寸不一，但总体来说，小尺寸晶粒更多，MoS_2 更多处于层数很少的状态；而 Ni_3S_2 的晶粒尺寸更大，呈粒状不是片状，组成整个 Co-NMS 纳米片基面，其类金属的导电性也正好弥补 MoS_2 导电性较差的缺点。根据透射的原理，TEM 中深色区域说明该处较厚、浅色区域物质较薄或者为穿孔。这说明 Co-NMS 纳米片表面高低不平，存在凸起与凹坑甚至穿孔，对于析出气体的电催化表面反应，这种三维多孔结构毫无疑问是非常有利的。

习　　题

3-1　简述几何光学成像的基本原理。

3-2　如何利用几何光学成像来设计光学仪器？

3-3　简述衍射成像与几何光学成像的区别。

3-4　简述衍射成像的极限。

3-5　简述近场光学成像原理。

3-6　简述衍射成像原理。

3-7　简述透射电镜与光学显微镜的区别和联系。

3-8　物镜和中间镜各有什么作用？

3-9　请阐述 TEM 中四种像差形成的原因。

3-10　透射电镜中的电子枪有几种？各有什么特色？

3-11　透射电镜的样品制备分为几种？各有什么特点？

3-12　如果选定区域的衍射孔径是包括大量晶粒的多晶样品，预期将获得什么样的衍射图案？为什么？

参 考 文 献

[1]　徐之海，李奇. 现代成像系统. 北京：国防工业出版社，2001.

[2]　马科斯·玻恩，埃米尔·沃耳夫. 光学原理（上、下册）. 7 版. 杨葭荪，等，译. 北京：电子工业出版社，2005.

[3]　胡鸿璋，凌世德. 应用光学原理. 北京：机械工业出版社，1993.

[4]　王之江，伍树东. 成像光学. 北京：科学出版社，1991.

[5]　于美文. 光全息学及其应用. 北京：北京理工大学出版社，1996.

[6]　张澄波. 综合孔径雷达原理、系统分析与应用. 北京：科学出版社，1989.

[7]　朱星，近场光学与近场光学显微镜. 北京大学学报（自然科学版），1997（3）：124-137.

[8]　张树霖. 近场光学显微镜及其应用. 北京：科学出版社，2000.

[9]　Zong Y X，Zhou Y Y，Ju M G，et al. Thin-film transformation of NH_4PbI_3 to $CH_3NH_3PbI_3$ perovskite: A methylamine-induced conversion–healing process. Communications，2016，55（47）：14723-14727.

[10] Li H，Lu G，Yin Z Y，et al. Optical identification of single-and few-layer MoS$_2$ sheets. Small，2012，8（5）：682-686.

[11] 温树林. 原子像、晶格像和结构像. 自然杂志，1982（9）：666-669，676.

[12] 武汉铄思百检测技术有限公司. 透射电镜 TEM 基本结构. (2019-11-07）[2024-01-02]. https://sousepad.com/ h-nd-189.html.

[13] 中国粉体技术网. 从原理到实践 如何拍出高质量透射电镜（TEM）照片. （2016-10-17）[2024-01-02]. https://www.sohu.com/a/116312076_229957.

[14] 华南师范大学分析测试中心. 电子光学基础-透射电镜的结构与成像原理. （2018-10-31）[2024-01-03]. http://atc.scnu.edu.cn/instrmg/web/detail/id/42/pid/105.html.

[15] Zhang L Y，Li M，Zou A Q，et al. Synergistically configuring intrinsic activity and fin-tube-like architecture of Mn-doped MoS$_2$-based catalyst for improved hydrogen evolution reaction. ACS Applied Energy Materials，2019，2（1）：493-502.

[16] Zhang L Y，Zheng Y J，Wang J C，et al. Ni/Mo bimetallic-oxide-derived heterointerface‐rich sulfide nanosheets with Co-Doping for efficient alkaline hydrogen evolution by boosting volmer reaction. Small，2021，17（10）：e2006730.

第4章 扫描显微镜

本章主要介绍包括扫描电子显微镜、扫描隧道显微镜、原子力显微镜、开尔文探针显微镜等扫描显微镜的工作原理、系统组成等相关内容，并结合文献中的案例分析讨论。

4.1 扫描电子显微镜

4.1.1 扫描电子显微镜简介

扫描电子显微镜（scanning electron microscope，SEM）是电子显微镜的一种，使用加速电子束作为照明源。由于电子的波长比可见光波长短，电子显微镜的分辨率可以远高于光学显微镜。扫描电子显微镜利用聚焦的电子束扫描表面来产生样品的图像，电子与样品中的原子相互作用，产生各种信号，包括有关样品表面形貌和成分等信息。

4.1.2 扫描电子显微镜工作原理

1. 电子束激发的物理信号

电子枪产生的电子束经加速电压作用和电子透镜聚焦后，在表面按顺序进行扫描并激发样品产生各种物理信号，主要包含二次电子、背散射电子、吸收电子、X 射线和俄歇电子，如图 4-1 所示。

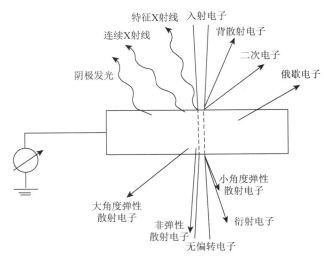

图 4-1 信号电子示意图

二次电子由入射电子与试样中弱束缚价电子非弹性散射作用产生。二次电子能量较低（<50eV），仅在样品表面 5～10nm 的深度才能逸出表面，因而二次电子成像分辨率高，样品凹凸表面产生的二次电子很容易被二次电子探测器收集，二次电子成像几乎没有阴影效应。背散射电子是指入射电子与试样相互作用多次散射后重新逸出表面的高能电子，其最高能量接近入射电子的能量，其产额随样品原子序数的增大而增大，因此可以通过其信号强度分析样品化学组成。特征 X 射线是原子内壳层电子被电离后，由外层电子向内壳层跃迁产生的具有特征能量的电磁辐射。阴极发光是晶体物质在高能电子照射下发出红外光、可见光和紫外光的现象，阴极发光效应对样品中少量元素分布非常敏感，因此可将其作为微区成分分析的一个补充。

二次电子与背散射电子的主要区别如下：①分辨率不同。二次电子的分辨率高，因而可以得到层次清晰、细节清楚的图像；背散射电子是在一个较大的作用体积内被入射电子激发出来的，成像单元较大，因而分辨率较二次电子像低。②运动轨迹不同。背散射电子以直线逸出，因而样品背部的电子无法被检测到，呈一片阴影，衬度较大，无法分析细节，但可以用来显示原子序数衬度，进行定性成分分析；二次电子对试样表面状态非常敏感，能有效地显示试样表面的微观形貌，利用二次电子作形貌分析时，可以在检测器收集光栅上加上正电压来吸收较低能量的二次电子，使样品背部及凹坑等处逸出的电子以弧线状运动轨迹被吸收，从而使图像层次增加，细节清晰。③能量不同。二次电子是指当入射电子和样品中原子的价电子发生非弹性散射作用时会损失其部分能量（30～50eV），这部分能量激发核外电子脱离原子，能量大于材料逸出功的价电子可从样品表面逸出，变成真空中的自由电子；背散射电子是指被固体样品原子反射回来的一部分入射电子，既包括与样品中原子核作用而形成的弹性背散射电子，又包括与样品中核外电子作用而形成的非弹性散射电子，所以背散射电子能量较高。

2. 工作原理

扫描电子显微镜的工作原理主要是利用二次电子成像，从电子枪灯丝发出的直径为 20～35μm 的电子束，受到阳极 1～40kV 高压的加速射向镜筒，并受到第一、二聚光镜和物镜的会聚作用，缩小成直径约几十埃的狭窄电子束射到样品上。与此同时，偏转线圈使电子束在样品上做光栅状的扫描。电子束与样品相互作用将产生多种信号，其中最重要的是二次电子。由于控制镜筒入射电子束的扫描线圈的电路同时也控制显像管的电子束在屏上的扫描，用这种方法就如电视机屏上的像一样，一点一点、一线一线地组成了像。图像为立体形象，反映了样品的表面结构。为了使样品表面发射出次级电子，样品在固定、脱水后，要喷涂上一层导电微粒，重金属在电子束的轰击下发出次级电子信号。

4.1.3　扫描电子显微镜系统组成

扫描电子显微镜主要包含电子光学系统、真空系统、扫描显示系统、计算机控制系统以及能谱仪（Energy dispersive spectroscopy，EDS）等附加组件。电子光学系统主要包含电子枪、磁透镜、扫描线圈和样品室。扫描电子显微镜的仪器构造示意如图 4-2 所示。

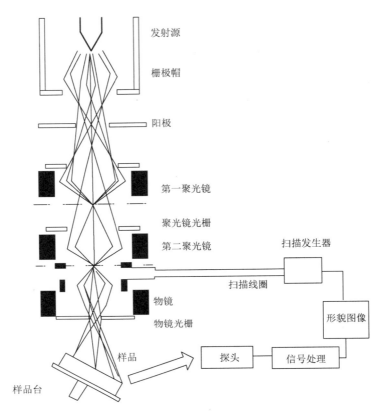

图 4-2　扫描电子显微镜的仪器构造示意图

在电子光学系统中，电子枪多采用钨丝作为热发射源，在 0.5～30kV 的加速电压下发射电子，经聚光镜后形成电子束。为了获得高分辨率图像，必须用小电子束（束流为 10^{-12}～10^{-9}A），根据不同分辨率及不同样品分析的需要，电子枪也可替换为 LaB_6 和场发射电子枪。扫描线圈通常由两个偏转线圈组成，在扫描发生器的作用下，电子束在样品表面做光栅状扫描，电子探针和样品相互作用产生信号，经过信号处理将收集的信号进行放大并在显示系统上得到扫描图像。样品室通常具有足够大的空间，以满足样品在内部进行 360°旋转、0～90°的倾斜以及三维方向上的移动。此外足够大的空间还方便在样品室内配备 X 射线波谱仪、二次离子质谱仪和图像分析仪等设备。在运行工作时，扫描电子显微镜镜体和样品室还需保持高度真空，为了获得良好的图像形貌，一般真空度需高于 10^{-4}Pa。借助不同的探测器，扫描电子显微镜可以接收从样品上发出的多种信号电子来成像，其中二次电子探测器是扫描电子显微镜最重要的部件之一。

4.1.4　扫描电子显微镜主要性能参数

扫描电子显微镜的主要性能参数包括分辨率、放大倍数和景深等。

1. 分辨率

分辨率通常决定是否能清晰获取形貌信息，或者成分分析时的最小分析区域。影响分辨率的因素有很多，主要包括电子束直径、信号、材料元素以及其他因素。

电子束直径是影响分辨率最直接的因素之一，其直径越小，分辨率越高。一般来说场发射的电子束比热发射直径更小，钨灯丝热发射分辨率一般为 3～6nm，场发射一般小于 1nm。信号的不同也会引起分辨率不同，分辨率与样品产生信号的广度直径基本一致。例如，二次电子能量较低，信号往往来源于表层，此时可以认为信号主要来自电子束与材料表层形成的圆柱体内，分辨率与束斑直径相当。背散射电子能量较大，电子在固体中的平均自由程大，其分辨率远不及二次电子信号调制的图像，通常只有 50～200nm。材料所含元素也会对图像分辨率产生影响，原子序数大的元素导致电子束进入样品的深度减小，广度变大，作用区域发生改变。所以，在分析原子序数较大的元素时，分辨率很难提高，即使是二次电子信号调制的图像分辨率也相对较低。除此之外，信噪比、机械振动以及磁场等因素也会影响图像分辨率。

2. 放大倍数

扫描电子显微镜的放大倍数可以连续调控，范围较广，一般可从几十倍至数万甚至数十万倍。当电子束扫描样品时，放大倍数 M 为屏幕上扫描幅度 A_c 与样品上扫描幅度 A_s 之比，$M = A_c/A_s$。一般来说 A_c 是固定的，因此，通过调节扫描电流，减小电子束偏转角度，进而减小 A_s，增大放大倍数，从而实现连续调节。目前一般扫描电子显微镜的放大倍数最大可达到 20 万倍，场发射更高，达到约 80 万倍，可用于观察分析各种能源材料样品。

3. 景深

景深指的是清晰情况下，物平面可移动的轴向距离：

$$D_f = \frac{2r_0}{\tan\alpha} \approx \frac{2r_0}{\alpha} \tag{4-1}$$

其中，r_0 为透镜分辨率；α 为孔径半角。由于扫描电子显微镜的焦距大，孔径半角较小，一般为 10^{-3} rad 以下，于是，景深远超过光学显微镜数百倍。较大的景深给分析能源材料表面凹凸形貌甚至断口提供了很好的依据。

4.1.5　实验操作及分析

1. 样品制备

SEM 样品制备较为简单，但需要遵从以下几点要求：①样品可以为块体或粉体（最好不带磁性），但在测试前需要经过干燥，否则大量的水分会降低 SEM 样品室内的真空度；②样品的大小需要适合 SEM 仪器对应的样品台，样品台大小一般为 3～5mm，此外样品也不宜太高；③样品本身需要具有良好的导电性能，防止测试时电子聚积在样品表面影响成像，通常样品底部与样品台之间用导电胶粘住，若样品本身导电性能不好，则可通过喷金或喷碳的方式增强其导电性。

　　2. 荷电效应及降低、消除样品表面荷电的方法

　　在扫描电子显微镜测试过程中，会出现因样品荷电效应而导致图像模糊不清，影响观察结果的现象。其中荷电效应主要出现在不导电或者导电不良、接地不佳的样品观察中。当电子束照射在样品表面时，多余的电荷不能及时导走，在样品表面就会形成电荷积累，产生一个静电场干扰入射电子束和二次电子的发射，从而影响观察结果。荷电效应会对图像产生一系列的不良影响。①异常反差：二次电子发射受到电荷积累不规则的影响，会造成最终接收到的观察图像一部分异常亮，一部分变暗。②图像畸变：由于荷电产生的静电场作用，入射电子束在照射过程中产生不规则偏转，从而造成图像畸变或者出现阶段差。③图像漂移：由于静电场的作用，入射电子束往某个方向偏转而形成图像漂移。④亮点与亮线：带电试样因电荷集聚的不规律性经常会发生不规则放电，结果使图像中出现不规则的亮点与亮线。⑤图像"很平"没有立体感：通常是由于扫描速度较慢，每个像素点驻留时间较长，而引起电荷积累，图像看起来很平，完全丧失立体感。消除和降低样品表面荷电的方法有很多种，下面介绍一些常见有效的方法。

　　（1）调节尺寸和电阻：缩小样品尺寸，尽可能减少接触电阻，这样可以增加试样的导电性。

　　（2）镀膜：通过在非导体样品表面溅射金膜、铂膜或者碳膜来改变样品表面的导电性能，使积攒的电荷可以通过样品台流出，镀膜是最为常用的减少荷电效应的方法。然而该方法的难点在于控制溅射导电膜的厚度。若导电膜过薄，则无法有效导出电荷；若导电膜过厚，则会掩盖样品表面原有形貌，同时会对样品成分分析带来一定的影响。

　　（3）调节加速电压：调节电子枪加速电压使其处于合适的加速电压范围，从而使得二次电子产率为 1，可以从根本上消除荷电效应的影响。同时研究表明，加速电压越低，观察视野越暗，样品的荷电效应越弱。该方法的难点在于寻找合适的加速电压范围。

　　（4）减小束流：降低入射电子束的强度，可以减小电荷的积累。

　　（5）减小放大倍数：尽可能使用低倍观察，因为倍数越大，扫描范围越小，电荷积累越迅速。

　　（6）加快扫描速度：电子束在同一区域停留时间较长，容易引起电荷积累，此时可以加快电子束的扫描速度，在不同区域停留的时间变短，以减少荷电。

　　（7）改变图像采集策略：扫描速度变快后，图像信噪比会大幅度降低，此时利用线积累或者帧叠加平均等方法可以在减小荷电效应的同时提升信噪比。线积累对轻微的荷电有较好的抑制效果；帧叠加对快速扫描产生的高噪点有很好的抑制作用，但是该方法要求图像不能有漂移，否则会有重影引起图像模糊。

4.1.6　案例分析

随着电子显微镜的不断深入使用与发展，电子显微镜广泛用于分析样品多方面信息包括形貌、成分等。

1. 案例 1[1]

表面结构对能源材料的表面性质有很大影响，一些具有功能性的表面形貌可以使用扫描电子显微镜进行表征。图 4-3 是碳布碳纤维形貌的扫描电子显微镜图片，作者对碳布进行了电化学沉积处理，在其光滑表面生长了聚合物针状阵列，强化了该材料的太阳能吸收性能。

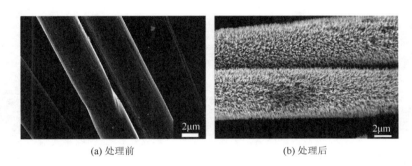

(a) 处理前　　　　　　　　　　　　　　(b) 处理后

图 4-3　电化学沉积处理前与处理后的碳布碳纤维表面形貌的扫描电子显微镜图片

2. 案例 2[2]

扫描电子显微镜也常用于观测颗粒材料的大小、形貌与粒径等。在分辨率允许范围内，通常观测粒子直径应大于 20nm。图 4-4 是进行 N 掺杂后的 TiO_2 颗粒，可见样品均一性较好，粒径在 50～200nm。

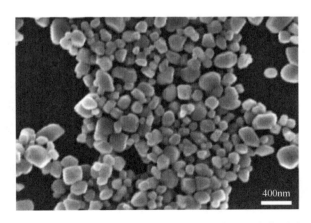

图 4-4　进行 N 掺杂后的 TiO_2 颗粒扫描电子显微镜图片

3. 案例 3[3]

分级结构与孔结构是能源材料常见的形貌，其中有可控制备的多级结构材料通常具有良好的光学、电学性能或力学性能。虽然与透射电镜相比，扫描电子显微镜的放大倍数较低，对孔结构的表征不够细致，但是对孔径大于 50nm 介/大孔具有优势。图 4-5 是分级多孔生物质碳基材料的扫描电子显微镜图片。其中（a）～（c）为（d）～（f）对应的局部扫描电子显微镜图，可以清晰地看到该材料从微观到宏观尺度具有自相似的多孔结构。

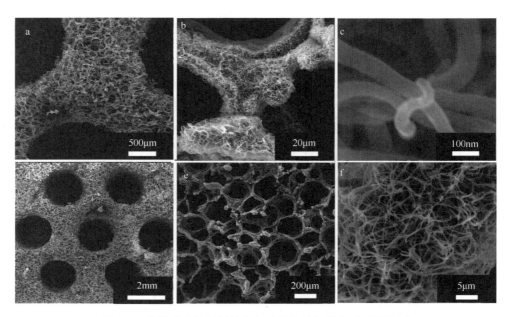

图 4-5　生物质碳基材料的分级孔结构的扫描电子显微镜图

4.2　扫描隧道显微镜

4.2.1　扫描隧道显微镜简介

扫描隧道显微镜（scanning tunneling microscope，STM）是扫描探针显微镜（scanning probe microscope，SPM）的一个分支，与光学显微镜和电子显微镜不同，扫描探针显微镜是通过探针在样品表面扫描，检测探针与样品间的某一物理量，从而获得样品表面形貌图像或一些相关特性等。

1981 年，IBM（International Business Machines Corporation，国际商业机器公司）苏黎世研究实验室的宾宁（Binnig）和罗雷尔（Rohrer）共同发明了世界上第一台扫描隧道显微镜，使得人类第一次实现在单个原子尺度下观察与认识物质，并能进行与表面电子行为相关的物理化学性质方面的研究[4]。这对物质结构、表面科学等领域研究具有十分重要的意义。因此，Binnig、Rohrer 与电子显微镜的发明者鲁斯卡（Ruska）共同获得 1986 年的诺贝尔物理学奖[5]。扫描隧道显微镜在物理、化学、材料、生命科学等领域起着十分重要的作用，其不仅能用于观测，还能在一定程度上实现对原子的操纵。在能源材料领域，扫描隧道显微镜也做出了突出的贡献。

4.2.2　扫描隧道显微镜工作原理

1. 量子隧道效应

扫描隧道显微镜的工作原理基于量子隧道效应（quantum tunneling effect）。如图 4-6 所示，在经典力学中，当一个物体的总能量低于前方的某一势垒时，该物体将无法越过势垒到达另一边。根据量子力学原理，实物粒子（如电子）具有波粒二象性。虽然电子的总能量低于势垒，但由于电子具有波动性，其出现在势垒另一边的概率并不为零，即电子有可能穿过势垒到达另一边，这种现象称为量子隧道效应或量子隧穿效应。

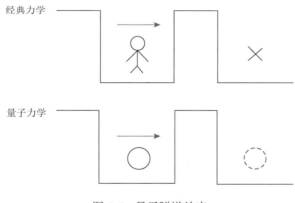

图 4-6　量子隧道效应

为了解量子隧道效应，可以考察一个一维有限方势垒模型，如图 4-7 所示。

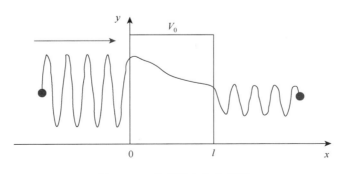

图 4-7　一维有限方势垒模型

势垒高 V 满足

$$\begin{cases} V = 0, & x < 0 \text{或} x > l \\ V = V_0, & 0 \leqslant x \leqslant l \end{cases} \tag{4-2}$$

当电子从势垒左侧向右侧运动时，其满足以下定态薛定谔方程：

$$-\frac{\hbar^2}{2m}\frac{\mathrm{d}^2\psi(x)}{\mathrm{d}x^2} + V_0\psi(x) = E\psi(x) \tag{4-3}$$

式中，$\hbar$ 为约化普朗克常数；m 为电子质量；$\psi(x)$ 为电子波函数；E 为电子能量（$E < V_0$）。

当 $x < 0$ 或 $x > l$ 时，方程转化为

$$\frac{\mathrm{d}^2\psi(x)}{\mathrm{d}x^2} + \frac{2mE}{\hbar^2}\psi(x) = 0 \tag{4-4}$$

其解为

$$\psi_1(x) = Ae^{ik_1x} + Be^{-ik_1x}, \quad x < 0 \tag{4-5}$$

$$\psi_3(x) = Ee^{ik_1x}, \quad x > l \tag{4-6}$$

其中，$k_1 = \dfrac{\sqrt{2mE}}{\hbar}$。

当 $0 \leqslant x \leqslant l$ 时，方程转化为

$$\frac{\mathrm{d}^2\psi(x)}{\mathrm{d}x^2} + \frac{2m(E - V_0)}{\hbar^2}\psi(x) = 0 \tag{4-7}$$

其解为

$$\psi_2(x) = Ce^{k_2x} + De^{-k_2x}, \quad 0 \leqslant x \leqslant l \tag{4-8}$$

其中，$k_2 = \dfrac{\sqrt{2m(V_0 - E)}}{\hbar}$。

由于波函数及其导数需要满足连续性条件，即

$$\psi_1(0) = \psi_2(0)$$

$$\psi_2(l) = \psi_3(l)$$

$$\frac{\mathrm{d}}{\mathrm{d}x}\psi_1(0) = \frac{\mathrm{d}}{\mathrm{d}x}\psi_2(0)$$

$$\frac{\mathrm{d}}{\mathrm{d}x}\psi_2(l) = \frac{\mathrm{d}}{\mathrm{d}x}\psi_3(l)$$

得到系数关系

$$A + B = C + D$$

$$Ce^{k_2l} + De^{-k_2l} = Ee^{ik_1l}$$

$$ik_1A - ik_1B = k_2C - k_2D$$

$$k_2Ce^{k_2l} - k_2De^{-k_2l} = ik_1Ee^{ik_1l}$$

解得

$$B = \frac{(k_1^2 + k_2^2)\mathrm{sh}k_2l}{(k_1^2 - k_2^2)\mathrm{sh}k_2l + 2ik_1k_2\mathrm{ch}k_2l}A \tag{4-9}$$

$$E = \frac{2ik_1k_2e^{-ik_1l}}{(k_1^2 - k_2^2)\mathrm{sh}k_2l + 2ik_1k_2\mathrm{ch}k_2l}A \tag{4-10}$$

考虑电子的入射波概率流密度 J_λ、反射波概率流密度 J_R 和透射波概率流密度 J_T

$$J_\lambda = \frac{\hbar k_1}{m}|A|^2$$

$$J_R = \frac{\hbar k_1}{m}|B|^2$$

$$J_T = \frac{\hbar k_1}{m}|E|^2$$

其反射系数 R 和透射系数 T 分别为

$$R = \frac{J_R}{J_\lambda} = \frac{(k_1^2 + k_2^2)^2\mathrm{sh}^2k_2l}{(k_1^2 - k_2^2)^2\mathrm{sh}^2k_2l + 4k_1^2k_2^2} \tag{4-11}$$

$$T = \frac{J_T}{J_\lambda} = \frac{4k_1^2k_2^2}{(k_1^2 - k_2^2)^2\mathrm{sh}^2k_2l + 4k_1^2k_2^2} \tag{4-12}$$

可得反射系数小于 1 而透射系数大于 0，二者之和等于 1。由此可见，在微观尺度下，即使电子能量小于势垒能量，电子仍有概率穿过势垒到达另一侧。

2. 工作原理

当扫描隧道显微镜工作时，探针将在压电扫描仪控制下靠近样品。当探针和样品之间的距离仅为不到 1nm 时，虽然电子的能量仍小于探针与样品之间的势垒，但由于量子隧道效应，电子仍有一定概率穿过势垒，从而产生隧穿电流。隧穿电流再通过电流放大器进行放大以便探测。此外，可以通过调节探针和样品之间偏压大小及方向实现隧穿电流大小与方向的控制。

在低温低压下，隧穿电流 I[6] 近似满足：

$$I \propto Ve^{-\frac{\sqrt{2m\phi}}{\hbar}l} \tag{4-13}$$

其中，V 为所施加的偏压；m 为电子质量；ϕ 为探针和样品的平均功函数；$\hbar$ 为约化普朗克常数；l 为针尖和样品之间的距离。当探针在样品表面扫描时，随着针尖和样品间距离 l 的改变，隧穿电流 I 也发生改变。

由于隧穿电流与针尖和样品间距离呈指数关系，当距离发生很微小的变化时，隧穿电流的值也将发生数量级的变化，这使得扫描隧道显微镜拥有极高的垂直分辨率，可达 0.01 nm 数量级；其横向分辨率亦达 0.1nm 数量级。

4.2.3　扫描隧道显微镜系统组成

图 4-8 为典型的 STM 系统组成图，主要由样品、探针、压电传感器、电流放大器、控制与扫描单元以及数据处理与显示单元等部分组成。

制备探针的材料主要有金属钨、铂-铱合金等。当探针暴露于环境中时，其表面往往会覆盖一层氧化层或吸附一定杂质，影响实验结果。因此，实验前需对探针进行处理，去除针尖表面的氧化层或杂质，保证探针的导电性。

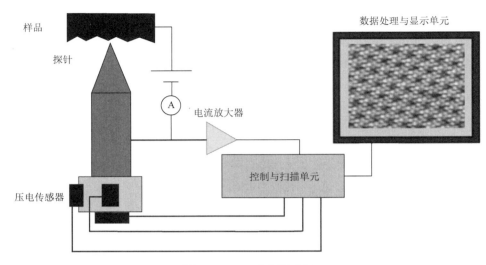

图 4-8　STM 系统组成图

　　STM 是非常精密的仪器，非常容易受到外界震动的影响，导致获得的图像模糊、谱线噪声大等。因此，需要对 STM 进行防震处理，减少环境震动造成的影响。常用的防震方法包括防震台以及悬挂处理等，如图 4-9 所示，其中悬挂处理是将 STM 放置在由四条松紧绳悬挂的平台上，是一种简单且有效的隔离震动的方法。

(a) 防震台　　　　　　　　　　(b) 悬挂处理

图 4-9　防震设备

4.2.4　扫描隧道显微镜工作模式

　　如图 4-10 所示，传统的扫描隧道显微镜工作模式有两种：恒高模式和恒流模式。

　　恒高模式：扫描隧道显微镜的探针在 z 方向上维持恒定的高度，在 x 和 y 方向上进行扫描，记录每个位置下的隧穿电流值，并经过数据处理最终得到由隧穿电流值转化而来的样品表面图像。恒高模式的优点在于扫描过程中不需要改变探针的高度，使得扫描速度快。但由于其高度固定，若设置的探针过高会导致图像分辨率不足；若设置的探针过低则可能导致扫描过程中探针与样品表面发生碰撞，使得探针或样品遭到损坏。

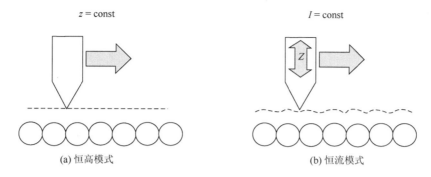

图 4-10　扫描隧道显微镜的工作模式

恒流模式：针尖在样品表面 x 和 y 方向上进行扫描，通过反馈调节针尖在 z 方向上的高度 z 以保证隧穿电流 I 恒定在某一预设值，并记录该电流值下探针的高度信息。经过数据处理最终得到由针尖高度信息转化而来的样品表面图像。相比于恒高模式，恒流模式速度虽然更慢，但具有更好的自适应性，目前已成为扫描隧道显微镜主流的工作模式。

4.2.5　扫描隧道谱

扫描隧道谱（scanning tunneling spectroscopy，STS）是利用 STM 得到的谱学信息。将 STM 的探针固定在样品表面某一位置，通过改变偏压，记录不同偏压下的隧穿电流，就可以得到隧穿电流-偏压谱（I-V 谱）。进一步，还可以得到 $\mathrm{d}I/\mathrm{d}V$ 随偏压的变化，即微分电导谱（$\mathrm{d}I/\mathrm{d}V$-V 谱）。

根据理论推导[7]，可得隧穿电流 I 满足：

$$I \propto \int_{O}^{eV} \rho_s(E_F - eV + E)\rho_t(E_F + E)\mathrm{d}E \tag{4-14}$$

其中，ρ_s 和 ρ_t 分别为样品和针尖的局域态密度（local density of states，LDOS）；E_F 为材料的费米能级。隧穿电流正比于样品和针尖态密度的卷积，说明样品和针尖电子结构对隧穿电流的贡献是相同的。通常认为针尖的局域态密度在实验过程中不发生改变，因此可以得到

$$\frac{\mathrm{d}I}{\mathrm{d}V} \propto \rho_s(r_0, E) \tag{4-15}$$

即 $\mathrm{d}I/\mathrm{d}V$ 正比于样品表面的局域态密度。当固定探针改变偏压时，得到 $\mathrm{d}I/\mathrm{d}V$-V 谱，事实上就得到了样品表面某一点电子局域态密度在所加偏压范围内的分布，即得到了该位置电子局域态密度随能量的分布。亦可固定偏压，让探针在样品表面扫描得到 $\mathrm{d}I/\mathrm{d}V$ 随位置变化的图像，此时的 $\mathrm{d}I/\mathrm{d}V$ 图像便反映了给定能量下电子态密度随空间变化的分布。

除 I-V 谱、$\mathrm{d}I/\mathrm{d}V$-V 谱外，STM 还可以得到 $\mathrm{d}^2I/\mathrm{d}V^2$-$V$ 谱、I-t 谱和 I-Z 谱等。$\mathrm{d}^2I/\mathrm{d}V^2$-$V$ 谱常用来研究分子振动态。I-t 谱是在控制针尖高度和偏压不变的情况下，隧穿电流随时间的变化关系，常用来研究样品表面的反应过程。I-z 谱是保持偏压不变，隧穿电流随针尖高度的变化关系，可以用来测量样品表面功函数。

4.2.6　案例分析

1. 案例 1[8]

有机分子 PTCDA 是有机半导体小分子，其分子结构如图 4-11（a）所示，常用于有机染料敏化电池和有机场效应管等器件。PTCDA 分子沉积在金、石墨和二硒化钨等衬底上会形成如图 4-11（b）～（d）中鱼刺状的结构[1]。STM 是表征有机分子原子结构和电子信息的常用手段之一。图 4-11（c）和（d）是 PTCDA 分子层在不同偏压下的 STM 图。通过与密度泛函预测的单个 PTCDA 分子的轨道电荷密度图［图 4-11（c）和（d）中的插图］比较发现，它们分别对应 PTCDA 的最高占据分子轨道（HOMO）和最低未占据分子轨道（LUMO）。此外，通过测定 PTCDA 吸附在不同衬底上的 STS，如图 4-11（e）所示，可以获得其 HOMO-LUMO 禁带宽度，这对 PTCDA 在光伏电池、光电子器件和电子器件中的应用提供重要指导。

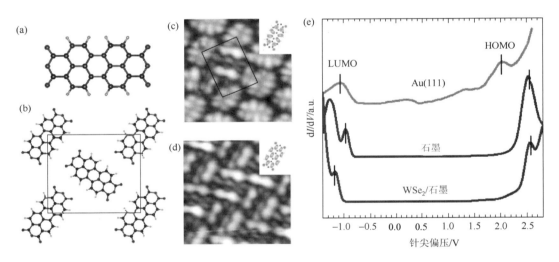

图 4-11　STM 研究有机分子

（a）单个有机分子 PTCDA 原子结构；（b）PTCDA 分子层的原子结构和原胞；（c）和（d）为 PTCDA 层不同偏压下的 STM 图，分别对应最高占据分子轨道（HOMO）和最低未占据分子轨道（LUMO），其中插图是密度泛函计算的单个 PTCDA 的 HOMO 和 LUMO 图；（e）PTCDA 分子层在不同衬底上的 STS

2. 案例 2[9]

钙钛矿材料由于其优异的光电性能和低成本，在光伏领域引起了广泛关注。研究表明，钙钛矿中的缺陷会影响光电器件的效率及稳定性，并具有促进离子迁移的潜在作用。

在这项研究中，使用扫描隧道显微镜研究了 MAPbBr$_3$ 钙钛矿材料中的缺陷行为和电子特性，并结合密度泛函理论（density functional theory，DFT）计算研究了钙钛矿中离子运动的机制。如图 4-12 所示，在同一区域的连续 STM 图像中，观察到 Br$^-$ 离子对的重新定向。密度泛函理论计算结果表明两种状态具有相同的能量，说明钙钛矿表面的 Br$^-$

没有优先取向，这与 STM 观察到的结果一致，即同一行可能会重新定向，但随后会返回到其原始方向。连续的 STM 图像还观察到空位缺陷在钙钛矿表面的迁移，密度泛函理论计算结果表明 MA 和 Br^- 同时移动的迁移能垒（0.46eV）低于顺序移动时 Br^- 单独的迁移能垒，这说明一旦表面存在 MABr 空位，当沿着(010)表面层移动时，MA 和 Br^- 往往会一起扩散。STM 除了观察到沿着钙钛矿表面的离子传输，还观察到空位和离子可以通过钙钛矿薄膜沿 z 方向移动。

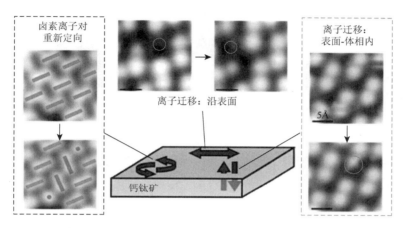

图 4-12　STM 研究钙钛矿材料中的缺陷和离子行为

4.3　原子力显微镜

4.3.1　原子力显微镜简介

原子力显微镜（atomic force microscope，AFM）是利用微悬臂作为微型力敏感原件，并通过悬臂将探针与样品表面之间的相互作用力转换为电信号成像的扫描探针显微镜。

原子力显微镜是于 1985 年由斯坦福大学的宾宁（Binnig）、奎特（Quate）与 IBM 实验室的格伯（Gerber）合作研制的[10]。原子力显微镜是将对微弱作用力极其敏感的微悬臂的一端固定，另一端无限接近样品表面，直到产生一定的相互作用力，随着微悬臂在样品表面移动，样品表面发生高低起伏的变化，导致作用于微悬臂的微弱力也发生改变，导致微悬臂的形变，进而将这一形变信号传到传感器并转换为电信号，再通过一定的计算转换，最终生成纳米级分辨率的样品表面图像，其实物图如图 4-13 所示。目前原子力显微镜的二维（x、y 方向）的分辨率可以达到纳米级，垂直方向（z 方向）的分辨率甚至能达到 0.1nm。随着技术的发展，原子力显微镜已经可以观察到原子尺度的结构单元[11]。

原子力显微镜已广泛应用于纳米材料科学、表面科学、微电子、环境科学、医学、生物科学等领域。它能够给出从纳米到微米级尺度的表面图像，从这些图像可以获得样品表面的组分分布、粗糙度等参数，可以对晶粒大小、纤维状或层状微观结构等进行判定。

图 4-13　原子力显微镜实物图

　　由于原子力显微镜的应用广泛，近年来得到了快速发展，其吸引人们广泛关注的原因是其具有以下几个优点[12]。

　　（1）原子力显微镜装置紧凑，操作相对简单，成本较低。

　　（2）原子力显微镜的样品制备过程相对简单，只需要保证样品表面尽量平整即可，对样品表面没有如导电等特殊需求。

　　（3）原子力显微镜的测试过程只是针尖与样品表面的相互作用，并且所需面积极小，无须发射电子束、光波等信号，不会对样品表面产生影响。

　　（4）原子力显微镜可以在大气条件下测试，也可以在液体中测试，对测试环境要求较低，无须像 TEM、SEM 等测试手段必须在真空条件下测试，从而原子力显微镜可以进行实时测试。

　　（5）原子力显微镜可以在三维尺度测试样品表面，而不像 SEM、TEM 等样品表面测试手段只可以进行二维尺度测试。

4.3.2　原子力显微镜工作原理

1. 原子间作用力

　　原子间的作用力包括化学键、物理键、氢键。其中，化学键包括金属键，存在于金属原子之间，由自由电子和金属离子之间的静电吸引力形成；离子键，由带正电的离子和带负电的离子通过静电引力形成；共价键，由多个电负性相差不大的原子通过共用电子对形成。物理键亦称为范德瓦耳斯力，由邻近原子相互作用而产生偶极子间的相互作用形成。氢键是一种极性分子键，存在于 HF、H_2O 等极性分子间[13]。

2. 工作原理

　　原子力显微镜的工作原理是基于原子间的相互作用力，如图 4-14 所示，将弹性微悬臂的一端与压电装置，即与压电陶瓷扫描器固定，另一端与一个针尖半径极小的针尖结合。当探针向样品表面逼近时，针尖与样品表面的距离为 d，随着距离 d 的逐渐缩小，探针针尖的原子会与样品表面的原子产生一定的作用力，即原子力，原子力的大小在 $10^{-12}\sim 10^{-9}$N。根据样品表面与针尖之间相互作用力的大小或者样品表面与针尖之间相对距离的变化，可以选定不同的成像模式。但是不论哪种模式，都会使微悬臂因力的作用而发生微弱形变。形变信号被放大为光电信号并反馈到计算机系统。经过计算机的信号转换与计算，获得样品表面的形貌和结构[12]。

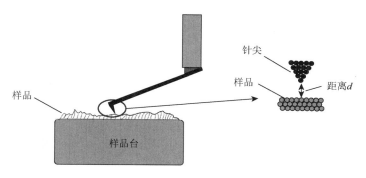

图 4-14　原子力显微镜的工作原理示意图

3. 原子间相互作用力与距离的关系

针尖与样品表面的相互作用力 F 随其间的距离 d 的变化而改变。图 4-15 展示了原子力显微镜工作时针尖-样品表面间相互作用力随二者距离的变化关系，称为力曲线模型。相互作用力根据距离可分为排斥力和吸引力。依据距离和力的不同，可以进一步将原子

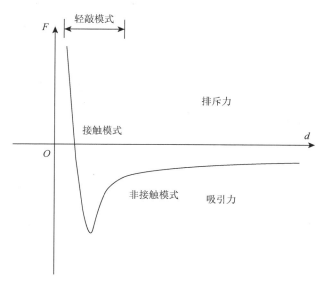

图 4-15　相互作用力-距离的关系曲线

力显微镜的工作模式进行分类[14]。原子力显微镜的各种成像模式都包含在力曲线中。如图 4-15 所示，接触模式工作在排斥力的范围内，非接触模式工作在吸引力范围内，轻敲模式则工作在上述两种模式的范围内。

4.3.3　原子力显微镜系统组成

常见原子力显微镜结构如图 4-16 所示，主要由力检测部分（包括探针、微悬臂、压电装置）、位置检测部分（包括激光、光电二极管）、反馈系统（包括相关电子元件、控制箱）组成。核心装置（微悬臂与针尖）位于样品正上方，样品放置于样品台表面，弹性微悬臂的一端连接半径极小的探针，另一端与压电陶瓷相连。在扫描过程中，探针与样品处于同一水平位置，对样品表面逐点进行扫描探测。当探针接近样品表面时，由于针尖与样品表面存在十分微弱的作用力，微悬臂发生了极其微小的形变，检测微悬臂形变量的大小即可以得到探针与样品表面作用力的大小[15]。同时可以通过发射与接收激光来判定微悬臂形变量的大小，即光学检测法，是目前应用最广泛的技术手段。此外，检测形变的方法还包括电容检测法、压敏电阻检测法、隧道电流检测法等。最后利用对应软件，通过计算机将微悬臂形变量转换的电信号进一步转换为三维图像，就得到了样品表面的各种信息。

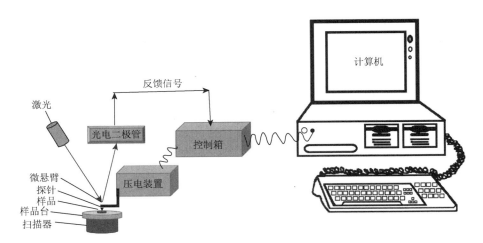

图 4-16　常见原子力显微镜结构示意图

作为原子力显微镜中最关键的部件之一，探针主要由微悬臂与针尖两部分构成。微悬臂与针尖采用一体化结构，一般由氮化硅（Si_3N_4）、硅（Si）或氧化硅（SiO_2）等材料制成。如图 4-17 所示，微悬臂的形状一般为长方形或 V 形。不同材料与微悬臂形状的探针的长度和弹性系数是不同的。当探针针尖接近样品表面时，样品与针尖产生微小的作用力 F，该力将使得微悬臂发生形变 Δz。F 与 Δz 之间遵循胡克定律[16]：

$$F = k \cdot \Delta z \tag{4-16}$$

其中，k 为微悬臂的弹性系数。所以根据测得的微悬臂的形变量即可以得到针尖与样品之间作用力的大小。对于长方形的微悬臂来说，其弹性系数可以根据式（4-17）计算得到[12]：

$$k = \frac{E \cdot t^3 \cdot w}{4 \cdot l^3} \qquad (4\text{-}17)$$

其中，E 为微悬臂的弹性模量；t 为微悬臂的厚度；w 为微悬臂的宽度；l 为微悬臂的长度。
而对于 V 形微悬臂来说，其弹性系数 k 可以根据式（4-18）计算：

$$k = \frac{E \cdot t^3 \cdot w}{2 \cdot l^3} \cdot \cos\alpha \cdot \left[1 + \frac{4 \cdot w^3}{b^3} \cdot (3 \cdot \cos\alpha - 2) \right]^{-1} \qquad (4\text{-}18)$$

其中，α 为 V 形微悬臂的夹角，b 为微悬臂尾部固定端的宽度。

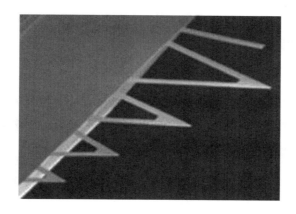

图 4-17　原子显微镜探针微悬臂的扫描电子显微镜图

此外，不同探针的固有频率不同，一般在 10～500kHz 变化。不同的测量模式所采用的探针型号是不同的，类似接触模式采用相对较软的探针，轻敲模式则采用刚性相对较大的探针。

为了满足不同领域的测试需求，商业的原子力显微镜探针具有很多种型号，不同型号的探针会进行不同的修饰，常见的修饰方法为物理蒸镀，通过在探针表面蒸镀金属材料改变探针表面的性质，使其更好地满足测试需求。此外，上面提到需要通过光学检测法判定微悬臂的微小形变，故会在探针表面涂一层反射层，进而增加探针对激光的反射率[11, 17]。

4.3.4　原子力显微镜工作模式

原子力显微镜的工作模式主要包含三种，即接触模式、非接触模式和轻敲模式，下面对这三种模式进行详细的介绍[18, 19]。

1. 接触模式

接触模式，亦称为排斥力模式，顾名思义，这种模式下样品与针尖距离相对较近，几乎发生接触，二者间的作用力始终处于排斥状态。接触模式适合检测表面强度较高、结构稳定的样品。

一般情况下，接触模式又分为恒高模式和恒力模式。在恒高模式下，在扫描样品表面时，针尖高度保持不变，但是随着样品表面的形貌起伏，针尖与样品表面原子之间的相互作用力会发生变化，力的改变导致微悬臂产生不同的形变，通过记录微悬臂的形变信号，进一步转换为样品表面的形貌图像。

恒力模式下，在扫描样品表面时，针尖与样品表面间原子的相互作用力保持不变，但是随着样品表面的形貌起伏，为了保持相互作用力不变，需要针尖与样品表面的距离 d 改变，通过记录距离 d 变化的信号，进一步转换为样品表面的形貌图像。

虽然接触模式的原理十分简单，但是接触模式存在一些缺点：由于针尖与样品表面距离十分接近，几乎是接触状态，若此时的样品表面起伏变化较大，则很容易损坏探针针尖。此外，由于作用力相对较强，对于一些表面较软的样品会产生损坏，所以接触模式也不适用于检测生物、高分子等样品。

2. 非接触模式

接触模式对针尖和样品都可能会带来损坏，故引入非接触模式。在非接触模式下，针尖与样品之间的距离保持在 50～200Å，针尖与样品表面始终不会接触，因而针尖不会被损坏，也不会对样品造成破坏。

在非接触模式下，针尖与样品之间的相互作用力是较弱的长程力，即范德瓦耳斯力。微弱的吸引力会引起微悬臂的固有频率峰值偏移，利用这种偏移作为反馈信号，进一步转换为样品表面的形貌图像。

然而，非接触模式由于其作用力远小于接触模式下的排斥力，导致非接触模式的图像分辨率要低于接触模式。其次，由于作用力较弱，样品表面吸附的气体会影响图像数据的稳定性。非接触模式操作上比接触模式困难，目前已经很少采用。

3. 轻敲模式

轻敲模式是目前原子力显微镜中应用范围最广的成像模式。在轻敲模式下，微悬臂会以一定的振幅在其本身共振频率附近振动，同时会在样品表面上移动，对样品进行扫描。在此模式下，探针针尖会不断地接触样品表面，每一个振动周期接触一次，当样品表面的形貌起伏发生变化时，微悬臂的振幅也会发生改变，当振幅改变信号被反馈系统捕获时，系统会立刻调整探针的振幅，使其保持在针尖与样品之间的作用力恒定的状态，轻敲模式下针尖的相互作用力在 0.1～1nN。通过记录微悬臂的振幅信号的变化，进一步转换为样品表面的形貌图像。

相较接触模式和非接触模式，轻敲模式是原子力显微镜成像模式的一个突破。这种模式可以兼顾多种优点：①由于针尖在不停地上下振动，针尖在接近样品时会几乎接触到样品表面，轻敲模式的分辨率可以与接触模式相接近；②轻敲模式下针尖与样品表面的相互作用力相对较弱，避免了由于相互作用力太强，产生非弹性形变，微悬臂损坏；③由于在振动过程中针尖与样品表面相接触，但是这个过程时间非常短暂，几乎可以忽略由于二者距离较近导致侧向剪切力的影响，所以轻敲模式也十分适用于相对较软的物质测试。

原子力显微镜工作在轻敲模式时，主要可以获得两种图像信息：一种是高度像；另一种是相位像。

高度像是通过对微悬臂振幅的调节信号进一步转换得到的，当没有样品测试时，针尖的振幅是最大的，当样品逐渐接近针尖时，针尖向样品方向的移动会由于作用力的存在受阻，导致振幅缩小，当远离样品表面时，由于作用力减小，振幅又接近没有测试样品时。反馈系统通过检测振幅变化的情况，不断地调整样品与针尖之间的距离，使得针尖与样品距离最短时的作用力保持不变，根据调整过程所获得的信号可以测得样品表面各种高度信号，呈现样品表面形貌。

相位像是在测试高度像的同时获得的另一种图像信号，在上述获得形貌图像的同时，原子力显微镜系统中的相位检测系统可以同时通过上述过程获得相位图像。相位检测是利用微悬臂振动的驱动信号和输出信号两者的相位差进行的，即振动驱动信号频率与探针受到作用力后自身振动频率发生变化之后的二者差值导致相位差，因此得到的图像称为相位图，由相位图可以得知样品表面组分混合的均匀程度。

4.3.5　实验操作及分析

1. 实验样品准备

1）原子力显微镜测试形式[19]

常见的原子力显微镜均为立式原子力显微镜。如图 4-18 所示，在立式原子力显微镜中探针位于样品正上方，在扫描过程中，针尖与样品处于同一水平位置。在实际应用中，立式原子力显微镜占绝大部分，其结构相对简单，但是由于测试方向包括 z 方向的受力，会受到探针本身重力的影响。

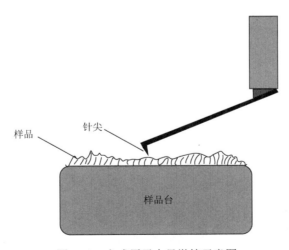

图 4-18　立式原子力显微镜示意图

为了克服传统原子力显微镜中探针自身重力对测试结果的影响，人们研发出了卧式原子力显微镜，如图 4-19 所示。样品被竖直地固定在样品台上，此时，探针与样品处于同一高度范围内，同时探针自身的重力与测试过程中所需的样品与针尖之间的相互作用力呈垂直关系，可以大幅度减弱重力带来的影响。

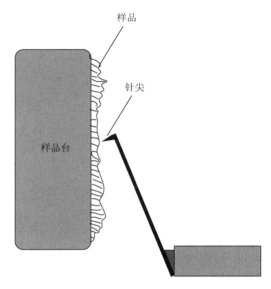

图 4-19　卧式原子力显微镜示意图

除了常见的在空气中可以直接操作与测量的原子力显微镜，为了满足特殊材料、生物、医学、电化学等领域的应用，还发明了液相原子力显微镜。与常规原子力显微镜的不同之处在于，液相原子力显微镜的信号检测系统不仅需要通过对相互作用力改变时导致的微悬臂形变进行检测，还需要通过对光学检测中的光路进行调整检测，以减少外界环境干扰造成的液体波动导致的光路偏差影响检测结果。

具体来说，如图 4-20 所示，为了减少液体不稳定性带来的光路变化，在液体中通过在光的路径上加入一块透明玻璃，可以有效地减少液体振动导致光路的改变。

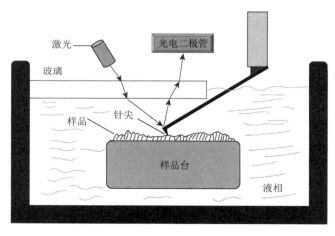

图 4-20　液相原子力显微镜示意图

此外，液相原子力显微镜还需要考虑液体黏滞力的影响。液体黏滞力可能导致图像分辨率下降。但是，在液相中测量，可以排除空气中水分子吸附到样品表面和针尖作用所带来的影响。

2）样品制备

原子力显微镜的一大优势就是样品的制备过程简单，各种样品形状或材料都可以进行测量，唯一条件就是所测试的表面尽量光滑平整[12]。为了采用原子力显微镜对样品表面进行成像，需要将对应材料沉积到光滑平整的刚性基底上。常见的刚性基底包括玻璃、云母和石墨。

玻璃最为常见，对于一般的薄膜样品，如果只需要测量其表面形貌、粗糙度、组分等信息，可以选择直接沉积到玻璃上。一般采用的是经过抛光的载玻片，其本身粗糙度可以低至几纳米，这对一般样品的粗糙度不会造成影响。在使用前需要利用丙酮、异丙醇或乙醇等试剂对载玻片进行清洗，以去除灰尘等污染物的干扰。此外，醇类试剂清洗过的载玻片由于亲水性改善，在沉积样品后也不容易脱落。

云母常常可以用来研究单个分子的高分辨率成像，其本身是由一层层薄且平整的晶体构成的，因此，其表面粗糙度可以达到原子级别。在使用前可以简单地用胶带将其最外层剥离，从而暴露一层自形成后就没有接触过外界的平面。同时其成本较低，是理想的基底材料。

还有可能使用到的基底是石墨。石墨和云母一样具有可以剥离的特性，而且石墨本身具有导电性。虽然在原子力显微镜中导电性不是必需的，但是可以作为对照实验以排除由基底不同导致的影响。

对于一般直接在空气中进行成像的材料，可以将其直接制备在上述基底上并进行干燥。如有机分子、聚合物、无机材料等，可以先将其溶解在不会对其产生影响的溶剂中，通过旋涂的方法在平整基底上制备薄膜，在干燥的状态下均可以直接放在原子力显微镜样品台上进行测量；也可以直接将熔融态的材料滴涂在平整的基底表面，如硅片、云母等，干燥冷却后，将试样剥离，与基底相接触的那面可以直接用作原子力显微镜测试的样品；对于大块状的材料样品，可以切割成小块并将表面打磨光滑，然后将其固定在样品台上，便可以进行成像。

原子力显微镜的另一大应用领域是生物领域。一般的大分子等可以参考直接沉积在基底上进行成像。对于活体细胞，在刚性基底上的测试方法会产生很多问题，如不易变形而导致粗糙度很大的状态；亦或是细胞体积过大，直接沉积到基底上会超过测试量程。因此，对于活体细胞一般采用的方法有移液管法、多孔介质法、凝胶捕获法和汇合单层法。不同的方法都对上述存在的问题有一定的改善作用。

不同材料的处理方式不同，但是统一的条件就是需要表面光滑平整，且易于固定。

3）针尖的选择

针尖的形状多种多样，为了获得清晰的图像，同时保证探针的使用寿命，需要为不同样品的表面选择合适的针尖形状。

一般来说，针尖的分类主要依据针尖自身的长宽比，如图 4-21 所示。其中，图 4-21（a）所示的针尖具有较高的长宽比，是为了保证在测量时，针尖壁尽可能地减少对样品的触碰导致测量结果的不稳定，一般来说，这种针尖就适合表面粗糙度较大的样品；图 4-21（b）

所示的是长宽比较低的针尖，相较于长宽比较大的针尖，这种针尖更适用于表面较为光滑的样品；图 4-21（c）是一种形状较为特殊的针尖，是在长宽比较低的针尖尖端又增加了一个十分尖锐的针尖，当已知样品表面粗糙度较低时，这种形状的针尖有利于图像的进一步清晰化[12]。

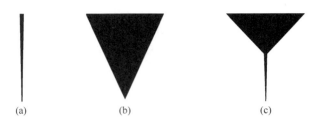

(a)　(b)　(c)

图 4-21　不同长宽比的针尖形状

2. 误差分析

与其他测试手段一样，通过原子力显微镜获得的图像或多或少存在一些误差。这些图像误差可以称为伪像或伪迹。伪像的来源通常包括以下几个方面。

（1）外界环境干扰。原子力显微镜主要通过测量微悬臂形变获得信息，所以外界环境的干扰（如地面震动等情况）很可能导致测量结果不准确。

（2）针尖状态的改变。针尖的形状由长宽比区分，高长宽比的针尖会随着使用次数的增加而磨损，长宽比逐渐变低，利用长宽比较低的针尖测量粗糙度较大的样品时，可能导致无法测量出实际较深的位置。

（3）双针尖效应。通常针尖较为劣质时会导致针尖表面有缺陷或者吸附额外的杂质，此时可能存在两个针尖，一个是真实针尖，另一个是由于微扰产生的针尖，使最终的测试结果产生重影，双针尖效应引起的伪迹通常比较好辨认。

3. 结果分析

从原子力显微镜相位图可以直观地看出样品表面的组分分布是否均匀或者是否产生其他组分。由原子力显微镜得到的高度图可以用于分析样品表面的粗糙度，以及获得横截面的几何轮廓曲线图[12]。

样品表面粗糙度可以通过表面平均粗糙度、均方根粗糙度、最大高度粗糙度和分布不对称性等参数描述。

平均粗糙度 Ra 是所选测试范围内，相对于中央平面的高度差绝对值的平均值。

均方根粗糙度 R_{rms} 是所选测试范围内，相对于中央平面的高度差的平方和的平均值，并开根号所得。

最大粗糙度 Ra_{max} 是前面提到的横截面轮廓曲线图中最大值与最小值的差值。

分布不对称性 S_k 的计算公式为

$$S_k = \frac{1}{R_{rms}^3} \frac{1}{N} \sum_{j=1}^{N} Z_j^3 \qquad (4-19)$$

其中，R_{rms} 为均方根粗糙度；Z 为所测位置的高度；N 为测试范围内所选测试点的数目。

当 $S_k>0$ 时，表示样品表面存在凸起；相反地，当 $S_k<0$ 时，表示样品表面存在凹坑。当这个数值绝对值超过 0.1 时，代表凸起或凹坑很剧烈。

4.3.6　案例分析

1. 案例 1[20]

PEDOT：PSS 导电高分子在很多电子领域都具有很好的应用潜力，其主要组分是具有导电特性的 PEDOT 聚合物长链和绝缘的 PSS 长链聚合物。由于 PEDOT 长链本身几乎无法溶于任何溶剂，需要加入 PSS 长链产生助溶的作用，从而可以形成 PEDOT：PSS 水溶液。后续处理可以在成膜的同时将 PSS 长链去除，从而使 PEDOT 长链暴露，使得形成的薄膜具有良好的导电性。根据以上介绍可知，PEDOT：PSS 导电高分子分为两部分，即 PEDOT 与 PSS。一般来说，在原子力显微镜中，PEDOT 富集的部分会呈现相对较亮的区域，PSS 富集的区域会呈现相对较暗的区域，这是由于 PEDOT 与 PSS 组分的软硬程度不同，PEDOT 组分相对硬度较高。如图 4-22（a）相位图所示，两种组分混合均匀，没有产生明显的区分，因此其表面粗糙度也相对较低，其对应的高差图［图 4-22（d）］显示其表面粗糙度为 1.165nm。经过氯铂酸掺杂后，其电导率从 10^{-2}S/cm 提升至 1000S/cm 以上。由图 4-22（b）可以看出，产生了很多纤维状的长链，这是 PEDOT 长链富集的区域，正因为这些纤维状结构，载流子的输运更加容易，从而促进电导率的提升。AFM 相位图表征说明了 PEDOT 与 PSS 二者发生了相分离，对应的高差图如图 4-22（e）所示，

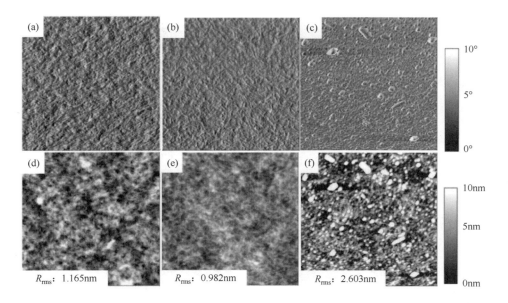

图 4-22　利用原子力显微镜对酸掺杂处理前后导电高分子 PEDOT：PSS 薄膜的成像

（a）和（d）为未经任何处理的 PEDOT：PSS 薄膜；（b）和（e）为掺杂氯铂酸的 PEDOT：PSS 薄膜；（c）和（f）为掺杂
氯铂酸并利用异丙醇清洗的 PEDOT：PSS 薄膜；（a），（b），（c）为相位图；（d），（e），（f）为高差图

其表面粗糙度降低至 0.982nm。表面粗糙度的降低归因于 PEDOT 分子链的构型变化。在未经处理的 PEDOT：PSS 薄膜中，PSS 长链紧密地围绕 PEDOT 分子链，形成球状结构。然而，一旦发生相分离，刚性的 PEDOT 链与柔性的 PSS 链分离，使得原先的球状结构转变为纤维状结构，从而使得表面变得更加平滑。如图 4-22（f）所示，将氯铂酸掺杂后的 PEDOT：PSS 薄膜经过进一步异丙醇的清洗处理后反而会使得粗糙度大幅度增加至 2.603nm。这是由于相分离发生后再经过进一步的清洗处理会使本身具有亲水性的 PSS 长链被极性溶剂去除，导致粗糙度增加，同时纤维状 PEDOT 长链富集区也更加明显。

2. 案例 2[21]

对于有机太阳能电池，其吸光层是由两种组分构成的，即给体和受体。在受到光照后，吸光层产生电子-空穴对（激子），在给受体间的内建电场和载流子传输层 PN 结的作用下，电子和空穴产生分离并传输至外电路，进而产生电流。所以，活性层中两种组分的混合状态对太阳能电池的性能是至关重要的。图 4-23 是有机光伏器件活性层组分为 BTR-Cl 与 N_3 混合薄膜的 AFM 表征结果。BTR-Cl 与 N_3 之间的结晶度差异会导致多种相分离状态。图 4-23（a）为未经任何处理的 BTR-Cl：N_3 活性层薄膜的高差图。可以看出其表面呈现出颗粒状态，且粗糙度为 1.60nm，颗粒物的边界会成为载流子输运的阻碍，从而导致较低的光电转换效率。经过 IC-FI 挥发性添加剂对薄膜表面的处理，如图 4-23（c）所示，可以看出其粗糙度大幅度降低至 1.16nm。通过对比两种状态下的相位图也可以明显观察到，在经过处理后 BTR-Cl 与 N_3 产生较为均匀的相分离与互穿网络，这表明形成的共混物的混合状态得到了改善，从而有利于载流子在两种组分之间的输运。进一步表征其对应器件也发现光电转换效率从 13.36% 提升至 14.43%。

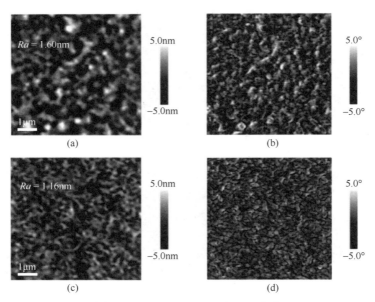

图 4-23　BTR-Cl：N_3 混合组分薄膜

（a）和（b）未经处理；（c）和（d）经 IC-FI 处理；（a）和（c）为高差图，（b）和（d）为相位图

4.4　开尔文探针力显微镜

4.4.1　开尔文探针力显微镜简介

开尔文探针力显微镜（Kelvin probe force microscope，KPFM）是在原子力显微镜基础上进一步发展而来的，可以用于测量样品表面的形貌图和电势图[22, 23]。

开尔文探针力显微镜源于 1898 年开尔文研发的开尔文方法[24]。具体来说，当功函数不同的两种材料相接触时，会由于费米能级的差异导致电子由高能级向低能级流动，直到二者费米能级处于同一位置，此时，两种材料之间会存在一定的接触电势差。电势差的大小与两种材料的功函数成正比，与此同时会形成内建电场。若进一步施加反向电势 V_c 则可以抵消内建电场，此时反向电势 V_c 的大小等于两种材料接触后由于功函数差异产生的接触电势差。如果事先已知其中一种材料的功函数 φ_A，则另一种材料的功函数 $\varphi_B = \varphi_A - eV_c$，这种方法称为开尔文方法。随着研究的深入，1991 年科学家将开尔文方法与原子力显微镜结合，发明了开尔文探针力显微镜。

开尔文探针力显微镜广泛应用于样品表面电学性质的检测，主要包括半导体纳米结构、金属纳米结构、光电器件纳米结构、传感器、生物领域。通过超高分辨率图像可以直观地获得材料表面的电学性质[25, 26]。

开尔文探针力显微镜可以方便地获得材料表面的电学性质，最近几年开尔文探针力显微镜开发研究更是得到了快速发展。同时，由于开尔文探针力显微镜是在原子力显微镜的基础上进一步开发出来的，所以除了具有原子力显微镜本身的优势，还具有以下几个优点。

（1）开尔文探针力显微镜可以直观地观察到由于电荷转移导致的材料表面电学性质变化。

（2）开尔文探针力显微镜具有超高分辨率，不仅可以检测金属导体、半导体材料表面的电荷状态，还可以检测绝缘体表面的电荷状态变化。

（3）针对半导体材料，通过开尔文探针力显微镜可以获得更多的信息，包括表面缺陷、相态、原子组成等。

（4）开尔文探针力显微镜对样品表面电势的变化十分敏感，可以有效地研究纳米材料表面电子结构的特性。

4.4.2　开尔文探针力显微镜工作原理

1. 静电力显微镜成像

开尔文探针力显微镜是在开尔文法的基础上结合静电力显微镜和非接触式原子力显微镜的表面电势测试技术，因此在介绍开尔文探针力显微镜成像原理前先简单介绍静电力显微镜成像原理[24, 27]。

　　静电力显微镜是一种通过对样品施加静电相互作用力从而成像的扫描探针力显微镜，可以用于样品表面电势、电荷分布、电势差等的测定。静电力显微镜采用的是导电的探针，当样品表面存在由于电荷导致的静电力时，为了在不受到其他作用力干扰的情况下测得静电力，可以将探针和样品之间的距离相对拉大，此时二者之间只存在静电力，静电力显微镜就是工作在此状态下，此状态称为抬升模式，如图4-24所示。

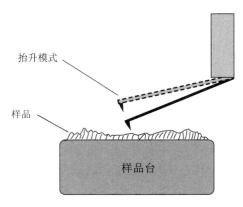

图 4-24　静电力显微镜示意图

　　静电力显微镜实际上也是原子力显微镜的延伸，都是通过样品与探针间相互作用力的变化信息成像。具体来说，静电力显微镜测试过程中，首先在正常距离下对样品表面进行一次扫描，获得样品表面的轮廓曲线。然后，将探针抬升一定距离，使得探针与样品之间只保留长程静电力，此时再对样品表面进行一次扫描。由于两次扫描过程中相互作用力的大小与种类发生了巨大的变化，所以两次扫描的频率、振幅等参数也相应发生了变化，可以得出两次扫描的相位差。通过相位差可以反映出长程静电力的变化，进而可以获得样品表面的电荷分布、电势差等信息。

　　根据前面对静电力显微镜测试过程的描述可以得知，在静电力显微镜工作时，探针与样品表面存在静电力，所以探针其实是存在于电场中的，这样在电学测试过程中二者之间才会存在电势差等信息。若在测试过程中再施加一个与探针-样品电势差方向相反的外界电压 V，使得探针-样品之间的电势差抵消为 0，则此时探针与样品表面之间的长程静电力为 0。这样可以得到样品表面与探针的电势差 V，即可以获得样品表面的电势，这就衍生成为开尔文探针力显微镜（KPFM）。所以静电力显微镜与开尔文探针力显微镜在本质原理上基本一致，区别在于静电力显微镜只是得到了相位差，而开尔文探针力显微镜是在保持相位不变的情况下，得到了样品表面的电势分布。

　　2. 成像原理

　　如前所述，开尔文探针力显微镜是在施加外界电压 V 的情况下，使得探针与样品表面电势差为 0，进而保持相位不变所得到的样品表面电势分布。同时，由于静电力显微镜工作在抬升模式下，即探针相距样品表面较远，所以开尔文探针力显微镜是结合了静电力显微镜和非接触式原子力显微镜的测试方式[27-29]。

　　开尔文探针力显微镜的工作状态分为扫描过程与测量过程，工作时探针处于电场环境下，同时由于探针和样品表面带有一定的电荷，二者会形成电容，产生电势差。二者之间的长程静电力数值可以根据式（4-20）计算：

$$F_{es} = -\frac{1}{2}\frac{\partial C}{\partial d}(\Delta V)^2 \tag{4-20}$$

其中，d 为针尖与样品间的距离；C 为二者形成的电容；ΔV 为二者之间的电势差。根据开尔文法，当处于扫描过程时，需要施加一个可以调节的直流电压 V_{dc} 用于抵消探针与样品表面之间的电势差。二者接触电势差 V_{CPD} 与样品表面电势 V_s 的关系成正比或反比取决于直流电压 V_{dc} 所施加的目标。具体来说，当直流电压施加到探针时，接触电势差为 $V_{CPD} = V_p - V_s$，与样品表面电势成正比，V_p 为探针表面电势；当直流电压施加到样品表面时，接触电势差为 $V_{CPD} = V_s - V_p$，与样品表面电势成反比。

　　当开尔文探针力显微镜处于测量过程时，需要同时施加一个频率为 w 的交流电压 V_{ac} 和一个直流电压 V_{dc}，探针与样品的电势差可根据式（4-21）求得

$$\Delta V = (V_{dc} \pm V_{CPD}) + V_{ac}\cdot\sin(wt) \tag{4-21}$$

其中，$\pm$ 符号同样取决于直流电压 V_{dc} 的施加目标，具体来说，在样品上施加时取$-$，在探针上施加时取$+$。

　　所以，探针与样品之间的静电力由三部分组成，即直流电压产生的静电力 F_{dc}、一倍频 w 以及二倍频 $2w$ 交流电压产生的静电力 F_w、F_{2w}。三种静电力的表达式分别如下：

$$F_{dc} = -\frac{1}{2}\frac{\partial C}{\partial d}\left[(V_{dc} - V_{CPD})^2 + \frac{1}{2}V_{ac}^2\right] \tag{4-22}$$

$$F_w = -\frac{\partial C}{\partial d}(V_{dc} - V_{CPD})\cdot V_{ac}\cdot\sin(wt) \tag{4-23}$$

$$F_{2w} = \frac{1}{4}\frac{\partial C}{\partial d}V_{ac}^2\cdot\cos(2wt) \tag{4-24}$$

　　在三种静电力的共同作用下，探针的振幅、频率、相位等参数都会发生变化，进而产生一定的信息，这些信息经过计算机的转换形成形貌图。同时，反馈系统也会根据接收到的信号，调整直流电压 V_{dc} 来抵消接触电势差 V_{CPD}，最终获得样品表面的电势分布图，在后续的部分会更详细地介绍开尔文探针力显微镜在不同成像模式下的工作过程。

4.4.3　开尔文探针力显微镜结构组成

　　开尔文探针力显微镜是在原子力显微镜的基础上进一步发展起来的，所以二者结构基本相同，如图 4-25 所示[24]。

　　区别主要有两点。①开尔文探针力显微镜需要检测探针与样品表面的接触电势，并通过反馈信号调整输入电压，所以使用的探针是导电探针；②新增了用来获取、发送简谐运动的部件——锁相放大器。为了收集电信号，具体来说，对于不同的成像模式需要收集的信号包括一倍频静电作用力产生的振幅 A 或频率 w，所以需要用到锁相放大器。

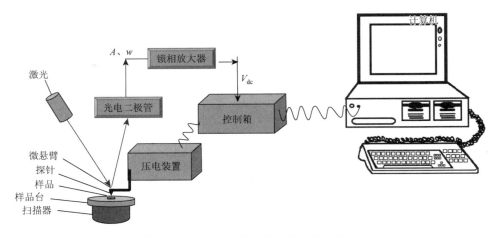

图 4-25　开尔文探针力显微镜的结构组成

在开尔文探针力显微镜中，锁相放大器（LIA）是一个重要的组成部分，用来从复杂的噪声中提取信号的相敏检测器，其可以获得一定频率、相位的微悬臂运动信号[27]。

锁相放大器的基本原理是基于互相关检测，具体来说是通过混合输入信号（即来自光电探测器的垂直偏转信号和参考信号）来进行互相对比检测，从而获得相位的偏差信号，参考信号也用于反馈到微悬臂上，刺激其做出相应的运动改变。锁相放大器的工作原理如图 4-26 所示。

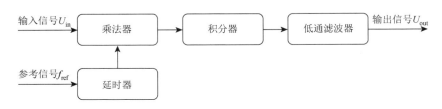

图 4-26　锁相放大器的工作原理

当输入信号为 U 的波形时，基于锁相放大器的开尔文探针力显微镜测量中使用的正弦激励信号，通过其输出的信号可计算得到

$$U_{out}(t) = \frac{1}{T}\int_{t-T}^{t} \sin(2\pi f_{ref} + \varphi) \cdot U_{in}(s)ds \tag{4-25}$$

其中，f_{ref} 为参考信号的频率；φ 为锁相放大器设置中可以选择的相位偏移量；T 为混合信号的持续时间。由于除 f_{ref} 外的所有频率的 U_{out} 都为 0，所以锁相放大器只返回 U_{in} 的 f_{ref} 频率的信号。现代的锁相放大器通常是两相探测器，即通过对 0° 和 90° 的 φ 进行上述计算，获得同相和反相响应，从而为 f_{ref} 提供 U_{in} 的幅值和相位信息。提供两种角度的方法虽然简化了高信噪比信号提取，但也存在一些缺点，如锁相放大器自身固有特性会导致与其他频率响应相关的信息不可恢复地丢失，以及瞬态信号和伪信号等。

4.4.4　开尔文探针力显微镜工作模式

从开尔文探针力显微镜工作原理中三种静电力表达式可以看出，在开尔文探针力显微镜的测试过程中可以通过调整直流、交流电的参数，进而调整测试的成像模式。具体来说，可以按照调整参数不同分成调幅模式的开尔文探针力显微镜和调频模式的开尔文探针力显微镜[23, 25, 29-31]。

1. 调幅模式

调幅模式是通过将交流频率处感应振荡的振幅减小到零来控制施加的直流偏置。具体来说，当表面电势通过外界施加电压被抵消时，即 $V_{dc} = V_{CPD}$ 时，$V_{dc} - V_{CPD} = 0$，所以一倍频 w 项对应的静电力 $F_w = 0$。与此同时，静电力 F_w 对应的振幅也为 0。一般开尔文探针力显微镜在此模式下的交流频率为几千赫到几十千赫。同时，为了获得足够的灵敏度，通常使用的交流电压在 $1 \sim 3V$。

所以在这种模式下，通过检测 A_w 是否为 0 来获得 V_{CPD}。当 $A_w = 0$ 时，可以获得此时的 V_{dc}，即可以得到对应的 V_{CPD}。综上所述，调幅模式是检测在一倍频静电作用力 F_w 下，当微悬臂的振幅 $A_w = 0$ 时对应的直流电压 V_{dc}，即可以得到样品表面的接触电势 V_{CPD}。

2. 调频模式

调频模式是通过使交流电的频移（Δw）变化最小，来判断 V_{dc} 是否抵消 V_{CPD}，从而可以得知接触电势 V_{CPD} 的大小。具体来说，将静电力对探针与样品表面的距离 d 求导，如式（4-26），即对三种静电力分别求导的总和：

$$\frac{\partial F_{es}}{\partial d} = \frac{\partial F_{dc}}{\partial d} + \frac{\partial F_w}{\partial d} + \frac{\partial F_{2w}}{\partial d} \tag{4-26}$$

根据前面所述三种静电力各自的表达式，分别对其进行求导，得到如下表达式：

$$\frac{\partial F_{dc}}{\partial d} = -\frac{1}{2}\frac{\partial^2 C}{\partial d^2}\left[(V_{dc} - V_{CPD})^2 + \frac{1}{2}V_{ac}^2\right] \tag{4-27}$$

$$\frac{\partial F_w}{\partial d} = -\frac{\partial^2 C}{\partial d^2}(V_{dc} - V_{CPD}) \cdot V_{ac} \cdot \sin(wt) \tag{4-28}$$

$$\frac{\partial F_{2w}}{\partial d} = \frac{1}{4}\frac{\partial^2 C}{\partial d^2}V_{ac}^2 \cdot \cos(2wt) \tag{4-29}$$

探针微悬臂本身的固有频率可以根据以下公式计算得到

$$w_0 = \sqrt{\frac{k}{m}} \tag{4-30}$$

其中，k 为微悬臂自身的刚度；m 为微悬臂自身的质量。所以，当微悬臂处于自由状态时，即不受任何外力的情况下，处于简谐运动。简谐运动可以由式（4-31）描述：

$$x = A \cdot \sin(w_0 t) \tag{4-31}$$

其中，x 为简谐运动时产生的位移量；A 为简谐运动的振幅。

当微悬臂受到静电力时，其刚度和共振频率会发生相应的变化，具体表达式为

$$k' = k - \frac{\partial F_{es}}{\partial d} \tag{4-32}$$

$$w' = \sqrt{\frac{k'}{m}} \tag{4-33}$$

此时，将受静电力前后微悬臂的共振频率相减，得到二者的差值为

$$\Delta w = w' - w_0 = \sqrt{\frac{k'}{m}} - \sqrt{\frac{k}{m}} = w_0 \left(\sqrt{1 - \frac{\frac{\partial F_{es}}{\partial d}}{k}} - 1 \right) \tag{4-34}$$

当 $\frac{\partial F_{es}}{\partial d} \ll k$ 时，根据数学公式，上式进一步变为

$$\Delta w = w' - w_0 \approx \frac{w_0}{2k} \cdot \frac{\partial^2 C}{\partial d^2} \cdot (V_{dc} - V_{CPD}) \cdot V_{ac} \cdot \sin(wt) \tag{4-35}$$

根据式（4-35）可知，当 Δw 极小时，可以认为是 V_{CPD} 被 V_{dc} 所抵消，同时 F_w 为 0。

综上所述，可以根据调整频率 w 的大小，进一步判定一倍频静电力 F_w 是否为 0，从而得知 V_{dc} 是否可以抵消接触电势 V_{CPD}，这种模式称为调频模式的开尔文探针力显微镜。通过两种不同模式均可以抵消 V_{CPD} 时的 V_{dc}，从而得到开尔文探针力显微镜测得的样品电势图，但是调频模式一般用于真空环境下的测试。

4.4.5 实验操作及分析

1. 样品制备

由于 KPFM 是在 AFM 的基础上进一步开发而得到的，所以制样部分与 AFM 十分接近，只是将样品置于存在电场的环境下，并对其施加电压。

2. 参数设定

在开尔文探针力显微镜的实验过程中，需要设置的关键参数如下[23]。

（1）探针针尖-样品表面距离。如前所述，开尔文探针力显微镜是在静电力显微镜的基础上进一步研发得到的，而静电力显微镜在检测静电力时工作在抬升模式，所以探针针尖与样品表面的距离是一个关键的参数。需要进行两次扫描，第一次距离样品表面较近，用于测试样品形貌，第二次距离样品表面较远，用于测试样品表面电势。

（2）针尖偏置电压。为锁相放大器所提供的直流电压，用于抵消针尖与样品表面的接触电势，从而测得样品的表面电势，在针尖进行二次扫描时发挥作用。

（3）针尖运动参数。通过锁相放大器获得，上述已经提到，简单来说，就是用于获取针尖运动的频率、振幅等关键参数，同时用于输出反馈信号从而调整针尖状态，所以开尔文探针力显微镜中一般设有两个锁相放大器，实现多个信号处理。

（4）交流偏置电压。在第二次扫描中，设置不同的交流偏置电压以改变电势测量的灵敏度，一般来说，增大交流偏置电压可以提高测试过程的灵敏度。但如果参数设置得过高，则可能导致击穿样品表面。因此，交流偏置电压值通常设置为 1～3V。

（5）频率。当开尔文探针力显微镜进行电势测量的二次扫描时，需要将探针升起一定距离，但是为了保证与原子力显微镜的非接触模式进行区分，需要改变探针的频率，一般设定为 $100\sim300$ kHz。

3．其他影响因素

除了上述与原子力显微镜存在较大差异的关键参数，外在的环境也会对测试结果造成较大的影响[30]。

（1）湿度对测试结果的影响。湿度的影响主要来自两个方面：其一，水分与样品之间可能发生反应，使得样品分解或变质，导致测试结果不准确；其二，水分会附着在样品表面，使样品表面存在一层水膜，水膜的存在同样会导致开尔文探针力显微镜的测试结果不准确。

（2）氧气对测试结果的影响。除了水分对样品的影响，空气中的氧气也可能与样品反应，使其性质出现变化，从而影响测量结果。

4.4.6 案例分析

随着技术的发展，开尔文探针力显微镜已被用于观察无机、有机异质结、钙钛矿敏化太阳能电池等器件的表面电位分布。开尔文探针力显微镜是基于原子力显微镜进一步发展而来的，是一种测量探针和样品之间接触电势差的非接触测量装置。以下案例为了直观地检测到无机钙钛矿 $CsPbBr_3$ 量子点敏化太阳能电池在不同光照下的异常电位分布，利用开尔文探针力显微镜对其电位分布进行了成像[32]。

太阳能电池器件中存在两个区域，即电子传输层和空穴传输层，在这两个区域中的积累电荷（电子和空穴）极性相反，造成电位差。为观察太阳能电池横截面上的表面电位深度分布，对太阳能电池进行机械切割和抛光后，可利用开尔文探针力显微镜对横截面上的电势分布进行测量。测试原理如图 4-27 所示，其中 TiO_2 为电子传输层，Spiro-MeOTAD 为空穴传输层。

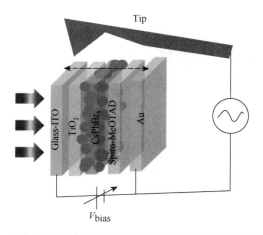

图 4-27　开尔文探针力显微镜对太阳能电池截面测试原理示意图

测试结果如图 4-28 所示。其中，图 4-28（a）展示了测试过程中整个截面的电势分布以及相应轮廓线。可以看出基本符合上述测试原理图，各层之间由于电势差异导致颜色出现明显的区分。在不同的光照条件下，太阳能电池内部产生载流子的数量会呈现较大的差异，故被电子传输层和空穴传输层所捕获的电子与空穴数量会产生差异，图 4-28（b）与图 4-28（c）分别显示了当太阳能电池处于黑暗和照明条件下横截面上的接触电势差图像以及相应轮廓线。可以看出，外界环境因素的变化会导致载流子数量的差异，进而各层内部的电势分布产生明显变化。为了进一步研究在平衡状态下各层费米能级的变化，同样利用开尔文探针力显微镜进行了测量，费米能级在太阳电池中任何层的界面上处于对齐状态，然而各层的功函数存在差异，因此真空能级存在不同。

此外，该案例还测试不同波长情况下载流子的分布情况。分别利用太阳光谱范围内三种波长（$\lambda = 365\text{nm}$、505nm、660nm，即紫外、绿光以及红光）的光对器件进行光照，得到如图 4-28（d）～（f）的电势分布图像及其轮廓线。为了选择性地激发器件，首先使用太阳光谱中波长较短的光（UVLED，$\lambda = 365\text{nm}$）作为激发波长，当紫外线穿过 TiO_2 层时，因其合适的带隙而吸收紫外光，钙钛矿也因其吸收紫外光而被激发。这种情况下，会导致钙钛矿层中激发出电子，过量电子的积累改变了其表面电位使得 TiO_2 中接触电势降低，因此，钙钛矿/电子传输层和钙钛矿/空穴传输层之间的电荷分离较差。当利用太阳光谱中一个中等波长的光（绿色，$\lambda = 505\text{nm}$）激励时，$CsPbBr_3$ 利用其适当的带隙吸收光，产生电子-空穴对。但是，在单色光照射下，$CsPbBr_3$ 钙钛矿量子点的载流子产生率低于全光谱的载流子产生率。由于 $CsPbBr_3$ 钙钛矿量子点的光吸收范围大，从紫外到可见光，达到 $\lambda = 530\text{nm}$。因此，载流子分离后，TiO_2 中聚集的少量电子以及 Spiro-MeOTAD 中聚集的少量空穴导致二者功函数发生了变化，造成了它们之间的电位差增加。当利用较长波长的光（红色，$\lambda = 660\text{nm}$）来激发钙钛矿材料时，由于超过吸光范围的极限，能量不足以激发钙钛矿吸收材料，所以没有产生载流子，此时太阳能电池各层表面电位没有发生改变。

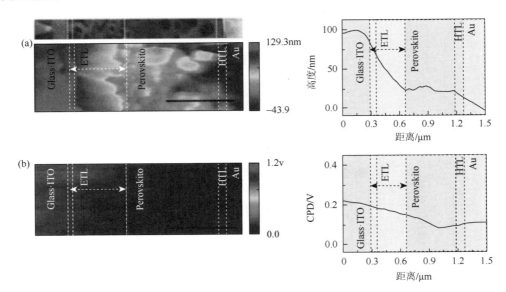

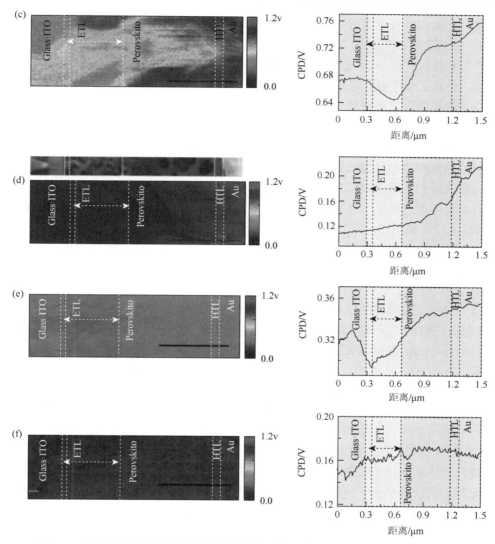

图 4-28　利用开尔文探针力显微镜测量钙钛矿太阳能电池器件横截面的电势分布

（a）器件整个截面的电势分布以及相应轮廓线；（b）黑暗条件下横截面上的接触电势差图像以及相应轮廓线；（c）照明条件下横截面上的接触电势差图像以及相应轮廓线；（d）、（e）和（f）分别为紫外（$\lambda = 365nm$）、绿光（$\lambda = 505nm$）和红光（$\lambda = 660nm$）单色光照射下的电势分布及其轮廓线

习　　题

4-1　扫描电子显微镜由哪几个系统组成？

4-2　为什么要保证真空系统？

4-3　影响扫描电子显微镜分辨率的因素有哪些？其分辨率是指用何种信号成像时的分辨率？

4-4　电子光学系统的作用是什么？对其产生的电子束有何要求？

4-5　二次电子像和背散射电子像在显示表面形貌衬度时有何相同和不同之处？

4-6　二次电子像景深很大，样品凹坑底部都能清楚地显示出来，从而使图像的立体感很强，其原因何在？

4-7　扫描探针显微镜与扫描电子显微镜在成像原理上有何差异？

4-8　什么是量子隧道效应？

4-9　扫描隧道显微镜的分辨率一般能达到多少？

4-10　扫描隧道显微镜的系统组成包括哪些？

4-11　扫描隧道显微镜的工作方式有哪几种？

4-12　扫描隧道显微镜观察到的图像本质是什么？

4-13　利用扫描隧道谱可以获得哪些信息？

4-14　简要概述原子力显微镜的主要组成部分，并基于其相关组件对原子力显微镜的工作原理进行简要描述。

4-15　请画出相互作用力-距离的关系曲线，并结合原子力显微镜进行描述。

4-16　目前轻敲模式是原子力显微镜的成像模式中最常见及应用最为广泛的一种方式，请根据其成像原理分析其相较其他成像方式的优势。

4-17　原子力显微镜的适用范围十分广泛，不仅可以在空气中对样品表面进行形貌测试，还可以在液体中对样品表面形貌进行测试，对比空气中测试存在哪些不同之处？

4-18　与传统的光学显微镜、电子显微镜相比，原子力显微镜的分辨率受到哪些因素的影响？

4-19　开尔文探针力显微镜是基于原子力显微镜进一步发展得到的，相较于原子力显微镜，开尔文探针力显微镜的应用领域和测试目的有什么区别？

4-20　开尔文探针力显微镜与原子力显微镜的组成部分存在什么差异？并基于其相关组件对开尔文探针的工作原理进行简要描述。

4-21　开尔文探针力显微镜的成像模式有哪些，常用的成像模式是哪个？

4-22　为了获得准确、清晰的测量结果，开尔文探针力显微镜在测试时需要关注哪些参数的设定？为什么需要对其进行调整？

参 考 文 献

[1]　Zhang L，Zheng Y，Wang J，et al. Ni/Mo bimetallic-oxide-derived heterointerface-rich sulfide nanosheets with co-doping for efficient alkaline hydrogen evolution by boosting volmer reaction. Small，2021，17（10）：2006730.

[2]　Ying P，Li M，Yu F，et al. Band gap engineering in an efficient solar-driven interfacial evaporation system. ACS Applied Materials & Interfaces，2020，12（29）：32880-32887.

[3]　Geng Y，Sun W，Ying P，et al. Bioinspired fractal design of waste biomass-derived solar–thermal materials for highly efficient solar evaporation. Advanced Functional Materials，2021，31（3）：2007648.

[4]　Binnig G，Rohrer H，Gerber C，et al. Surface studies by scanning tunneling microsco. Physical Review Letters，1982，49（1）：57-61.

[5]　The Nobel Prize in Physics 1986. The Nobel Prize. 2021-11-8

[6]　Chen J. Introduction to scanning tunneling microscop. Third Edition. Oxford：Oxford University Press，2021.

[7]　王炜华，王兵，侯建国. 扫描隧道显微术中的微分谱学及其应用. 物理，2006，35（1）：27-33.

[8]　Zheng Y J，Huang Y L，Chen Y，et al. Heterointerface screening effects between organic monolayers and monolayer transition metal dichalcogenides. ACS Nano，2016，10（2）：2476-2484.

[9] Stecker C，Liu K，Hieulle J，et al. Surface defect dynamics in organic–inorganic hybrid perovskites：From mechanism to interfacial properties. ACS Nano, 2019，13（10）：12127-12136.

[10] 张伟杰. 高次谐波原子力显微术力学特性表征方法研究. 合肥：中国科学技术大学，2019.

[11] 董晓坤. 高速原子力显微镜的成像方法研究. 天津：南开大学，2012.

[12] 杨序纲，杨潇. 原子力显微术及其应用. 北京：化学工业出版社，2012.

[13] 何光宏. 原子力显微术及其图像增强研究. 重庆：重庆大学，2006.

[14] 吴兆杰，方建华，彭宏业，等. 原子力显微镜在摩擦学研究中的应用. 合成润滑材料，2020，47（2）：41-45.

[15] 伏霞. 探针扫描式液相原子力显微镜技术及系统研制. 杭州：浙江大学，2011.

[16] 赵春花. 原子力显微镜的基本原理及应用. 化学教育（中英文），2019，40（4）：10-15.

[17] 李丽丽，宋正勋，刘晓刚，等. 探针对原子力显微镜成像的影响. 长春理工大学学报（自然科学版），2014，37（1）：72-75.

[18] 魏东磊. 原子力显微镜基本成像模式分析及其应用. 科技创新与应用，2015（30）：39.

[19] 王英达. 高速原子力显微镜技术及系统研究. 杭州：浙江大学，2020.

[20] Wu F，Li P，Sun K，et al. Conductivity enhancement of PEDOT：PSS via addition of chloroplatinic acid and its mechanism. Advanced Electronic Materials，2017，3（7）：1700047.

[21] Chen S，Ye J，Yang Q，et al. Molecular ordering and phase segregation induced by a volatile solid additive for highly efficient all-small-molecule organic solar cells. Journal of Materials Chemistry A，2021，9（4）：2857-2863.

[22] 王星博. 硅太阳能电池铝-硅界面导电性能的 KPFM 研究. 北京：北京大学，2019.

[23] 冯凯. 基于 KPFM 的等离子体热电子注入的定量研究. 太原：太原理工大学，2019.

[24] 何月. 氧化物表面电势的 Kelvin 扫描探针显微镜测量方法研究. 成都：电子科技大学，2018.

[25] 武兴盛，魏久焱，常诞，等. 开尔文探针力显微镜的应用研究现状. 微纳电子技术，2018，55（10）：751-756.

[26] Kang Z，Si H，Shi M，et al. Kelvin probe force microscopy for perovskite solar cells. Science China Materials，2019，62（6）：776-789.

[27] Sadewasser S，Glatzel T. Kelvin Probe Force Microscopy：From single charge detection to device characterization. New York：Springer，2018.

[28] 熊晓洋. 基于开尔文探针力显微镜的次表面成像研究. 合肥：中国科学技术大学，2016.

[29] 熊晓洋，陈宇航. 基于开尔文探针力显微镜的纳米复合材料次表面成像分析. 纳米技术与精密工程，2016，14（6）：402-409.

[30] 崔泽群. 基于开尔文探针力显微镜的有机半导体器件研究. 苏州：苏州大学，2016.

[31] 牛晓娜. 基于开尔文探针显微镜的有机半导体薄膜器件界面电学性质的研究. 苏州：苏州大学，2018.

[32] Panigrahi S，Jana S，Calmeiro T S，et al. Imaging the anomalous charge distribution inside $CsPbBr_3$ perovskite quantum dots sensitized solar cells. ACS Nano，2017，11（10）：10214-10221.

第5章 振动光谱分析

本章主要介绍两种常用的表征手段：傅里叶变换红外光谱和拉曼光谱，介绍它们的发展历史、测试原理和样品制备等。

5.1 傅里叶变换红外光谱

5.1.1 基础知识

1. 傅里叶变换红外光谱发展历史

自20世纪中叶以来，红外光谱在理论方面得到了更加完善的发展，其进步主要体现在仪器和实验技术上。1947年，美国推出了全球首台双光束自动记录红外分光光度计，这是第一代商品化的红外光谱仪。第一代红外光谱仪采用棱镜作为单色器，缺点在于需恒温干燥环境、扫描速度缓慢、分辨率较低，且测量波长范围受棱镜材料限制（通常不能超过中红外区）。20世纪60年代，第二代红外光谱仪采用光栅作为单色器，相较于棱镜单色器有很大提高。但是它仍属于色散型仪器，分辨率和灵敏度不够高，扫描速度较慢。第二代红外光谱仪的红外光色散能力优于棱镜，得到的单色光质量更高，且对温度和湿度的要求不严格，测定的红外波谱范围较广（350~7800cm^{-1}）。随着计算机技术的飞速发展，20世纪70年代开始出现了第三代干涉型光谱仪，即傅里叶变换红外光谱仪（Fourier transform infrared spectrometer，FTIR）。傅里叶变换红外光谱仪与色散型光谱仪有明显区别，前者光源发出的光首先通过迈克耳逊干涉仪变为干涉光，然后将干涉光照射到样品上。检测器获取干涉图，接着利用计算机对干涉图进行傅里叶变换，从而得到红外光谱图。FTIR具有以下显著特点：①扫描速度快，可在1s内测得多张图谱；②光通量大，能检测透射率较低的样品；③分辨率高，有利于观察气态分子的精细结构；④测定光谱范围广（240~12500cm^{-1}）。现代FTIR的快速发展促使衰减全反射光谱法、漫反射光谱法、光声光谱法、显微光谱法和动态光谱法（动力学法）得到广泛应用。傅里叶变换红外光谱仪与其他仪器的联用，扩大了其应用范围。此外，用计算机存储及光谱检索，也使分析更为方便、快捷。

2. 红外光谱谱图的解析方法

谱图解析并无严格的程序和规则，解析谱图时，可先从各区域的特征频率入手，发现某基团后，再根据指纹区进一步核证。在解析过程中单凭一个特征峰就下结论是不够的，要尽可能把一个基团的每个相关峰都找到。也就是既有主证，又有佐证才能确定。有这样一个经验称为"四先、四后、一抓"：即先特征，后指纹；先最强峰，后次强峰，再中强峰；先粗查，后细查；先肯定，后否定；抓一组相关峰。谱图具体解析步骤如下。

（1）检验光谱图是否满足要求：基线透过率应在 90%左右，最大吸收峰不应呈平顶状。避免因样品量不适当或压片时颗粒未充分研磨而导致的谱图异常。

（2）了解样品信息：包括样品来源、理化性质、其他分析数据、重结晶溶剂及纯度。若样品纯度不足，可能干扰谱图解析，需要先进行纯化处理。不稳定样品的结构变化可能引起谱图变化，亦需注意。

（3）排除可能的"假谱带"：如水的吸收峰出现在 $3400cm^{-1}$、$1640cm^{-1}$ 和 $650cm^{-1}$ 波数位置；CO_2 的吸收峰位于 $2350cm^{-1}$ 和 $667cm^{-1}$ 波数位置。

（4）确定分子中的基团及化学键类型：通过谱带特征（谱图上各吸收带的位置、强度、形状等）确定分子中含有的基团或化学键。

（5）分析谱图时需综合考虑谱带位置、强度、形状和相关峰数量，进而确定基团。

（6）结合其他分析数据和结构单元，提出可能的结构式。

（7）根据提出的化合物结构式，查找相应化合物的标准图谱。若测试条件（如单色器、样品制备方法及谱图坐标等）相同，则样品图应与标准图谱一致。

3. 傅里叶变换红外光谱仪的优点

（1）高分辨率：可达 $0.1cm^{-1}$；波数准确度高，可达 $0.01cm^{-1}$。

（2）快速扫描速度：在几十分之一秒内完成一次扫描，1s 内获得高分辨率且低噪声的红外光谱图。因此，适用于快速化学反应追踪、研究瞬间变化以及解决气相色谱与红外联用问题。

（3）高灵敏度：通过短时间内进行多次扫描、样品信号累加与储存，可实现噪声平滑处理，从而提高灵敏度。适用于痕量分析，样品量可达 $10^{-9}\sim10^{-1}g$。

（4）杂散光小：全光谱范围内杂散光通常低于 0.3%。

（5）测宽测量范围：仅需更改分光镜和光源，便可研究 $10\sim10000cm^{-1}$ 的红外光谱段。

5.1.2　傅里叶变换红外光谱原理和分析基础

傅里叶变换红外光谱（FTIR）技术采用连续波长的光源进行样品的红外光谱测定。红外线是电磁波谱中红外部分，位于光谱图上可见光红色末端之外，波长大于可见光。红外线可分为近红外（$4000\sim12820cm^{-1}$）、中红外（$400\sim4000cm^{-1}$）和远红外（$10\sim400cm^{-1}$）三个区域。

当连续波长光源照射样品时，分子会吸收特定波长的光。未被吸收的光最终到达检测器，经过模数转换和傅里叶变换处理，得到样品的单光束光谱。为获取样品的红外光谱，需从单光束光谱中扣除背景光谱，进而得到红外透射光谱。背景光谱是在测试红外光未经过样品的情况下获得的，包含仪器各部件和空气的信息。

红外透射光谱的纵坐标有透射率 T（%）和吸光度 A 两种表示。透射率光谱直观展示样品对不同波长红外光的吸收情况，但透射率与样品含量无正比关系，不适用于定量分析。吸光度光谱在一定范围内与样品厚度和浓度成正比，可用于定量分析，因此红外光谱图通常采用吸光度表示。某一波长（或波数）光的透射率 T 等于红外光透过样品后的光强 I 与红外光透过背景（通常为空光路）的光强 I_0 之比。

$$T = \frac{I}{I_0} \times 100\% \qquad (5\text{-}1)$$

吸光度 A 是透射率 T 倒数的对数

$$A = \lg \frac{1}{T} \qquad (5\text{-}2)$$

光谱图的横坐标通常采用波数（cm^{-1}）表示，也可以采用波长（μm 或 nm）表示。波长和波数的关系为

$$波长(\mu m) \times 波数(cm^{-1}) = 10000$$

1. 分子的量子化能级

一切物质都在运动。分子是由共价键把原子连接起来能独立存在的物质微粒，因而分子也在运动。分子运动的能量由平动能、转动能、振动能和电子能四部分组成。因此，分子运动的能量 E 可以表示为

$$E = E_平 + E_转 + E_振 + E_电 \qquad (5\text{-}3)$$

分子的平移运动能级间隔非常小，可以看作连续变化的，分子的电子运动、振动和转动都是量子化的。图 5-1 示出分子的量子化能级。

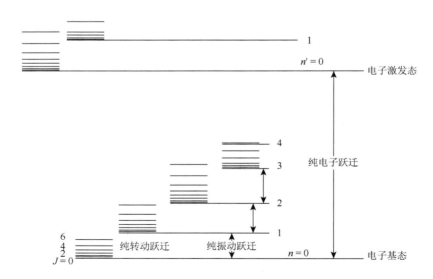

图 5-1　分子的量子化能级示意图

分子的转动能级之间比较接近，也就是能级差较小。分子吸收能量低的低频光产生转动跃迁，低频光在红外波段中处于远红外区。所以分子的纯转动光谱出现在远红外区。振动能级间隔比转动能级间隔大得多，所以，振动能级的跃迁频率比转动能级的跃迁频率高得多。分子中原子之间振动所吸收的红外光频率处于中红外区，所以分子中原子之间的纯振动光谱出现在中红外区。

2. 分子的纯振动光谱

从图 5-1 可以看出，分子的振动能级间隔比转动能级间隔大得多，当分子吸收红外辐射，在振动能级之间跃迁时，不可避免地会伴随着转动能级的跃迁，因此，无法测得纯的振动光谱，实际测得的是分子的振动转动光谱。为了便于讨论，先不考虑转动光谱对振动光谱的影响，只讨论纯振动光谱。

分子中原子之间的振动能级是量子化的。把分子的振动用谐振子模型加以描述，若振动能级由 $n=0$ 向 $n=1$ 跃迁，即当振动量子数由 $n=0$ 变到 $n=1$ 时，分子所吸收光的波数等于谐振子的振动频率，这种振动称为基频振动，基频振动的频率称为基频。

3. 振动模式

不同基团具有不同的振动模式，相同基团（除双原子分子外）也可能具有多种振动模式。在中红外区，基团的振动模式分为两大类，即伸缩振动和弯曲振动。伸缩振动是指基团中的原子在振动时沿着价键方向来回地运动（图 5-2）。弯曲振动是指基团中的原子在振动时运动方向垂直于价键方向。

1）伸缩振动

伸缩振动时，基团中的原子沿着价键的方向来回运动，所以伸缩振动时，键角不发生变化。除了双原子的伸缩振动，三原子以上还有对称伸缩振动和反对称（不对称）伸缩振动。

2）双原子的伸缩振动

双原子分子 X_2 的伸缩振动是拉曼活性的而不是红外活性的，如 O_2、N_2 等。但分子中的 X—X 基团，如 C—C、C≡C 等基团，在伸缩振动时，如果偶极矩不发生变化，则是拉曼活性的；如果偶极矩发生变化，则是红外活性的。分子中的 X—Y 基团的伸缩振动则肯定是红外活性的。

3）对称伸缩振动

线性三原子基团 X—Y—X（如 CO_2）的对称伸缩振动（图 5-3 及图 5-4）、平面形四原子基团 XY_3（如 CO_3^-、NO_3^- 等）的对称伸缩振动和四面体形五原子基团 XY_4（如 SO_4^{2-}、PO_4^{3-} 等）的对称伸缩振动都是拉曼活性的而不是红外活性的。弯曲形三原子基团 XY_2（如 H_2O、CH_2、NH_2 等）和角锥形四原子基团 XY_3（如 CH_3、NH_3 等）的对称伸缩振动都是红外活性的。

图 5-2　丙酮 C=O 伸缩振动

呼吸振动是对称伸缩振动的一个特例，这是一种完全对称的伸缩振动，通常出现在环状化合物中。

图 5-3　CO_2 对称伸缩振动　　　　　　图 5-4　线性三原子对称伸缩振动

4）反对称伸缩振动

各种基团的反对称伸缩振动都是红外活性的，如线性 CO_2、弯曲形 H_2O、角锥形 NH_3 等。

5）弯曲振动

弯曲振动时，基团的原子运动方向与价键方向垂直。弯曲振动又细分为剪式变角振动、对称变角振动、反对称（不对称）变角振动、面内弯曲振动、面外弯曲振动、平面摇摆振动、非平面摇摆振动和卷曲振动。除了摇摆振动，其余振动键角都发生变化。

6）变角振动

变角振动也称变形振动，或弯曲振动。线形三原子基团的变角振动称弯曲振动，如 CO_2 的弯曲振动（图 5-5）。弯曲三原子基团的变角振动也称剪式振动，如 H_2O 的剪式振动（图 5-6）。

图 5-5　线性三原子基团弯曲振动　　　　图 5-6　弯曲三原子基团剪式振动

此外，还分为对称变角振动和反对称（不对称）变角振动。由四原子 XY_3 组成的基团有两种构形，即角锥形和平面形。角锥形基团有对称变角振动模式（如—CH_3 等）和不对称变角振动模式，而平面形基团没有对称或不对称变角振动模式。由五原子 XY_4 组成的四面体基团有对称和不对称变角振动模式。

7）其他振动

其他振动包括面内弯曲振动和面外弯曲振动，面内摇摆振动和面外摇摆振动，以及卷曲振动等。

5.1.3　傅里叶变换红外光谱仪

1. 基本组成

FTIR 的基本组成包括红外光学台和计算机。其中红外光学台由红外光源、光阑、干涉仪、样品室、检测器以及各种红外反射镜、氦氖激光器、控制电路板和电源组成。

红外光谱仪由光源、光阑、干涉仪和检测器组成，其示意图见图 5-7。由光源发出各种不同波长的红外光，经光阑过滤，分出一个单色波，然后该单色波照射在样品上。傅里叶变换红外光谱仪是将光源发出的各种不同波长红外光同时导入一个干涉仪，干涉仪在动镜的一个来回的时间里，将这些光组成一个以时间为自变量、光强为因变量的干涉光，并将这个干涉光照射到样品上，相当于在这个时间内同时将全部频率的光照射到样品上，然后记录透光样品后的干涉光，通过傅里叶变换的方法，将它转换为以频率为变量的红外光谱图。

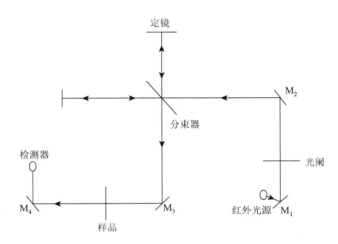

图 5-7　红外光谱仪光学系统示意图

1）红外光源

光源是 FTIR 的关键部件之一，红外辐射能量的高低直接影响检测的灵敏度。理想的红外光源能够测试整个红外波段，即能够测试远红外、中红外和近红外光谱。但目前要测试整个红外波段至少需要更换三种光源，即中红外光源、远红外光源和近红外光源。红外光谱中用得最多的是中红外波段，目前中红外波段使用的光源基本上能满足测试要求。

2）光阑

红外光源发出的红外光经椭圆反射镜反射后，先经过光阑，再到达准直镜。增加光阑孔径，光通量增大，检测灵敏度提高。缩小光阑孔径，光通量减少，检测灵敏度降低。

光谱仪光阑孔径的设置分为两种：一种是连续可变光阑；另一种是固定孔径光阑。

连续可变光阑就像照相机的光圈一样，它的孔径可以连续变化，孔径采用数字表示。固定孔径光阑是在一块可转动的圆板上打几个一定直径的圆孔，根据所测定光谱的分辨率，通过红外软件选择其中一个圆孔。测定低分辨率光谱时，选择直径最大的圆孔，测定高分辨率光谱时，选择直径最小的圆孔。采用固定孔径光阑，有时需要在光路中插入光通量衰减器。

3）干涉仪

干涉仪是 FTIR 光学系统的核心部分。FTIR 的最高分辨率和其他性能指标主要由干涉仪决定。目前，FTIR 使用的干涉仪分为很多种，但不管使用哪一种类型的干涉仪，其内部的基本组成是相同的，即各种干涉仪的内部都包含动镜、定镜和分束器这三个部件。

4）检测器

检测器的作用是检测红外干涉光。使用的检测器有四点要求：具有高检测灵敏度、低噪声、快的响应速度和较宽的测量范围。FTIR 使用的检测器种类很多，但目前还没有一种检测器能够检测整个红外波段。测定不同波段的红外光谱需要使用不同的检测器。

如图 5-7 所示，当由红外光源 R 发射出的光进入干涉仪时，被分裂为透射光 I 与反射光 II。I、II 两束光分别被动镜和定镜反射，两束光会合时，由于动镜的位置不同及所致的光程差异，产生干涉光束（包含各种波长的干涉信号）从干涉仪中输出。干涉光束进入样品区，光束中与样品特征相关波长的干涉光被选择性地吸收，最终在检测器上产生包含了样品红外吸收波长和强度特征的干涉信号。

在红外光谱中，在被吸收的光的波长或波束位置会出现吸收峰。某一波长的光被吸收得越多，透射率就越低，吸收峰就越强。当样品分子吸收很多种波长的光时，在测得的红外光谱中就会出现吸收峰。因为分子振动和转动所产生的能量变化也在红外范围内，这种能量上的匹配使得红外线能够与分子相互作用。在红外线的作用下，分子吸收或者发射红外线。红外线仪记录分子吸收或者发射的红外线，从而产生红外线谱图。

2. 红外光谱样品的制备和测试

红外光谱的优点是应用范围非常广泛。测试的对象可以是固体、液体或气体，单一组分或多组分混合物，各种有机物、无机物、聚合物、配位化合物，复合材料、木材、粮食、土壤、岩石等。

对不同的样品要采用不同的制样技术，对同一样品也可以采用不同的制样技术，但可能得到不同的光谱。所以要根据测试目的和要求选择合适的制样方法，才能得到准确可靠的测试数据。

针对固体样品，可采用压片法、糊状法、溶液法、薄膜法等进行样品制备。固体样品可以是以薄膜、粉末及结晶等状态存在的，制样方法要因样品而异。

1）压片法

最常用的压片法是取微量试样，加 100～200 倍的特殊处理过的 KBr 或 KCl 在研钵中研细，使粒度小于 2.5pm，放入压片机中使样品与 KBr 形成透明薄片。此法适用于可以研细的固体样品。但不稳定的化合物（如发生易分解、异构化、升华等变化的化合物）则不宜使用压片法。由于 KBr 易吸收水分，所以制样过程要尽量避免水分的影响。

2）糊状法

选用与样品折射率相近，出峰少且不干扰样品吸收谱带的液体混合后研磨成糊状，散射可以大大减小。通常选用的液体有石蜡油、六氯丁二烯和氟化煤油。研磨后的糊状物夹在两个窗片之间或转移到可拆液体池窗片上做测试。这些液体在某些区有红外吸收，可根据样品适当选择使用。此法适用于可以研细的固体样品。试样调制容易，但不能用于定量分析。

3）溶液法

溶液法是将固体样品溶解在溶剂中，然后注入液体池进行测定的方法。液体池有固定池、可拆池和其他特殊池（如微量池、加热池、低温池等）。液体池由框架、垫片、间隔片及红外透光窗片组成。红外透光窗片由多种材料制成，可以自行根据透红外光的波长范围、机械强度及对试样溶液的稳定性来选择使用。

4）薄膜法

某些材料难以用前面几种方法测试，也可以使用薄膜法。一些高分子膜常常可以直接用来测试，而更多的情况是要将样品制成膜。熔点低、对热稳定的样品可以放在窗片上用红外灯烤，使其受热成流动性液体加压成膜。不溶、难熔且难粉碎的固体可以用机械切片法成膜。

针对液体样品可采用溶液法和液膜法来进行制样。液膜法是在两个窗片之间，滴上 1~2 滴液体试样，使之形成一层薄的液膜，用于测定。此法操作方便，没有干扰，但是只适用于高沸点液体化合物，不能用于定量，所得谱图的吸收带不如溶液法尖锐。

气体样品一般使用气体池进行测定。气体池长度可以选择。用玻璃或金属制成的圆筒两端有两个透红外光的窗片。在圆筒两边装有两个活塞，作为气体的进出口。为了增加有效光路，还可以采用多重反射的长光路设计。

5.1.4　常见分子的红外光谱

1. 烷烃化合物基团

烷烃化合物的特征基团有—CH_3、—CH_2、—CH 和 C—C。

1）CH_3 振动

（1）饱和烃—CH_3 伸缩振动。

饱和烃—CH_3 伸缩振动分为反对称伸缩振动和对称伸缩振动。—CH_3 反对称振动频率总是比对称伸缩振动频率高。饱和烷烃链端基的—CH_3 反对称和对称伸缩振动频率分别为 $2960cm^{-1}$ 和 $2875cm^{-1}$ 左右。两者相差约 $80cm^{-1}$。

在长链烷烃化合物中，如果烷烃链排列有序，所有碳原子呈 Z 字构型，那么—CH_3 端基反对称和对称伸缩振动频率比排列无序状态分别低 $5cm^{-1}$ 左右，位于 $2955cm^{-1}$ 和 $2871cm^{-1}$。

当—CH_3 基团与其他原子或基团相连接时，—CH_3 反对称和对称伸缩频率升高还是降低取决于两个因素：诱导效应和超共轭效应。如果吸电子诱导效应大于超共轭效应，则频率降低；如果超共轭效应大于诱导效应，则频率升高；如果两者相当，则频率基本不变。

当—CH_3 基团与氧原子直接相连时，反对称和对称伸缩振动频率向低频位移。当—CH_3 基团和氧原子之间隔着一个原子时，反对称和对称伸缩振动频率向高频位移。当与双键或三键相连时，反对称和对称伸缩振动频率向高频位移。当—CH_3 基团与芳环相连时，反对称和对称伸缩振动频率向高频位移。

—CH_3 变角振动（也称为弯曲振动或变形振动）分为不对称变角振动和对称变角振动。不对称变角振动频率位于 $1460cm^{-1}$ 附近，对称变角振动频率位于 $1375cm^{-1}$ 附近。在长链烷烃中，—CH_3 不对称变角振动频率和—CH_2 变角振动频率接近，而且—CH_3 不对称变角振动频率总是比—CH_2 变角振动频率低一些。当分子中—CH_2 基团数目较多时，—CH_3 不对称变角振动吸收峰成为—CH_2 变角振动吸收峰的肩峰。

在通常的有机化合物中，—CH$_3$ 对称变角振动频率具有特征性，它很少受到其他振动频率的干扰，如果在 1380～1375cm^{-1} 出现吸收峰，说明化合物分子中肯定存在—CH$_3$ 基团。

当—CH$_3$ 基团与羰基相连时，其不对称和对称变角振动频率向低频位移。这种作用与—CH$_3$ 反对称和对称伸缩振动频率位移方向正好相反。一般来说，如果分子中—CH$_3$ 反对称和对称伸缩振动频率向高频位移，其不对称和对称变角振动频率会向低频位移。

当两个或三个—CH$_3$ 基团连接在同一个碳原子上时，—CH$_3$ 对称变角振动在有些化合物中会发生耦合作用，使谱带发生分裂。

（2）—CH$_3$ 摇摆振动。

—CH$_3$ 摇摆振动频率位于 1100～810cm^{-1}，属于弱吸收谱带。但在某些化合物中，—CH$_3$ 摇摆振动出现强或较强吸收谱带时出现两个吸收峰，如四甲基氯化铵的—CH$_3$ 摇摆振动的两个吸收峰位于 960cm^{-1} 和 951cm^{-1}。某些化合物—CH$_3$ 摇摆振动出现弱吸收时，拉曼诸带却很强。

由于—CH$_3$ 摇摆振动吸收峰很弱，容易被这个区间出现的其他谱带所掩盖，当—CH$_3$ 摇摆振动出现弱吸收时，这个吸收峰无实用价值。只有在这个区间没有出现其他吸收峰的情况下，才能辨别出—CH$_3$ 摇摆振动吸收峰。

2）—CH$_2$ 振动

饱和烃—CH$_2$ 反对称和对称伸缩振动频率总是比—CH$_3$ 振动频率低。饱和烃—CH$_2$ 反对称和对称伸缩振动频率分别位于 2925cm^{-1} 和 2855cm^{-1} 左右，两者相差 70cm^{-1}。

在长链烷烃化合物中，如果烷烃链排列有序，所有碳原子呈 Z 字构型，那么—CH$_3$ 端基反对称和对称伸缩振动频率比排列无序状态分别低 7cm^{-1} 和 5cm^{-1}，位于 2918cm^{-1} 和 2850cm^{-1}。

当—CH$_2$ 基团与电负性大的原子（Cl、O 等）直接相连时，反对称和对称伸缩振动频率向高频位移。在环状化合物中。随着环张力增加，CH$_2$ 伸缩振动频率逐渐向高频位移。

（1）—CH$_2$ 变角振动。—CH$_2$ 变角振动亦称为剪切振动或弯曲振动。在烷烃中，—CH$_2$ 的变角振动频率通常位于 1465cm^{-1} 附近，而—CH$_3$ 的非对称变角振动频率约为 1460cm^{-1}，二者相距甚近且不发生耦合作用。这两个谱带常常重叠，当分子中—CH$_2$ 基团的数量多于—CH$_3$ 基团时，—CH$_3$ 谱带成为—CH$_2$ 谱带的肩峰。反之亦然。有些长链烷基—CH$_2$ 变角振动出现双峰，位于 1472cm^{-1} 和 1463cm^{-1}。

（2）—CH$_2$ 面内摇摆振动。长链烷基—CH$_2$ 面内摇摆振动吸收较弱，但非常具有特征性，且非常稳定，位于（720±4）cm^{-1}。有些长链烷基结晶态化合物—CH$_2$ 面内摇摆振动分裂为双峰，位于 730cm^{-1} 和 720cm^{-1}。

3）—CH 振动

烷烃—CH 伸缩振动频率应该位于—CH$_2$ 反对称和对称伸缩振动频率之间，约为 2890cm^{-1}。

在烷烃化合物分子中，通常—CH 基团数目很少，当—CH$_3$ 和—CH$_2$ 基团数目远多于—CH 基团时，—CH 伸缩谱带常被—CH$_3$ 和—CH$_2$ 伸缩振动谱带所掩盖，因此实用价值很小。当—CH 基团数目较多时，—CH 伸缩振动谱带就很明显了。当分子中—CH$_3$ 和

—CH$_2$ 基团数目很少时，—CH 伸缩振动谱带还是比较强的，当分子中只有—CH 和—CH$_2$ 基团时，—CH 伸缩振动谱带比较明显。

4）C—C 振动

直链烷烃的 C—C 伸缩振动频率在 1100～1020cm^{-1}，红外谱带和拉曼谱带通常都非常弱，没有特征性。体系中如果存在超共轭效应，会使 C—C 伸缩振动谱带增强。当 C—C 基团的一个 C 原子与电负性很强的 Cl 原子相连时，吸电子效应会使 C—C 之间的电子云密度发生变化，使 C—C 伸缩振动频率向低频位移，而且吸收强度增强。

当 C—C 基团两边连接两个双键时，共轭效应使 C—C 键级增强，C—C 伸缩振动频率向高频位移至 1300cm^{-1} 左右，吸收强度很强，有时分裂为双峰。

2. 烯烃化合物基团

烯烃化合物的特征基团有═CH$_2$、═CH 和 C═C。特征振动模式有：═CH$_2$ 伸缩振动、═CH$_2$ 变角振动、═CH$_2$ 面外摇摆振动、═CH$_2$ 扭曲振动、═CH 伸缩振动、═CH 面内弯曲振动和═CH 面外弯曲振动。═CH$_2$ 伸缩振动和═CH 伸缩振动频率为 3100～3000cm^{-1}。

1）═CH$_2$ 振动

（1）═CH$_2$ 伸缩振动。烯烃末端双键上的═CH$_2$ 反对称伸缩振动频率位于 3080cm^{-1} 左右，对称伸缩振动频率位于 3000cm^{-1} 左右。

（2）═CH$_2$ 变角振动。烯烃端基上的═CH$_2$ 变角振动频率位于 1420～1400cm^{-1}，吸收强度弱，比烷烃 CH$_2$ 变角振动频率低。═CH$_2$ 变角振动频率受碳氢弯曲振动谱带的干扰，应用价值不大。

（3）═CH$_2$ 面外摇摆振动。烯烃═CH$_2$ 面外摇摆振动频率位于 1000～900cm^{-1}。

（4）═CH$_2$ 扭曲振动。烯烃═CH$_2$ 扭曲振动频率位于 1040～990cm^{-1}，吸收强度通常很强。

2）═CH 振动

（1）═CH 伸缩振动。烯烃双键上的═CH 伸缩振动频率应该位于═CH$_2$ 反对称和对称伸缩振动频率中间，即位于 3040cm^{-1} 左右，吸收强度很弱。

（2）═CH 面内弯曲振动。烯烃双键上的═CH 面内弯曲振动位于 1300cm^{-1} 左右，强度很弱，无实用价值，但在一些烯烃化合物中，这个谱带却很强，如乙烯基乙醚。烷基型烯烃 R$_1$HC═CHR$_2$ 中═CH 面内弯曲振动频率也位于 1300cm^{-1} 左右。

（3）═CH 面外弯曲振动。烷基型烯烃 R$_1$HC═CHR$_2$ 的中反式构型═CH 面外弯曲振动谱带比较强，位于 965cm^{-1} 左右。烷基被其他基团取代后，谱带强度和位置变化较大。顺势构型═CH 面外弯曲振动谱带也很强，位于 700cm^{-1} 左右。

3）C═C 伸缩振动

烯烃 C═C 伸缩振动频率在 1700～1610cm^{-1}。

烯烃 C═C 伸缩振动频率应该比 C═O 伸缩振动频率低一些，对于 C═C 双键中心对称分子，C═C 伸缩振动时偶极矩变化非常小，红外吸收非常弱。

在 C═C 单取代化合物中，取代基的吸电子或推电子效应，使双键 C═C 两个 C 原子之间电子云密度偏向一侧，伸缩振动力常数减少，吸收频率向低频位移。取代基吸电子或推电子的能力越强，C═C 伸缩振动频率向低频位移越多。

在 C═C 双取代或三取代化合物中，C═C 伸缩振动频率进一步向低频位移，而且吸收强度增强。

脂肪环上只有一个 C═C 双键时，环张力使 C═C 双键伸缩振动频率向高频移动。

脂肪环上 C═C 双键与相连的 O 原子形成 π-p 共轭时，C═C 双键伸缩振动频率向低频位移。

脂肪族化合物中当 C═C 双键与另一个 C═C 双键共轭时，由于共轭效应降低了双键振动力常数，吸收向低频位移。由于两个 C═C 伸缩振动的耦合，谱带发生分裂，位于 $1680 \sim 1610 \mathrm{cm}^{-1}$。

环状化合物 C═C 双键与另一个 C═C 双键共轭时，耦合作用使分裂的高频谱带升高至 $1700 \mathrm{cm}^{-1}$ 左右。

芳香族化合物中芳环与 C═C 双键相连时，也会发生共轭作用，使 C═C 伸缩振动向低频位移。

在四氯乙烯分子中，由于 C═C 双键与 4 个 Cl 原子的 p 轨道孤对电子形成 p-π 共轭，使 C═C 伸缩振动频率向低频位移至 $1574 \mathrm{cm}^{-1}$。

3. 炔烃化合物基团

炔烃化合物的特征基团只有 ≡CH 和 C≡C。

炔类 ≡CH 伸缩振动频率位于 $3300 \mathrm{cm}^{-1}$ 左右，强度高，形状尖锐，非常明显。

在炔类 C≡C 双取代化合物中，如果两侧取代基团完全相同，C≡C 伸缩振动时偶极矩没有发生变化，这种振动是拉曼活性的而非红外活性的。不出现红外吸收谱带，只出现很强的拉曼谱带，拉曼谱带位于 $2280 \sim 2210 \mathrm{cm}^{-1}$。

在两侧取代基团不相同的化合物中，或在单取代化合物中，由于分子的对称性降低，C≡C 伸缩振动时偶极矩发生变化，但偶极矩变化很小，红外吸收较弱，拉曼谱带很强。分子的不对称性使两个 C 原子之间电子云密度发生变化，伸缩振动力常数减少，吸收频率向低频位移。位移程度取决于取代基吸电子或推电子的能力。

4. 醇类

醇类化合物的特征基团振动模式有：O—H 伸缩振动、C—OH 伸缩振动、C—O—H 面内弯曲振动和 C—O—H 面外弯曲振动。

1）O—H 伸缩振动

醇羟基的 R—O—H 和 O—H 伸缩振动频率位于 $3400 \sim 3330 \mathrm{cm}^{-1}$，比液体水的伸缩振动频率要低一些。由于醇分子中的 O—H 基团能形成分子间氢键，所以醇的伸缩振动频率是一个宽化了的宽谱带，但它的宽度比液体水的伸缩振动谱带的宽度要窄一些。

2）C—OH 伸缩振动

由于 O 原子的质量和 C 原子的质量差不多，在醇分子中的 C—OH 伸缩振动力常数和烷烃 C—C 伸缩振动力常数也相差不大，所以 C—OH 伸缩振动频率和 C—C 伸缩振动频率几乎相同。直链烷烃的 C—C 伸缩振动频率位于 $1100\sim1020cm^{-1}$，与烷基相连的 C—OH 伸缩振动频率位于 $1100\sim1000cm^{-1}$。C—C 伸缩振动时偶极矩几乎没有变化，吸收强度非常弱，谱带没有特征性，C—OH 伸缩振动时偶极矩变化比 C—C 伸缩振动时大得多，故 C—OH 伸缩振动吸收强度很高，具有明显的特征性。

某些醇类由于存在旋转异构体，在 $1100\sim1000cm^{-1}$ 出现 2～4 个谱带。如乙醇出现两个谱带，分别位于 $1090cm^{-1}$ 和 $1050cm^{-1}$。

3）C—O—H 弯曲振动

C—O—H 面内变角振动主要是 O—H 键的变角振动。C—O—H 面内弯曲振动谱带位于 $1430\sim1400cm^{-1}$，谱带强度很弱。在短链烷基醇中，这个谱带很明显。但在长链烷基醇中，由于受到 CH_3 和 CH_2 弯曲振动谱带的掩盖，这个谱带基本上观测不出来。

醇的 C—O—H 面外弯曲振动频率位于 $680\sim620cm^{-1}$，是一个宽谱带，吸收强度较弱，但特征很明显。乙醇、异丙醇的 C—O—H 面外弯曲振动频率分别位于 $663cm^{-1}$ 和 $657cm^{-1}$。

5. 酮类化合物基团

酮类化合物分为饱和脂肪酮和芳香酮。酮类化合物的羰基 C＝O 伸缩振动是特征吸收峰。此外，与 C＝O 相连的 C—C 伸缩振动吸收峰也是特征吸收峰。

酮的有关振动如下。

酮羰基 C＝O 伸缩振动频率位于 $1750\sim1650cm^{-1}$。

饱和脂肪酮 C＝O 伸缩振动频率位于 $1720\sim1710cm^{-1}$，饱和脂肪酮由于烷基的推电子效应，使 C＝O 之间电子云密度进一步靠近 O 原子，导致 C＝O 伸缩振动力常数减少。饱和脂肪酮 C＝O 伸缩振动频率约比饱和脂肪醛 C—O 伸缩振动频率低 $10cm^{-1}$。

酮羰基 α-碳原子上连接吸电子基团时，由于诱导效应使酮的 C＝O 伸缩振动频率向高频方向位移。

饱和脂肪酮羰基 C＝O 与甲基相连时，由于甲基与羰基能形成 α-π 超共轭效应，甲基和羰基的伸缩振动频率提高，吸收振动强度增大，在 $1220\sim1170cm^{-1}$ 出现一个很强的 C—C 伸缩振动吸收峰。这个吸收峰在丙酮丁酮和氯丙酮的光谱中分别出现在 $1222cm^{-1}$ 和 $1172cm^{-1}$。

芳香酮由于芳环与酮羰基共轭，使芳香酮的 C＝O 伸缩振动频率向低频移动。芳香酮的芳环与 C＝O 共轭，使芳环与 C＝O 之间的 C—C 键电子云密度增加，C—C 伸缩振动频率提高，伸缩强度增加，这个吸收峰出现在 $1280\sim1220cm^{-1}$。

6. 醛类化合物基团

醛类化合物的特征基团只有—CHO。—CHO 基团的振动方式有：C＝O 伸缩振动、C—H 伸缩振动、C—H 面内弯曲振动和 C—H 面外弯曲振动。芳香醛还存在芳环与醛基之间的 C—C 伸缩振动。

1）醛羰基 C＝O 伸缩振动

饱和脂肪醛醛羰基 C＝O 伸缩振动频率位于 $1730\sim1720cm^{-1}$。饱和脂肪醛比饱和脂肪酮 C＝O 伸缩振动频率约高 $10cm^{-1}$，这是因为醛羰基比酮羰基少连接一个推电子的烷基,所以醛羰基 C=O 上的电子云密度比酮羰基 C=O 上的电子云密度大,即醛羰基 C=O 伸缩振动力常数比酮羰基大。

芳香醛由于芳环与醛羰基共轭,使醛羰基上电子云密度降低,芳香醛的 C=O 伸缩振动频率向低频位移至 1710~1630cm^{-1}。

苯环上有羟基时能与醛羰基生成分子内或分子间氢键,使醛羰基振动频率进一步降低。

2)醛基—CHO 中的 C—H 伸缩振动

醛基—CHO 中的 C—H 伸缩振动频率约在 2800cm^{-1},比烷基中的 C—H 伸缩振动频率约低 100cm^{-1}。这是因为醛基的 C—H 与电负性大的 O 原子相连接,O 原子的吸电子效应使 C—H 之间的电子云密度更加靠近 C 原子,降低了 C—H 的键级,因而醛基的 C—H 伸缩振动频率向低频位移。

醛基—CHO 中的 C—H 伸缩振动频率和 C—H 面内弯曲振动(约 1400cm^{-1})倍频之间发生费米共振。脂肪醛和芳香醛通常在 2840~2720cm^{-1} 产生两个弱的吸收峰,具有高度特征性,在鉴定醛类化合物时特别有用。

3)—CHO 中的 C—H 面内弯曲振动

醛基—CHO 中的 C—H 面内弯曲振动频率位于 1410~1390cm^{-1}。脂肪族醛基的 C—H 面内弯曲振动谱带受碳氢弯曲振动谱带的干扰,芳香族醛基的 C—H 面内弯曲振动谱带受芳环骨架振动谱带的干扰,无实用价值。

7. 羧酸类化合物基团

羧酸类化合物的特征基团为—COOH。特征振动模式有:羰基 C=O 伸缩振动、O—H 伸缩振动、C—OH 伸缩振动、C—O—H 面内弯曲振动和 C—O—H 面外弯曲振动。

1)羰基 C=O 伸缩振动

羰基 C=O 伸缩振动频率位于 1760~1660cm^{-1}。

羧酸分子中存在羟基—OH 基团,这个基团与另一个分子羰基中的 O 原子生成很强的分子间氢键,使体系的能量降低。在不存在位阻的情况下,羧酸在固体、液体和气体状态都以二聚体形式存在。脂肪族羧酸都以二聚体形式存在,羰基 C=O 伸缩振动频率位于 1710~1700cm^{-1}。在非极性稀溶液中,脂肪族羧酸大多数分子仍以二聚体形式存在,只有极少数分子以单体形式存在。以单体形式存在时,脂肪族羧酸羰基 C=O 伸缩振动频率位于 1760cm^{-1}。当分子中存在多个羧基时,生成二聚体的羧基,其 C=O 伸缩振动频率位于 1700cm^{-1} 左右,其他羧基的 C=O 伸缩振动频率位于 1750cm^{-1} 左右。其他类型羧酸的 C=O 伸缩振动频率位于 1750~1710cm^{-1}。

单体羧酸羰基伸缩振动频率比醛和酮羰基伸缩振动频率高 40cm^{-1} 左右,这是由于羧酸的羟基—OH 直接与羰基的 C 原子相连,—OH 的 O 原子有吸电子作用,这是诱导效应。另外,—OH 的 O 上的孤对电子与羰基的 π 电子有共轭效应,但与共轭效应相比,诱导效应是主要的。诱导效应使 C—O 之间原来靠近 O 原子的电子云密度向 C 原子方向移动,导致 C=O 之间的电子云密度增大,C=O 伸缩振动力常数增加。

二聚体羧酸比单体羧酸羰基伸缩振动频率低 60cm^{-1} 左右,这是因为分子间氢键使 C=O 之间的电子云密度向 O 原子方向移动,导致 C=O 之间的电子云密度降低,力常数减少。

当羧基与双键或苯环相连时，C=O 伸缩振动频率位于 1690～1645cm^{-1}。羧基中的羰基与双键或苯环发生共轭，使 C=O 伸缩振动频率向低频位移。如果分子中的羧基既有共轭作用，又有分子内氢键，C=O 伸缩振动频率还会降得更低。

当羧酸 α-碳原子上连接吸电子基团时，诱导效应使 C=O 伸缩振动频率向高频位移。

2）羧基—COOH 的 O—H 伸缩振动

化合物分子中或分子间的 O—H 基团形成的氢键作用力越强，O—H 伸缩振动向低频位移越多，吸收谱带越弥散。羧酸是个典型的例子，在固态、液态和气态下，羧酸都是以二聚体形式存在的，即使是在极稀的溶液中，羧酸仍以二聚体形式存在。羧酸羧基形成二聚体的氢键作用力非常强，使 O—H 伸缩振动变成弥散的宽谱带，在 3200～2400cm^{-1} 出现一个馒头峰，在馒头峰上出现许多小的吸收峰。

3）羧基—COOH 的 C—OH 伸缩振动

长链脂肪族羧酸羧基上的—OH 和羰基的 C 原子直接相连，O 原子轨道上的孤对电子与 C=O 上的 π 电子形成 p-π 共轭，使 C—OH 之间的电子云密度增大，C—OH 伸缩振动力常数增加，所以羧酸的 C—OH 伸缩振动频率比醇的 C—OH 伸缩振动频率高，位于 1310～1250cm^{-1}，这个谱带具有很强的特征性。长链脂肪族二聚羧酸和芳香族二聚羧酸的 C—OH 伸缩振动频率都位于 1300cm^{-1} 左右，强度中等。其他类型羧酸不出现这个谱带。

4）羧基—COOH 的 C—O—H 面内弯曲振动

羧酸的 C—O—H 面内弯曲振动频率位于 1430～1400cm^{-1}，吸收强度很弱，与醇的 C—O—H 面内弯曲振动频率完全相同。由于脂肪族羧酸 C—O—H 面内弯曲振动频率位于 CH$_3$ 和 CH$_2$ 弯曲振动区，易受这些基团弯曲振动谱带的干扰，有时与这些谱带重叠在一起，成为碳氢弯曲振动的肩峰，应用价值不大。

5）羧基—COOH 的 C—O—H 面外弯曲振动

长链羧酸二聚体和芳香族羧酸二聚体 C—O—H 面外弯曲振动频率位于 950～900cm^{-1}，吸收峰较宽，强度中等，是一个特征谱带。其他类型羧酸化合物在 950～900cm^{-1} 不出现 C—O—H 面外弯曲振动吸收峰。

5.1.5　案例分析

如图 5-8 所示，为了确认 EDOT 单体已聚合为 PEDOT，可以采用傅里叶变换红外光谱（FTIR）比较 PEDOT、EDOT 单体和 PH1000 的官能团。EDOT 光谱中，1364cm^{-1} 和 1481cm^{-1} 附近的吸收带可以归属为 C—C 和 C=C 键。在 PEDOT 和 PH1000 中，它们移动到 1385cm^{-1} 和 1400cm^{-1}，这意味着共轭结构发生了变化。此外，在 EDOT 光谱中发现=C—H 面内和面外振动在 746cm^{-1}、889cm^{-1} 和 1182cm^{-1} 附近的吸收带。然而，它们存在于 PEDOT 和 PH1000 区域，表明成功的聚合是由于 α-α 偶联形成的。此外，在 PEDOT 中观察到—SO$_3^-$ 的特征峰，表明 MSA 可能作为抗衡离子存在于 PEDOT 膜中。除了所有这些变化，在 PEDOT 中还可以发现一些与单体结构有关的峰。例如，乙二氧基中 C—O—C 伸缩振动的吸收带出现在 1051cm^{-1} 的光谱上。在 676cm^{-1} 处可以观察到噻吩环中 C—S 的振动模式。这些匹配的峰表明，PEDOT 的单体单元仍为 EDOT。

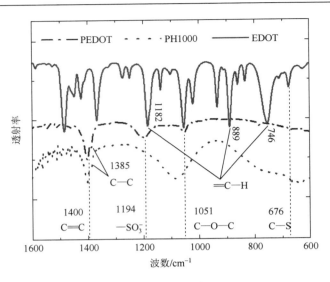

图 5-8　案例分析

5.2　拉曼光谱

20 世纪 30 年代末，拉曼光谱是研究分子结构的主要手段。如表 5-1 所示，虽然拉曼光谱产生的机理和红外光谱不同，属于散射光谱，但是拉曼光谱的散射峰所提供的信息也是与分子振动能级跃迁有关的，拉曼光谱和红外光谱都属于分子振动光谱，而且两者提供的结构信息有时候是互补的。拉曼光谱不如红外光谱常用，但是对于有机官能团的鉴定和结构分析是一个很好的补充。

表 5-1　拉曼光谱和红外光谱比较

比较项目	拉曼光谱	红外光谱
相同点	给定基团的红外吸收波数与拉曼位移完全相同，两者均在红外光区，都反映分子的结构信息	
产生机理	电子云分布瞬间极化产生诱导偶极	振动引起偶极矩或电荷分布
入射光	可见光	红外光
检测光	可见光的散射	可见光的吸收
谱带范围	$40\sim4000cm^{-1}$	$400\sim4000cm^{-1}$
样品测试装置	玻璃毛细管做样品池	不能用玻璃仪器
制样	固体样品可以直接测	需要研磨成溴化钾片
互相关系	拉曼位移相当于红外吸收频率，红外中能得到的信息在拉曼中也会出现，两者为互补关系	
信号	非极性基团谱带强烈（S—S、C—C、N—N）	极性基团谱带强烈（C＝O、C—Cl）
检测定位	容易表征碳链振动	较容易测定链上的取代基

5.2.1　拉曼光谱原理和分析基础

1. 基本原理

拉曼光谱的原理简单地说，就是光照射到分子后散射光的频率发生了变化的现象。当采用一束频率为 V_0 的单色光照射样品分子时，分子会与单色光发生相互作用，如吸收、反射、透射、散射等。在发生散射的光中，绝大多数是只有方向改变了，而频率没有发生变化，相当于发生了弹性碰撞，这种情况称为瑞利散射；还有极少数散射光不仅方向发生了改变，频率也变了，散射后产生 $V_0 \pm \Delta V$ 的散射光，相当于发生了非弹性碰撞，吸收或放出了一部分能量，这种情况称为拉曼散射。吸收或放出的这部分能量为 $h\Delta v$，刚好等于分子发生振动能级跃迁所需的能量 ΔE。

入射光与分子发生非弹性碰撞时，分子吸收频率为 V_0 的光子，跃迁到一个受激虚态，这个受激虚态是一个不稳定的高能量状态，分子会发射出一定频率的光子回到低能态。如果分子发射出 $V_0 - \Delta V$ 的光子，则分子吸收了部分能量，总的结果相当于从基态跃迁到振动激发态，产生的谱线称为斯托克斯线；如果分子发射的是 $V_0 + \Delta V$ 的光子，则分子放出了部分能量，总的结果相当于从振动激发态跃迁回到基态，产生的谱线称为反斯托克斯线。在通常情况下，分子绝大多数处于振动能级基态，所以斯托克斯线一般比反斯托克斯线要强。

一幅完整的拉曼光谱图包括以下几个部分（图 5-9）。

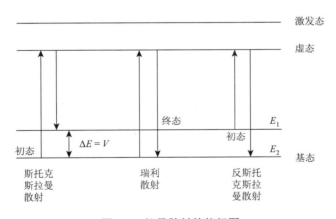

图 5-9　拉曼散射的能级图

（1）瑞利散射峰（一般具有很高的强度，与激发线具有相同的波长）。

（2）一系列斯托克斯位移峰（具有低的强度，更长的波长）。

（3）一系列反斯托克斯位移峰（仍然是很低的强度，更短的波长）。

拉曼光谱的横坐标代表拉曼位移为正数的区间，单位为波数（cm^{-1}）；纵坐标为拉曼强度，可以用任意单位表示。拉曼位移大于零的是斯托克斯线，为负数的是反斯托克斯线，由于斯托克斯线与反斯托克斯线完全对称地分布在瑞利线的两侧，因此一般只记录斯托克斯线。

振动的能量与分子的结构以及周围的环境紧密相关，振动能量可以用振动力常数表示，原子质量、键长、分子的取代基、分子的对称性以及氢键等所有因素都可能影响振动力常数。人们比较关心如何估算或者测量出力常数，对于一些小分子，甚至对于一些外延的结构（如肽键），利用一些商业化的软件已经可以对其振动频率进行准确估算。

拉曼光谱并不是仅仅局限于研究分子内的振动，一些晶格以及固体的振动同样具有拉曼活性。在某些领域，如高分子或者半导体领域，它们的拉曼光谱都是非常重要的。在气相样品中，转动和振动共存，一般由此产生的振动/旋转光谱被广泛用于研究燃烧和气相反应。振动拉曼光谱涉及的范围广泛，涵盖了多学科的探测，包含了从物理、生物、化学到材料科学等多学科交叉。

2. 拉曼光谱与红外光谱图的关系

从产生光谱的机理来看，拉曼光谱是分子对激发光的散射，红外光谱是分子对红外光的吸收，但两者都是研究分子振动的重要手段，同属于分子光谱。分子的非对称性振动和极性基团的振动一般都会引起分子偶极矩的变化。故这类振动是红外活性的。如 C—O、C—H、N—H 和 O—H 等，在红外光谱上出现吸收峰。相反，分子对称骨架振动在红外光谱上几乎看不到吸收峰。分子对称性振动和非极性基团的振动，如 C—C、S—S、N—N 等，均可以从拉曼光谱得到丰富的信息。可见，拉曼光谱和红外光谱是互相补充的。

对任何分子可用下面的规则来粗略地判断其拉曼或红外是否具有活性。

（1）相互排斥规则。凡具有对称中心的分子，若其分子振动是拉曼活性的，则其红外吸收就是非活性的。反之，若红外吸收是活性的，则拉曼散射是非活性的。

（2）相互允许规则。凡是没有对称中心的分子，其红外和拉曼光谱都是活性的（除去些罕见的点群和氧的分子）。

（3）相互禁阻规则。对于少数分子的振动，其红外和拉曼光谱都是非活性的。

需要指出的是，拉曼光谱与红外光谱相类似，解析时除考虑基团的特征频率外，还要考虑谱带的形状和强度，以及因化学环境的变化而引起的改变。综合以上各个方面，才能对光谱作出正确的认识。

在拉曼光谱中，官能团谱带的波数与其在红外光谱中出现的波数基本一致。不同的是两者的选择规则有所不同，在红外光谱中甚至不出现的振动在拉曼光谱中可能是强谱带。

3. 拉曼图的特点

（1）对称振动和准对称振动产生的拉曼谱带强度高，如 S—S、C—C、N—C、C=C 的对称取代物的拉曼谱带都较强。从单键、双键到三键，拉曼谱带依次增强，这是因为键数增加，可变形的电子数也相应增加。

（2）C=N、C—S、S—H 伸缩振动在红外光谱中强度很弱，但在拉曼光谱中都是强谱带。

（3）环状化合物中，构成环状骨架的所有键同时伸缩，这种对称振动通常是拉曼光谱的最强谱带。

（4）连双键如 C—N—C 和 O—C—O 对称伸缩振动在拉曼光谱中是强谱带，但在红外光谱中是弱谱带；相反，反对称伸缩振动在拉曼光谱中为弱谱带，在红外光谱中却是强谱带。

（5）有机化合物中经常出现 C—C 单键，其伸缩振动是拉曼强谱带。

（6）醇类和烷烃的拉曼光谱类似，原因如下：①C—O 的力常数或键强度同 C—C 差别不大；②OH 的与 CH₃ 的原子量只差 2；③OH 的拉曼谱带同 C—H 和 N—H 谱带相比较弱。

5.2.2　拉曼光谱仪器介绍

现代拉曼光谱仪器一般由以下六个部分组成（图 5-10）：①单色光源，通常是氩离子或氪离子激光器；②外光路，光色散单色器；③样品池或样品容器；④光色散单色器；⑤光子检测器，常为光电倍增管和多通道检测器；⑥计算机，进行仪器控制、数据收集、操作和分析。

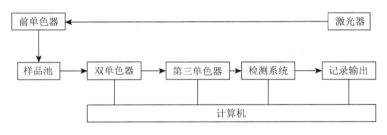

图 5-10　拉曼光谱仪组成框图

1. 激发光源

激发光源是拉曼光谱仪器的关键部件。激光是原子或分子受激辐射产生的，与普通光源相比，具有单色性好（发射频率宽度小）、方向性好（平行光、发射角度小）、功率大等优点，可以满足拉曼光谱分析的要求。激光器提供的激发波长可以处于紫外、可见到近红外光区。最常用的激发光源有 He-Ne 激光器、Ar⁺激光器等。

2. 外光路系统和样品装置

激光器之后到单色器之前为外光路系统和试样装置，作用是使不同状态（固、液或气态）和测试条件（高温、低温）下的样品均能得到最有效的照射，并最大限度地收集散射光。激光器出来的光一般先通过透镜聚焦后照射到样品上，以获得有效照射。拉曼检测的是散射光，所以检测光与入射光可以不在同一直线上，这是拉曼光谱仪与紫外、红外等光谱明显不同的一点。

3. 单色器

单色器将拉曼散射光分光并减弱瑞利散射等杂散光。一般采用光栅分光，常用的是双光栅和三光栅的联用单色器。通过单色器后杂散光可以降低至峰强度的 10^{-11} 以下。如果用迈克尔逊干涉仪代替单色器，就是傅里叶变换激光拉曼光谱仪。

4. 检测记录系统

拉曼光谱仪的检测器一般采用光电倍增管。用不同波长的激发光，散射光在不同的光谱区，要选用合适的光谱响应的光电倍增管。当输出电流大于 $10^{-9}A$ 时采用直流放大器，如小于 $10^{-10}A$ 则采用光子计数器。得到的信号以拉曼位移为横坐标（以波数、波长表示），以散射强度为纵坐标（可以任何单位表示），记录下来就得到拉曼光谱图。

5.2.3 拉曼光谱的应用

激光拉曼光谱的应用主要表现在对无机化合物、有机化合物、高分子材料、生物大分子和各种纳米材料的结构分析上。然而，拉曼光谱仪研究高分子样品的最大缺点是荧光散射，它与样品的杂质有关。但采用傅里叶变换拉曼光谱仪可克服这一缺点。

对于无机化合物的分析，拉曼光谱优于红外光谱，无须复杂的样品制备，就能得到无机物的有效光谱。特别是对于无机物的晶型转化监测、金属有机配合物的表征、无机酸离解反应研究等，拉曼光谱都具有明显优势。拉曼光谱在有机化合物的分析中主要是与红外光谱结合做结构鉴定，拉曼光谱适合于化合物的骨架分析，红外光谱适合于基团结构分析，两者提供的信息是互补的。拉曼光谱可以提供关于碳链和环骨架的结构信息，所以在聚合物的研究和工业生产中也常用到。生物大分子的红外光谱研究受到水的强烈干扰，拉曼光谱受水的影响非常小，可以在接近自然和活性的状态下研究生物大分子的结构与变化，为避免生物体系强的荧光背景干扰，常采用近红外的激发光源，如采用拉曼光谱研究蛋白质的二级结构、DNA 与药物的相互作用以及模拟生物过程研究等。拉曼光谱近年来也被用于各种新型碳纳米材料的分析中，如碳纳米管、富勒烯、金刚石碳纳米复合材料等。另外，基于 SERS 的超灵敏表面界面分析和生物分析也成为拉曼光谱研究中最活跃的一个领域。

5.2.4 案例分析

图 5-11 是 PEDOT 和 PH1000 在 400～2000cm^{-1} 的波数范围内的拉曼光谱。

如图 5-11 所示，PEDOT 的光谱与 PH1000 光谱非常匹配，表明它们几乎是相同的聚合物。更具体地说，在 438cm^{-1}、575cm^{-1} 和 988cm^{-1} 处的峰与氧化乙烯环的变形有关。696cm^{-1}、853cm^{-1} 和 1103cm^{-1} 处的峰与对称的 C—S—C 和 C—O—C 伸缩振动有关。在 1262cm^{-1}、1364cm^{-1} 和 1427cm^{-1}（PH1000 中为 1441cm^{-1}）处的谱带分别对应于 C_α—C_α，C_β—C_β 和对称的 C_α＝C_β 伸缩振动。这些特征性的共振峰反映了 PEDOT 链的结构。

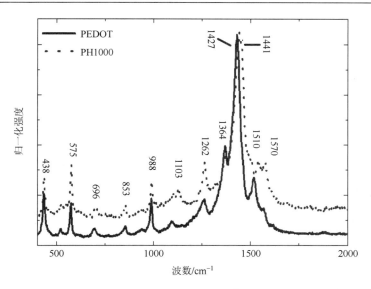

图 5-11　PEDOT 和 PH1000 在 400~2000cm^{-1} 的波数范围内的拉曼光谱

习　　题

5-1　红外光谱是如何产生的？

5-2　分子振动的类型有哪些？

5-3　影响红外光谱峰强度和峰数的因素有哪些？

5-4　什么是拉曼散射、斯托克斯线和反斯托克斯线？什么是拉曼位移？

5-5　拉曼光谱法与红外光谱法相比，在结构分析中的特点是什么？

5-6　拉曼光谱与红外光谱图有何异同？

参 考 文 献

[1]　翁诗甫，徐怡庄. 傅里叶变换红外光谱分析. 3 版. 北京：化学工业出版社，2016.

[2]　孙延一，许旭. 仪器分析. 2 版. 武汉：华中科技大学出版社，2019.

[3]　孙凤霞. 仪器分析. 北京：化学工业出版社，2011.

[4]　孟令芝，龚淑玲，何永炳. 有机波谱分析. 3 版. 武汉：武汉大学出版社，2009.

[5]　胡琴，陈建平. 分析化学. 武汉：华中科技大学出版社，2020.

[6]　吴国祯. 拉曼谱学：峰强中的信息. 3 版. 北京：科学出版社，2014.

[7]　王元兰. 仪器分析. 北京：化学工业出版社，2014.

[8]　董慧茹. 仪器分析. 3 版. 北京：化学工业出版社，2016.

[9]　Chen R，Sun K，Zhang Q，et al. Sequential solution polymerization of poly(3, 4-ethylenedioxythiophene) using V_2O_5 as oxidant for flexible touch sensors. iScience，2019，12：66-75.

第6章　核磁共振波谱法

本章主要介绍核磁共振波谱法（nuclear magnetic resonance spectroscopy，简称 NMR spectroscopy 或 NMR），即将自旋核放入磁场中，用适宜频率的电磁波照射，原子核吸收特定能量后，发生能级间的跃迁，同时产生核磁共振信号。NMR 具有精密、准确、探入物质内部而不破坏被测样品的特点，因而极大地弥补了其他结构测试方法的不足。常用的核磁共振波谱有两种：核磁共振氢谱（^{1}H-NMR）和核磁共振碳谱（^{13}C-NMR），测定对象分别为氢原子核和碳原子核。NMR 是对各种有机和无机物的成分、结构进行定性分析的最强有力工具之一，有时亦可进行定量分析。从连续波核磁共振波谱发展为脉冲傅里叶变换波谱，从传统一维谱到多维谱，技术不断发展，应用领域也越广泛。

6.1　核磁共振基本原理

6.1.1　原子核的自旋

核磁共振主要是由原子核的自旋运动引起的。

原子核基本上是由质子和中子构成的，质子和中子都有自旋运动和轨道运动，两者的自旋量子数都为 1/2，核内所有质子和中子的自旋及轨道角动量的矢量和就是原子核角动量，习惯称为原子核的自旋[1]，以 P 来表示：

$$P = \sqrt{I(I+1)}\hbar \tag{6-1}$$

其中，I 为自旋量子数；$\hbar$ 为约化普朗克常数。

原子核的自旋量子数与质量数和原子序数存在一定的关系，如表 6-1 所示。

I 为 0 的原子核没有自旋现象，如 ^{12}C，^{16}O，^{32}S；I 为 1/2 的原子核可看作电荷分布均匀的自旋球体，如 ^{1}H，^{13}C，^{15}N，^{31}P；I 大于 1/2 的原子核可看作电荷分布不均匀的自旋椭圆体，如 ^{17}O。

表 6-1　原子核的自旋量子数与质量数和原子序数的关系

分类	质量数	原子序数	自旋量子数 I	自旋电荷分布	NMR 信号
I	偶数	偶数	0	非自旋球体	无
II	偶数	奇数	1, 2, …（I 为整数）	自旋球体	有
III	奇数	奇数或偶数	$\frac{1}{2}$, $\frac{3}{2}$, …（I 为半整数）	自旋椭圆体	有

6.1.2　自旋核在外磁场中的行为

原子核是带正电荷的粒子，自旋的核会有循环的电流，从而产生磁场，形成磁矩 μ。

$$\mu = \gamma P \tag{6-2}$$

式中，P 为角动量矩；γ 为磁旋比，是自旋核的磁矩和角动量矩之间的比值，决定核在核磁共振实验中检测的灵敏度，γ 值越大的核，检测的灵敏度越高，即共振信号易被观测，反之，γ 值小的核则是不灵敏的。

当原子核处于均匀磁场 B_0 中时，会受到磁力矩的作用。所以原子核自旋的同时又绕着外磁场的方向进动，称为拉莫尔进动（Larmor precession）[2]。自旋核进动角速度 ω_0 与外磁场强度 B_0 成正比，比例常数即为磁旋比 γ。

$$\omega_0 = 2\pi v_0 = \gamma B_0 \tag{6-3}$$

其中，v_0 为进动频率。

自旋核角动量在磁场中受到力矩的作用会进行定向排列（空间量子化），它与自旋量子数 I 有关，共有 $2I+1$ 个取向，可用磁量子数 m 表示，即

$$m = I, I-1, I-2, \cdots, -I$$

若 $I = 1/2$ 有两个取向，即 $m = \dfrac{1}{2}, -\dfrac{1}{2}$。$I = 1/2$ 和 1 的核角动量 P 在外磁场中的取向如图 6-1 所示。

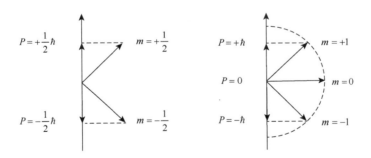

图 6-1　I 为 1/2 和 1 的核角动量 P 在外磁场中的取向

不同的取向在外磁场 B_0 作用下具有不同的能量，其等于核磁矩在磁场方向上的投影与磁场强度的负值，从而各能级上能量为

$$E_m = -\mu_z B_0 = -\gamma \hbar m B_0 \tag{6-4}$$

可见核磁矩在外磁场中的能量也是量子化的，这些不连续的能量值称为原子核的能级。以 ^1H 自旋原子核为例，其自旋磁量子数 $m = \pm 1/2$，在外磁场中有两个取向。其中 m 为 1/2 状态，核磁矩 μ 与磁场方向同向，能量为负值，因此为低能态。而 m 为 −1/2 状态，核磁矩 μ 与磁场方向相反，能量为正值，因此为高能态。^1H 自旋能级的裂分示意图如图 6-2 所示。

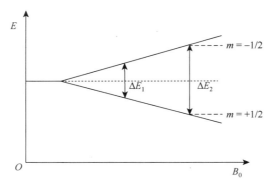

图 6-2 ^{1}H 自旋能级的裂分示意图

6.1.3 核磁共振现象

每个能级的能量绝对值与磁场强度成正比。由于 m 可能取的数值相差 1，因而两相邻能级能量之差为

$$\Delta E = \gamma \hbar B_0 \qquad (6\text{-}5)$$

因此，自旋核要从低能态跃迁到高能态，必须要吸收 ΔE 的能量。对处于外磁场 B_0 的自旋原子核施加一定频率电磁波辐射，当辐射的能量恰好等于自旋核两不同取向能量差时，自旋核会吸收射频的能量，由低能态跃迁到高能态（核自旋发生倒转）。这种现象称为核磁共振。因此核磁共振所需的条件为

$$h\nu_{\text{射}} = \Delta E = h\nu_0 \qquad (6\text{-}6)$$

即自旋核发生核磁共振的条件是电磁波射频频率 $\nu_{\text{射}}$ 等于核自旋进动频率 ν_0，即符合：

$$\nu_{\text{射}} = \nu_0 = \frac{\gamma B_0}{2\pi} \qquad (6\text{-}7)$$

由式（6-7）可知，要使 $\nu_{\text{射}} = \nu_0$，可以采用两种方法。一种是固定磁感应强度 B_0，逐渐改变射频频率 $\nu_{\text{射}}$，进行扫描，当 $\nu_{\text{射}}$ 与 B_0 匹配时，发生核磁共振，称为扫频。另一种是固定射频频率 $\nu_{\text{射}}$，逐渐改变磁感应强度 B_0，当 B_0 与 $\nu_{\text{射}}$ 匹配时，发生核磁共振，称为扫场。

在外磁场的作用下，有较多 ^{1}H 倾向于与外磁场取顺向的排列，即处于低能态的核数目比处于高能态的核数目多，但由于两个能级之间能差很小，前者比后者只占微弱的优势。^{1}H-NMR 的信号正是依靠这些微弱过剩的低能态核吸收射频电磁波的辐射能跃迁到高能级而产生的。若高能态核无法返回到低能态，那么随着跃迁的不断进行，这种微弱的优势将进一步减弱直到消失，此时处于低能态的 ^{1}H 核数目与处于高能态的 ^{1}H 核数目逐渐趋于相等，与此同步，PMR 的信号也会逐渐减弱直到最后消失。上述这种现象称为饱和。^{1}H 核可以通过非辐射的方式从高能态转变为低能态，这种过程称为弛豫（relaxation）[3]。弛豫的方式有两种。①处于高能态的核通过交替磁场将能量转移给周围的分子，即体系往环境释放能量，本身返回低能态，这个过程称为自旋-晶格弛豫。其速率用 $1/T_1$ 表示，T_1 称为自旋-晶格弛豫时间。自旋-晶格弛豫降低了磁性核的总体能量，又称为纵向弛豫。②两个处在一定距离内，进动频率相同、进动取向不同的核互相作用，交换能量，改变进动方向的过程称为自旋-自旋弛豫。其速率用 $1/T_2$ 表示，T_2 称为自旋-自旋弛豫时间。自

旋-自旋弛豫未降低磁性核的总体能量，又称为横向弛豫。各种机制的弛豫在正常测试条件下不会出现饱和现象。

6.1.4　核磁共振波谱的重要参数

1. 化学位移

1）化学位移的产生

由式（6-7）可知，原子核的共振频率与外部磁场强度和核的磁矩有关。理想化、裸露的氢核在外磁场 B_0 作用下，$v_0 = \gamma B_0 / 2\pi$。实际上，原子核的周围被电子云包围，电子带有负电荷，处在外部施加磁场 B_0 下，会产生相反的感应磁场 B'。从而使得原子核感应的有效磁场 B 减小，

$$B = B_0 - B' \tag{6-8}$$

称为电子屏蔽效应。由于感应强度的大小正比于所施加的外磁场强度，故上式可写为

$$B = (1 - \sigma)B_0 \tag{6-9}$$

式中，σ 为屏蔽常数。当核周围的电子密度很大时，或环电流效应起作用时，电子屏蔽效应就强。由于屏蔽作用的存在，氢核产生共振需要更大的外磁场强度。核外电子云密度高，屏蔽作用大（σ 值大），核的共振吸收向高场（或低频）移动。核外电子云密度低，屏蔽作用小（σ 值小），核的共振吸收向低场（或高频）移动。不同化学环境下，同一原子核在核磁共振波谱上的共振吸收峰发生位移，称为化学位移。

由于屏蔽作用而产生的共振频率差异相对磁性核的共振频率非常小，直接精确测量其绝对值较困难。此外，由共振条件方程可知，磁性核的共振频率与外磁场强度成正比，用磁场强度不同的仪器测定时，其共振频率也不同，不便于测量数据间的比较。为解决以上问题，国际纯粹与应用化学联合会（International Union of Pure and Applied Chemistry, IUPAC）规定：以四甲基硅烷（TMS）的 ^1H 共振吸收峰峰位为 0，即 $\delta_{TMS} = 0$，单位为 ppm（10^{-6}），其他化学位移按下式求得

$$\delta = [(v - v_{TMS}) / v_{TMS}] \times 10^6 \tag{6-10}$$

2）影响化学位移的参数

化学位移是由核外电子云产生的感应磁场引起的，因此，能引起核外电子云密度发生变化的因素均能影响化学位移，如诱导效应、共轭效应、磁各向异性效应、氢键、相连碳原子的杂化状态及溶剂效应等。

核外电子云的局部抗磁性屏蔽效应是影响化学位移的主要因素，核外电子云密度与邻近原子或基团电负性有很大关系。Y—CH 中 Y 的电负性越大，H 周围电子云密度越低，屏蔽效应越小，越靠近低场，δ 值越大。电负性对化学位移的影响如表 6-2 所示。

表 6-2　电负性对化学位移的影响

化合物	CH_3F	CH_3OH	CH_3Cl	CH_3Br	CH_3I	CH_4	TMS
电负性	4.0	3.5	3.0	2.8	2.5	2.1	1.8
δ/ppm	4.26	3.14	3.05	2.68	2.16	0.23	0

给电子共轭效应使周围电子云密度增加，屏蔽效应增强，δ 值向高场移动；吸电子共轭效应使周围电子云密度降低，去屏蔽效应增强，δ 值向低场移动。

化合物中非球形对称的电子云，如 π 电子云体系，对邻近的质子附加一个各向异性的磁场，会使处于其不同方位的质子受到不同的屏蔽效应，此现象称为各向异性效应。以苯环为例，苯分子是一个六元环平面，其环形 π 电子云在外磁场 B_0 的作用下形成大 π 电子环流，产生感应磁场，使得苯环平面上下两圆锥体为屏蔽区，其余为去屏蔽区。苯环质子处于去屏蔽区，共振信号出现在低场，δ 约为 7。

当含有—OH、—NH$_2$ 等基团时有可能形成氢键而影响质子的化学位移。受氢键作用的质子，由于同时受到两个大的电负性基团影响，而具有较大的去屏蔽效应，其共振频率发生在低场。

分子间氢键的形成程度与样品浓度、测量时样品温度以及溶剂类型有关，因此，其质子化学位移值不固定，随着测定条件可在较大范围内变化。不同类型氢键对化学位移的影响如表 6-3 所示。

表 6-3　不同类型氢键对化学位移的影响

化合物	醇羟基	脂肪胺	酚羟基
δ 变化范围/ppm	0.5～5	0.5～5	4～7

在有机化合物中，碳原子常见杂化类型为 sp^3、sp^2、sp。随着 s 成分的增多，成键电子对质子的屏蔽依次减少，化学位移 δ 向低场移动。

表 6-4 列出了一些特征质子的化学位移。

表 6-4　各种常见的特征质子化学位移

质子类型	化学位移/ppm	质子类型	化学位移/ppm
RCH$_3$	0.9	Ar-H	6～8.5
R$_2$CH$_2$	1.3	RCH$_2$F	4～4.5
R$_3$CH	1.5	RCH$_2$Cl	3～4
R$_2$C=CH$_2$	4.5～5.9	RCH$_2$Br	3.5～4
R$_2$C=CRH	5.3	RCH$_2$I	3.2～4
R$_2$C=CR—CH$_3$	1.7	ROH	0.5～5.5（温度、溶剂、浓度影响大）
RC≡CH	1.7～3.5		

2. 自旋-自旋耦合

1）自旋-自旋耦合的产生

图 6-3 是用高分辨核磁共振仪所测得的乙醇（CH$_3$CH$_2$OH）的 PMR 图谱。从谱图中

可以发现，—CH₃ 和—CH₂—分别为三重峰、四重峰。乙醇在高分辨图谱中会出现峰的裂分，是因为相邻核的自旋会引起对方的核磁共振吸收变化，引起谱线增多。这种相邻核自旋之间的相互作用称为自旋-自旋耦合，由此而引起的谱线增加的现象称为自旋-自旋裂分。

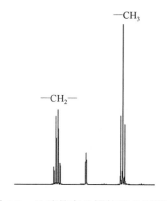

以 ¹H 为例，其自旋核在外磁场中有两种取向，自旋取向可以与磁场方向相同，也可以与磁场方向相反。用 α 表示自旋核与磁场方向一致的状态,用 β 表示与磁场方向相反的状态。如表 6-5 所示，亚甲基两个质子 H_b 一共有四种自旋取向（$\alpha\alpha$、$\alpha\beta$、$\beta\alpha$、$\beta\beta$）。其中 $\alpha\beta$ 和 $\beta\alpha$ 两种状态产生的磁场恰好相互抵消，不影响 H_a 的共振峰，$\alpha\alpha$ 状态的磁矩与外磁场一致，从而使得 H_a 产生共振所需的外加磁场较 $\alpha\beta$ 和 $\beta\alpha$ 状态时更小；相

图 6-3　乙醇的高分辨核磁共振谱图

反，$\beta\beta$ 状态的磁矩与外磁场方向相反，因此要使 H_a 产生共振所需的外加磁场较 $\alpha\beta$ 和 $\beta\alpha$ 状态时更大。

亚甲基的两个质子 H_b 所产生的三种不同的局部磁场使邻近的 H_a 分裂为三重峰。由于上述四种自旋组合的概率相等，因此三重峰的相对面积比为 $1:2:1$。在 ¹H-NMR 图谱上，自旋裂分的谱线数目通常符合 $n+1$ 规律，即化学等价的质子共振吸收谱线的数目由相邻质子的数目来决定[4]。如果 n 个等价质子 H_b 存在于 H_a 的旁边，则观察到 H_a 的峰被裂分成 $n+1$ 个，谱线强度比例符合二项式 $(a+b)^n$ 的展开式系数之比。

表 6-5　自旋-自旋裂分

外磁场	m	H_b 自旋取向	H_b 自旋磁场强度	H_a 实受磁场强度	H_a 裂分
B_0	+1/2，+1/2	$\alpha\alpha$	$+2B$	B_0+2B	三重峰面积比为 $1:2:1$
	+1/2，−1/2	$\alpha\beta$	0	B_0	
	−1/2，+1/2	$\beta\alpha$	0	B_0	
	−1/2，−1/2	$\beta\beta$	$-2B$	B_0-2B	

2）自旋耦合常数

自旋-自旋耦合作用产生的多重线的间距定义为自旋耦合常数，用符号 J 表示，单位是 Hz。J 值是自旋耦合强度的度量，也是物质分子结构的特征。J 的大小与外加磁场强度无关，决定因素为核间距、核的磁性、分子结构。因此耦合常数是分子内禀属性。由于各种类型的自旋耦合具有完全相同的 J 值，从而可以判断彼此靠近核素的种类。J 值可以按式（6-11）计算：

$$J = f \times \Delta\delta \qquad (6\text{-}11)$$

其中，f 为测量频率，Hz；$\Delta\delta$ 为化学位移差，ppm。

一幅 ^{1}H-NMR 谱图能够提供化学位移（峰位）、耦合裂分（峰型）、峰面积比（峰强）三个重要信息。

6.1.5 核磁共振碳谱

大多数有机分子骨架由 C 原子构成，用 C 原子的核磁共振研究有机分子的结构显然是十分理想的。在 C 同位素中，只有 ^{13}C 有自旋现象，存在核磁共振吸收，其自旋量子数为 1/2。^{13}C-NMR 基本原理和 ^{1}H-NMR 一样。与 ^{1}H 不同的是，^{13}C 的天然丰度只有 1.1%，同时其磁旋比约是 ^{1}H 核的 1/4，因此 ^{13}C 的测试灵敏度很低，大约是 H 核的 1/6000[5]。加之 H 核的耦合干扰，使得 ^{13}C-NMR 信号变得复杂，难以测得有实用价值的图谱。直到 20 世纪 70 年代后期，质子去耦技术和傅里叶变换技术的发展与应用使得 ^{13}C-NMR 的测定变得简单易得。

1. ^{13}C 的化学位移

测定碳谱时进行了对氢的去耦，碳谱中没有相连的氢原子而引起的谱峰的裂分，因此在碳谱中呈现的是多条谱线（特殊情况可能出现钝峰）。一般情况下，由于碳谱谱线的线宽都不宽，因而不测定谱线的积分数值，谱线的高度大致反映碳原子的数目。

与 ^{1}H 的化学位移相比，影响 ^{13}C 的化学位移的因素更多，但自旋核周围的电荷屏蔽是重要的因素之一，因此对碳核周围的电子云密度有影响的任何因素都会影响它的化学位移。

以 TMS 为标准，对于烃类化合物：sp^3 杂化碳的 δ 范围为 0～60ppm；sp^2 杂化碳的 δ 范围为 100～150ppm；sp 杂化碳的 δ 范围为 60～90ppm。

与电负性取代基相连，使碳核外围电子云降低，δ 向低场移动。电负性对化学位移的影响如表 6-6 所示。

表 6-6　电负性对化学位移的影响

化合物	CH$_3$I	CH$_3$Br	CH$_3$Cl	CH$_3$F
电负性	2.5	2.8	3.0	4.0
δ	−20.7	20	24.9	80

重原子（碘）外围有丰富的电子，对其相邻的碳核产生抗磁性屏蔽作用，足够与其电负性作用抵消，并引起 δ 向高场移动。重原子对化学位移的影响如表 6-7 所示。

共轭效应会引起电子云分布的变化，导致不同位置 C 的吸收共振峰发生偏移。例如，苯环上的氢被具有孤对电子的基团（—NH$_2$、—OH 等）取代，发生 p-π 共轭，使邻、对位碳的电荷密度增加，屏蔽作用增强，导致邻、对位碳信号较苯移向高场。同理，吸电子基使邻、对位去屏蔽，则导致邻、对位碳信号移向低场。但不影响间位碳的化学位移。

表 6-7 重原子对化学位移的影响

化合物	CH₄	CH₃X	CH₂X₂	CHX₃	CX₄
δ（X=Cl）	−2.3	27.8	52.8	77.2	95.5
δ（X=I）	—	−21.8	−55.1	−141.0	−292.5

^{13}C 的化学位移对分子的立体构型十分敏感。对于范德瓦耳斯效应，当两个 H 原子靠近时，由于电子云的相互排斥，电子云沿着 H—C 键向 C 原子移动，C 的屏蔽作用增加，δ 向高场移动。

此外还受氢键、溶剂和温度等影响，常见各类碳核的化学位移如表 6-8 所示。

表 6-8 各类碳核的化学位移

基团	化学位移/ppm	基团	化学位移/ppm
RCH₃	8～30	CH₃—O	40～60
R₂CH₂	15～55	CH₂—O	40～70
R₃CH	20～60	CH—O	60～75
C—I	0～40	C—O	70～80
C—Br	25～65	C≡C	65～90
C—Cl	35～80	C=C	100～150
CH₃—N	20～45	C≡N	110～140
CH₂—N	40～60	芳香化合物	110～175
CH—N	50～70	酸、酯、酰胺	155～185
C—N	65～75	醛、酮	185～220
CH₃—S	10～20	环丙烷	−5～5

在 ^{13}C-NMR 谱图中，^{13}C—^{1}H 核耦合干扰产生的裂分数目仍然遵循 $n+1$ 规律。以直接相连的 ^{1}H 耦合为例，^{13}C 信号将分别表现为 q(CH₃)、t(CH₂)、d(CH)及 S 峰，且 J 值很大，$^{1}J_{CH}$ 值为 120～250Hz。

2. 核磁共振碳谱的解析方法

核磁共振碳谱的主要参数是化学位移。

1）区分杂质峰，鉴别溶剂峰

由于杂质的含量比样品本身要低得多，因此杂质峰易于从样品峰组中区分出来。因为测定核磁共振碳谱的前后还要测定氢谱，所以测定碳谱仍然要使用氘代试剂作为溶剂。与测定核磁共振氢谱不同的是，氢谱中的溶剂峰是由于氘代试剂不可能 100%氘代，它的不完全氘代产生了氢谱中的溶剂峰，测定核磁共振碳谱时是另外的情况。氘代试剂含碳原子，而且它的量比样品要大得多，因此必然有溶剂峰[6]。按照常规估计，溶剂峰应该比样品峰强度高得多（因为样品的量相比于溶剂的量有数量级之差）。由于弛豫的机理，溶剂的碳原子出峰效率很低，因此溶剂峰的强度远远低于它的物质的量所对应的强度，一般情况下低于样品谱峰的强度，常用氘代试剂的溶剂峰位置如表 6-9 所示。

表 6-9　常用氘代试剂的溶剂峰位置

氘代试剂	CDCl$_3$	CD$_3$SOCD$_3$	CD$_3$OD	CD$_3$COCD$_3$	
溶剂峰位置/ppm	77.0	39.7	49.3	30.2	206.8
峰型（呈现峰数）	3	7	7	7	1

2）计算未知物的不饱和度

不饱和度的计算公式为

$$\Omega = n_C + 1 - \frac{n_H}{2} - \frac{n_X}{2} + \frac{n_N}{2} \tag{6-12}$$

式中，n_C 为化合物碳原子的数目；n_H 为化合物中氢原子的数目；n_X 为化合物中卤素原子的数目；n_N 为化合物中氮原子的数目，此时氮原子是按–3 价考虑的。如果未知物含有两个以上的氧原子，有可能存在硝基时，氮原子就有可能是+5 价，这时应该考虑用式（6-13）计算不饱和度：

$$\Omega = n_C + 1 - \frac{n_H}{2} - \frac{n_X}{2} + \frac{3n_N}{2} \tag{6-13}$$

式中，n_N 为化合物中+5 价氮原子的数目。

3）碳谱谱峰化学位移数值的考虑

核磁共振碳谱可以分为三个区域。

（1）羰基和叠烯区。一般情况下，羰基和叠烯区化学位移 $\delta>165$ppm。由于这个区域处于碳谱的最低场，因此容易识别。由于羰基的弛豫时间长，羰基的峰可能强度很低。$\delta>200$ppm 的峰只能属于醛和酮。$\delta<175$ppm 的峰应该属于连接杂原子的羰基，如羧酸、羧酸酯等[7]。如果是叠烯，中间的碳原子在这个区域出峰，但是两端的烯键碳原子在双键区域出峰。

（2）不饱和碳原子区（炔碳原子除外）。一般情况下，该区化学位移 $\delta = 100\sim155$ppm。这是烯碳原子和苯环碳原子的谱峰区域。醌环 1-位碳原子会进入这个区域（但是醌环 1-位碳原子上的氧不在双键区域），需要注意。少数情况下，苯环被强电负性基团取代，被取代的碳原子可能超过 155ppm 的上限。

（3）饱和碳原子区。一般情况下，该区化学位移 $\delta<100$ppm。饱和碳原子如果不连接氧、氮、氟等杂原子，一般其化学位移数值小于 55ppm。炔碳原子 $\delta = 70\sim100$ppm，处于此区域。

3. 确定碳原子的级数

碳原子的级数一般由 DEPT（distortionless enhancement by polarization transfer）技术确定，即通过极化转移增强信号的方法，用于确定碳原子的级数（伯、仲、叔、季碳）。

6.2　核磁共振波谱仪

6.2.1　核磁共振波谱仪原理

核磁共振是指在静磁场中的物质的原子核系统受到相应频率的电磁波的作用时，在它们的磁极之间发生共振跃迁的现象。核磁共振波谱仪正是用来检测固定能级状态之间电磁跃迁的设备（图 6-4）。原子核进动频率与外加磁场的关系为

$$\omega_0 = \gamma B_0 = 2\pi \nu_0 \tag{6-14}$$

其中，ω_0 为自旋核的角速度；γ 为磁旋比，是各种核的特征常数；B_0 为外加磁场强度；ν_0 为进动频率。

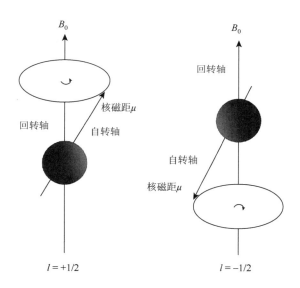

图 6-4　核磁共振波谱仪原理图

6.2.2　核磁共振波谱仪发展历程

1953 年美国瓦里安公司研制成功世界上第一台核磁共振谱仪（$B = 0.7\text{T}$，$\nu_0 = 30\text{MHz}$），1964 年美国瓦里安公司研制出世界第一台超导 NMR 谱仪（$B = 4.7\text{T}$，$\nu_0 = 200\text{MHz}$）。1971 年日本 JEOL 公司生产出世界上第一台脉冲傅里叶变换 NMR 谱仪（$B = 2.35\text{T}$，$\nu_0 = 100\text{MHz}$），1979～1991 年德国布鲁克公司分别率先推出 500MHz、600MHz、700MHz 超导谱仪，1994 年德国布鲁克公司推出全数字化核磁共振谱仪。2005 年美国瓦里安公司推出了数字化、智能化程度更高的 Varian NMR System，同年德国布鲁克公司推出了具有第二代数字接收机的 AVANCE II 新系列，2009 年德国布鲁克公司推出AVANCE III 系列，频率突破 1GHz。

6.2.3　核磁共振波谱仪基本分类与组成

　　根据设计和功能的不同，核磁共振波谱仪可分为不同的类型。如按磁体性质可分为永磁、电磁和超导磁体波谱仪；按激发和接收方式可分为连续、分时和脉冲波谱仪；按功能可分为高分辨率液体、高分辨固体、固体宽谱和微成像波谱仪。随着核磁共振实验技术及电子、超导、计算机技术的发展，核磁共振波谱仪已大多采用超导高磁场且集多核和多功能于一体。按照核磁共振实验中射频场的施加方式，可分为两大类：一类是连续核磁共振波谱仪，即射频场连续不断地加到试样上，得到频率谱；另一类是脉冲核磁共振波谱仪，即射频场以窄脉冲的方式加到试样上，得到自由感应衰减信号，再经计算机进行傅里叶变换，得到频率谱[8]。由于脉冲傅里叶变换波谱仪具有灵敏度高、快速和实时等优点，并可采用各种脉冲序列实现不同目的且容易用数学方法完成滤波过程，因而得到了广泛应用，成为当代主要的核磁共振波谱仪。

　　核磁共振波谱仪主要由磁铁、射频振荡器、射频接收器和样品管等组成，如图 6-5 所示。

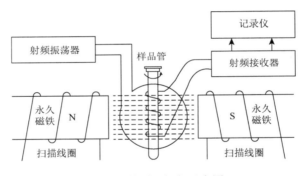

图 6-5　核磁共振仪示意图

　　磁铁可以是永久磁铁，也可以是电磁铁，永久磁铁的稳定性较好，但用久了磁性会变。磁场要求在足够大的范围内十分均匀，当磁场强度为 1.409T 时，其不均匀性应小于6000 万分之一，因为这个要求太高，即使精细加工也很难做到，所以在磁铁上备有特殊的绕组，以抵消磁场的不均匀性。磁铁上还备有扫描线圈，在射频振荡器的频率固定时，可以连续改变磁场强度的百万分之几进行扫描。改变磁场强度进行扫描的方式称为扫场。一般由永久磁铁和电磁铁获得的磁场强度不能超过 2.4T，这相应于氢核的共振频率为100MHz。所以为了获得更高的分辨率，应使用超导磁体，此时可获得高达 10～15T 的磁场强度，其相应的氢核共振频率为 400～600MHz。但是超导核磁共振仪的价格和日常维持费用都很高。

　　射频振荡器可以从一个很稳定的晶体控制的振荡器发生 60MHz 或 100MHz 的电磁波以进行氢核的核磁共振测定。若要测定其他的核，如 ^{19}F、^{13}C、^{11}B，则要用其他频率的振荡器。把磁场固定，改变频率进行扫描的方式称为扫频。一般扫场较方便，扫频应用较少。当振荡器产生的电磁波的频率 ν 和磁场强度 B_0 达到特定的组合时，放置在磁场和射频线圈中间的样品就会发生共振而吸收能量，射频接收器就是检测这个能量的吸收情况，通过放大后记录下来。所以核磁共振波谱仪测量的是共振吸收。

核磁共振波谱仪的样品管为外径为 5mm 的玻璃管，在测量过程中旋转，磁场作用需要均匀。仪器中还备有积分仪，能自动画出积分线，以指出各组共振吸收峰的面积。分析试样配成溶液后放在玻璃管中密封好，然后插在射频线圈中间的试管插座内，分析时插座和试样不断旋转，以消除任何的不均匀性。磁场方向、射频线圈轴、接收线圈轴三者相互垂直。实验时样品管放在磁极中心，磁铁应该为样品提供强而均匀的磁场。但实际上磁铁的磁场不可能很均匀，因此需要使样品管以一定的速度旋转，以克服由于磁场不均匀所引起的信号峰加宽。射频振荡器不断地提供能量给振荡线圈，向样品发送固定频率的电磁波，该频率与外磁场的关系为 $\nu = \gamma^{B_0} / 2\pi$。

做 ^{1}H 谱时，常用外径为 5mm 的薄壁玻璃管。测定时样品常常被配成溶液，这是由于液态样品可以得到分辨较好的图谱，要求选择不产生干扰信号、溶解性能好、稳定的氘代溶剂，溶液的浓度应为 5%～10%。如果纯液体黏度太大，应用适当的溶剂稀释或升温测谱。常用的溶剂有 $CHCl_3$、$CDCl_3$、$(CD_3)_2SO$、C_6H_6 等。

复杂分子或大分子化合物的核磁共振谱即使在高磁场情况下往往也难分开，可辅以适当的化学试剂来使被测物质的核磁共振谱中各峰产生位移，从而达到重合峰分开的目的，这种方法已为大家熟悉并应用，具有这种功能的试剂被称为化学位移试剂，其特点是成本低、收效大。常用的化学位移试剂为过渡元素或稀土元素的配合物。

6.2.4　连续波和脉冲波谱仪

连续波 NMR 谱仪的原理是把射频场连续不断地施加到样品上，发射的是单一频率，得到一条共振谱线。可通过扫场和扫频两种方式实现，实验室多用扫场法。其主要特点有：时间长，通常全扫描时间为 200～300s；灵敏度低，所需样品量大，对一些难以得到的样品，无法进行 NMR 分析。

脉冲傅里叶变换 NMR 谱仪的原理是在恒定磁场下，使用一个强而短的射频脉冲照射样品，感应电流信号经过傅里叶变换获得核磁共振谱图。其特点有灵敏度高、测量速度快（一般 ^{1}H-NMR 测量累加 10～20 次，需 60s 左右）、样品量少。

核磁共振波谱仪的三大技术指标如下。

（1）分辨率：有相对分辨率和绝对分辨率，表征波谱仪辨别两个相邻共振信号的能力，即能够观察到两个相邻信号 ν_1 和 ν_2 各自独立谱峰的能力，以最小频率间隔 $|\nu_1 - \nu_2|$ 表示。

（2）稳定性：包括频率稳定性和分辨率稳定性。频率稳定性与谱图重复性有关，通过连续记录相隔一定时间的两次扫描结果的偏差衡量。频率稳定性主要取决于磁场稳定方法，大多数波谱仪带有场频稳定装置，稳定性约为每小时 0.1Hz。分辨率稳定性是通过观察谱峰宽度随时间变化的速率来测量的。提高稳定性的方法主要有：提高磁场本身空间分布的均匀性，控制匀场线圈的电流来补偿静磁场分布的不均匀性，用旋转试样方法平均磁场分布的不均匀性。

（3）灵敏度：分为相对灵敏度和绝对灵敏度。在外磁场相同、核数目相同以及其他条件一样时，以某核灵敏度为参比，其他核灵敏度与之相比称为相对灵敏度。相对灵敏度与核自然丰度的乘积即为绝对灵敏度。灵敏度表征了波谱仪检测弱信号的能力，它取决于电路中随机噪声的涨落，一般定义为信号对噪声之比，即信噪比。波谱仪越灵敏，其信噪比越高。提高磁感应强度、应用双共振技术、信号累加等都可提高灵敏度。

核磁分析的一般步骤如下。

（1）核磁管的准备：选择合适规格的核磁管，确保清洗干净、烘干。

（2）样品溶液的配制：选择合适的溶剂，控制好样品溶液浓度。

（3）测试前匀场处理：将核磁管装入仪器，使之旋转，进行匀场。

（4）样品扫描：选择合适的扫描次数。

（5）结果分析：按样品分子量大小，保存数据，采用专用软件进行。

6.2.5　仪器介绍

图 6-6 为德国布鲁克公司 Ascend™700 紧凑型 NMR 磁体，使中场和高场 NMR 波谱功能极为强大，可靠且方便。超导磁体的 Ascend 系列产品的范围从 300MHz 到打破世界纪录的 1.2GHz。Ascend 磁铁结合了布鲁克公司的多项专有创新磁体技术，可提供卓越的性能并节省运营成本。Ascend 磁体采用了先进的超导体技术，可以设计出较小的磁体线圈，从而显著减小了物理尺寸和杂散磁场。同时还具有独特的连接技术可实现最低的漂移速率，从而实现出色的磁场稳定性，此外，外部干扰抑制可以提供高达 99%的屏蔽效率，以抵抗外部磁场的干扰。

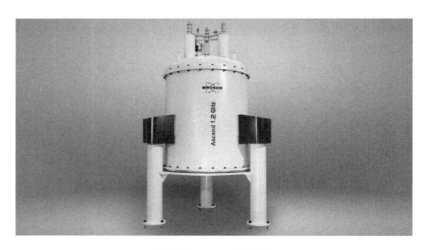

图 6-6　Ascend™ 700

图 6-7 为德国布鲁克公司推出的世界上第一个商业上可获得的动态核极化（DNP-NMR）系统，用于增强固态 NMR 的灵敏度。所有布鲁克 DNP-NMR 光谱仪都可以进行扩展的固态 NMR 实验，具有非常高的灵敏度，可用于生物分子研究、材料科学和制药领域的新应用。

图 6-7　DNP-NMR

6.3　案 例 分 析

　　离子交联聚丙烯是一类在侧链含有离子基团的聚丙烯材料。如何合成高等规度、高分子量、可控离子基团含量的不同离子交联聚丙烯是一个具有挑战性的难题。通过借助 ^{1}H-NMR 谱图，可以证明铵根离子的存在和胺化反应的进行程度。如图 6-8 所示，1.16ppm、1.59ppm 和 1.91ppm 处的信号峰对应丙烯单元。a″处的共振峰是与碘相连的亚甲基上的氢，由于碘的电负性影响，化学位移值在低场 3.28ppm 处。三乙胺 N-甲基咪唑功能化共聚物的化学位移值在 a 处发生变化。对于 P2，a′处化学位移值移至 3.75ppm，^{1}H-NMR 谱图上出现三乙胺阳离子的共振峰，其中 b′处的共振峰在 3.75～3.55ppm，c′处的共振峰在 1.20ppm；对于 P3，a 处化学位移值移到 4.39ppm，^{1}H-NMR 谱图上出现 N-甲基咪唑阳离子的共振峰，其中 b、c、d 和 e 处的共振峰如图 6-8 所示，从 ^{1}H-NMR 谱图也进一步证明铵根离子的存在。此外，P2 和 P3 离聚体的 ^{1}H-NMR 谱图在 3.2ppm 处消失，进一步确认了胺化反应转化率达到 100%。

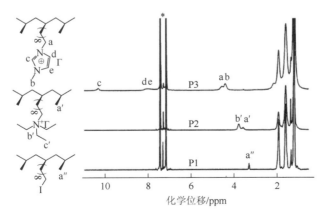

图 6-8　PP/IUP 共聚物（P1）、三乙胺聚丙烯离聚体（P2）和 N-甲基咪唑聚丙烯离聚体（P3）^{1}H-NMR 谱图

习 题

6-1 简述自旋耦合和自旋裂分的原理，以及在化学结构解析中的用处。

6-2 核磁共振波谱仪中磁场强度与灵敏度、分辨率的关系如何？

6-3 为什么 NMR 分析中固体试样应先配成溶液？

6-4 某化合物的分子式为 C_3H_7Cl，其 ^1H-NMR 谱图如图 6-9 所示，试推断该化合物的结构。

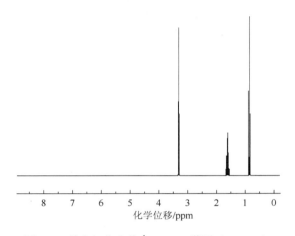

图 6-9 某未知化合物 ^1H-NMR 谱图（C_3H_7Cl）

6-5 已知某有机化合物的化学式为 C_9H_{12}，其质子的核磁共振波谱图如图 6-10 所示，积分面积比为 $1:3$，试简要指出各个核磁共振吸收峰的基团归属以及产生不同化学位移值的原因，判断该分子结构式。

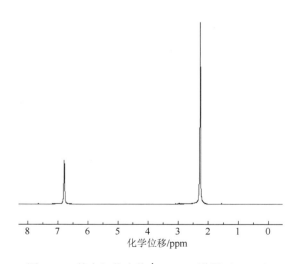

图 6-10 某未知化合物 ^1H-NMR 谱图（C_9H_{12}）

6-6　将下列化合物中甲基 ^1H 化学位移值从大到小排列：$HN(CH_3)_2$、CH_3Cl、CH_3OCH_3、$O{=}C(CH_3)_2$、CH_3F、$C(CH_3)_4$。

6-7　某有机化合物的元素分析结果表明其分子式为 $X_4H_8O_2$，经核磁共振波谱分析得到结果如表 6-10 所示。

表 6-10　某有机化合物的波谱分析结果

化学位移/ppm	1.2	2.4	11.6
裂分峰	双重峰	七重峰	单重峰
积分面积	6	1	1

请分别指出各波谱峰的归属，并判断该有机化合物的结构。

参 考 文 献

[1]　邢其毅，裴伟伟，徐瑞秋，等. 基础有机化学：下册. 4 版. 北京：北京大学出版社，2017.
[2]　李晓虹. 核磁共振波谱课程教学探索. 山东化工，2020，23（39）：158-159.
[3]　克劳泽. 施韦特利克，等. 有机合成实验室手册：第 22 版. 万均，温永红，陈玉，等译. 北京：化学工业出版社，2010.
[4]　于德泉，杨峻山. 分析化学手册（第七分册）：核磁共振波谱分析. 2 版. 北京：化学工业出版社，1999.
[5]　沈其丰. 核磁共振碳谱. 北京：北京大学出版社，1988.
[6]　宁永成. 有机波谱学谱图解析. 北京：科学出版社，2010.
[7]　费冬青，张占欣. 波谱解析. 北京：中国纺织出版社有限公司，2020.
[8]　廖晓玲，周安若，蔡苇. 材料现代测试技术. 北京：冶金工业出版社，2010.

第7章　光电子能谱仪

本章主要介绍光电效应的基本概念，以及拓展到应用范畴的 X 射线光电子能谱与紫外光电子能谱的基本原理及应用。通过对光学辐射、能带以及光电效应方程的介绍，为光电子能谱的展开进行理论铺垫，进而阐述 X 射线光电子能谱以及紫外光电子能谱的测试仪器、方法和结果分析。

7.1　光　电　效　应

光电效应的广义定义为：当光照射在某种元件上时，引起与这一元件相连接的电路中产生电流或发生电流变动的现象。根据所产生光电现象的不同，光电效应可以分为三类[1]。

（1）外光电效应：在光线作用下能使电子从物体表面逸出的现象，又称光电发射。

（2）内光电效应：在光线作用下能使物体电阻值改变的现象，又称光电导效应。

（3）阻挡层光电效应：在光线作用下能够产生一定方向电动势的现象，又称光伏效应。

外光电效应于 1887 年由赫兹发现。1888 年，俄国学者斯托列托夫对这一现象进行了定量研究。1905 年，爱因斯坦用光量子学说对这一现象的本质作了较完善的解释。本章将主要介绍外光电效应的基础理论、基本概念、基本规律和一些必要的术语。其中能带理论不但是本章的基础理论，也是学习半导体及其元件时所必须掌握的基础理论之一。

7.1.1　光学辐射

波长从 10nm 到 340μm 范围内的电磁辐射称为光学辐射，光学辐射光谱的短波方面以软 X 射线为界，长波方面以无线电波为界，其中包括不可见的紫外线、红外线以及介于这两者之间的可见光（表 7-1）。光学辐射谱区称为光学谱区。在谱区中，光辐射的产生原理、探测方法、转换方法以及应用方法等都有其共同性。大多数类型辐射源的辐射是由原子中电子的激发，或者是由分子的振荡和旋转产生的。辐射光子的能量 $E = h\nu$（h 为普朗克常数，ν 为辐射频率）。红外谱区的光子能量比可见光区和紫外谱区的光子能量小。红外辐射的效应是热效应，也有很弱的光电效应和光化学效应。根据应用特点和观察方法，红外谱区还可分成近红外、中红外和远红外三个区域（表 7-1）。

可见光直接为人们的眼睛所接收，使人们看到了周围世界形形色色的信息。根据产生的感觉不同，可见光可以分为从红到紫各种颜色的波段。可见光有较弱的光电效应和光化学效应。在光学光谱范围内，紫外辐射光子的能量最大。紫外辐射能够产生强烈的光电效应、光化学效应和生物学效应。大气层的空气能强烈吸收波长短于 185nm 的紫外辐射。因而若要利用这一谱区，就应将辐射源和接收器放在真空中。因此，这类辐射称为真空紫外辐射。

表 7-1　光学辐射光谱波段划分

谱区	波长/nm
紫外	10～380
真空紫外	10～185
近紫外	185～380
可见光	380～780
紫	380～455
蓝	455～485
蓝-绿	485～505
绿	505～550
绿-黄	550～575
黄	575～587
橙	587～610
红	610～780
红外	780～340000
近红外	780～2500
中红外	2500～50000
远红外	50000～340000

人们往往把光学光谱能量称为辐射能。度量辐射能的单位与度量其他形式能量的单位相同，也是尔格（erg）、焦耳（J）和电子伏（eV）。它们的关系是：$1J = 1 \times 10^7 erg = 6.25 \times 10^{18} eV$，或 $1eV = 1.59 \times 10^{-19}J = 1.59 \times 10^{-12} erg$。

在一个宽度可以忽略的窄谱区间辐射称为单色辐射，单色辐射能可用具有能量 $h\nu$ 的量子数 N 度量：

$$E(\lambda) = Nh\nu \tag{7-1}$$

通常，量子能量用电子伏表示，并按下式计算：

$$U = \frac{h\nu}{e} = \frac{hc}{e\lambda} = \frac{1240}{\lambda} \tag{7-2}$$

式中，λ 为波长；光速 $c = 2.998 \times 10^8 m/s$；电子电荷 $e = 1.6 \times 10^{-19}C$。

辐射源的光谱有线状的、带状的、连续的及混合的。线状光谱源的辐射集中在很窄的谱区内。实际上，即使在一条谱线内，辐射通量的分布也是不均匀的，但是因为谱线很窄，所以在多数情况下，这种不均匀性可以忽略。线状光谱源发出的辐射通量（即辐射功率，定义为单位时间内传输的辐射能量）等于每一条谱线的辐射通量之和。在惰性气体或金属蒸气中放电（气体放电灯）的情况下，或者在光学或化学加热（激光器）使介质受激的情况下，都会产生辐射。这类辐射源具有线状光谱。带状光谱源产生的辐射分布在一个足够宽的谱区内。每一个谱区由许多彼此靠得很近的谱线合并构成。高压惰性气体或高压金属蒸气的气体在放电时产生带状光谱。各种物体的热辐射和光辐射具有连续光谱特性。不同种类光谱相叠加,产生混合光谱。例如,在荧光灯中,荧光辐射连续光谱叠加上气体放电谱线,即得混合光谱。

7.1.2　能带理论

任何物质的原子都是由一个带正电的原子核和一些绕核运动的电子所组成的。在每一种物质的原子中,电子都仿佛是一层一层地分布着,形成电子壳层。电子壳层的特征是,每一壳层只能容纳不超过某一完全确定数目的电子。第一壳层,也就是最靠近原子核的 K 层,只能容纳 2 个电子;第二壳层(用字母 L 表示),能容纳 8 个;第三壳层 M–18 个;第四壳层 N–32 个等。原子中并不是所有电子壳层都被它所能容纳数量的电子所占满,外部的一些壳层常常是没有被占满的。例如,锂原子总共有 3 个电子,其中 2 个位于第一壳层,第 3 个位于第二壳层。所以锂原子的第二壳层还缺少 7 个电子;氮原子总共有 7 个电子,第一壳层有 2 个电子,第二壳层有 5 个电子,所以在第二壳层内还可以容纳 3 个电子。

绕核运动的每个电子都具有能量。但组成原子的电子所具有的能量并不是任意的,这些电子只能处在一些"容许的"能态上。如果研究某个原子,就会发现,该原子中的各个电子都按一些完全确定的能态分布着,或者换一种说法,是按"能级"分布着。在一定的条件下,电子可以从一个能级跳到另一个"容许的"能级,但不能处于某个无能级的区域。

泡利不相容原理指出,原子中不能有两个或两个以上的电子占据同一能态。因此,即使在最复杂的原子中,所有的电子也都是按自己的能级分布的。因为电子和原子核之间是靠吸引力而彼此结合的,所以当电子从较低的能级跃迁到较高的能级时,必须供给电子一定的能量。相反地,当电子从较高的能级回落到较低的能级时,它将释放出一定能量。因为原子中的电子只能占据完全确定的能级,而能级是离散的(不连续),所以,无论失去能量还是获得能量,都不是连续进行的,而是一份一份地失去或获得。

当电子从较高的能级回落到较低的能级时,它将辐射出光量子。反之,当电子从某一种能级跳跃到较高能级时,该物质的原子将吸收光量子。根据光的量子说,光量子能量 $\varepsilon = h\nu$ 。当电子处在以数字 2 表示的较高能级上时,电子具有能量 E_2 ;当电子处在较低的以数字 1 表示的能级上时,电子具有能量 E_1 ;当电子从能级 2 回落到能级 1 时,原子将辐射一个能量为 $\varepsilon = h\nu$ 的光子,且光量子能量 $h\nu = E_2 - E_1$;如果电子从较低能级 E_1 激发到较高能级 E_2 ,则原子必须吸收一个光量子的能量 $h\nu$,且 $h\nu = E_2 - E_1$ 。

如果原子间彼此相距较远(如在稀薄气体中),则每个原子的电场几乎都不会影响到它邻近的原子。但在固体中,情形就完全不同了。在晶体中,原子排列有序,彼此离得很近。当 N 个这样的原子靠拢得很近时,各个原子的电场相互叠加,结果便在晶体点阵内形成了周期性的电场。由于相邻原子的电场互相影响,原子的每一个能级便"分裂"成为 N 个在数值上相近但彼此不同的晶体能级,在每一个晶体新能级上都可配置两个电子，这些电子都具有某一新能级的能量，并在晶体点阵的周期性场中运动。

在实际晶体中，原子数目 N 非常大，同时新能级又与原来能级非常接近，所以两个相邻的新能级间的能量差非常小（数量级是 10^{-22}eV），几乎可以近似为连续的。因此，这 N 个新能级具有一定的能量范围，这个能量范围称为能带（图 7-1）。由于原子中的每一个能级在晶体中要分裂成一个能带，所以在两个相邻的能带间，可能有一个不被允许的能量间隔，这个能量间隔称为禁带。

每个能带可以容纳一定数量的电子，而且不能多于这个数目，这个数目等于与该能带所相当的原子能级所能容纳的电子数目的 N 倍（N 是晶体包含的原子数）。晶体中有些能带的各个能级完全被电子所填满，这种能带称为满带。当给晶体加上外电场时，满带中的电子不能起导电作用，因为所有能级均被电子所填满。换而言之，所有可能的运动状态均被电子所占据，因此外电场的作用不能改变电子在能带中的分布，也就是不能改变电子运动状态的分布。这样，加电场与没有加电场情况一致，都不存在定向电流。

晶体中有些能带完全没有电子，这种能带称为空带。能带中只有部分能级为电子所占据，这种能带称为导带。在外电场作用下，导带中的电子可以从能带中的一个能级跃迁到另一个"未被占据"的能级，从而引起电子在能带中分布的变化，也就是引起电子运动状态分布的变化。沿场方向运动的电子数少于反向运动的电子数，因而晶体中就形成了电流。这说明导带中的电子在外电场作用下能起导电作用，所以称为导带。

一般原子的内层能级都填满了电子。对于这些能级来说，当 N 个原子形成晶体时，能级分裂成包含有 N 个相近能级的能带。根据前面的讨论，能带所能容纳的电子数等于原来原子能级所能容纳的电子数乘以 N；对于整个晶体中所有原子来说，相当于该能带的电子数的总和。在这些能带的全部能级上都填满电子，因此它们不参与导电。

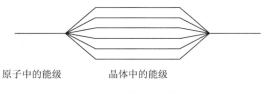

原子中的能级　　　晶体中的能级

图 7-1　能级分裂

根据能带的分布情况，可以判别固体是导体还是绝缘体。如果一个固体中的满带之上紧接着一个导带，如图 7-2（a）和（b）所示，则具有这两种能带结构的固体都是导体。因为在这种情形下，外加电场可使满带中的部分电子获得能量，并跃迁到能量略高的未被占据的能级上，电子发生这种流动，就起到导体的导电作用。如果在满带之上是一个能量区间较大的禁带，这种固体就是绝缘体，如图 7-2（d）所示。因为满带中的电子不能在禁带中存在，更不能获得足够能量跃迁到禁带上方的导带中，所以没有电子流的产生，称为绝缘体。

半导体介于导体与绝缘体之间，其能带结构与绝缘体相似，所不同的是它的禁带宽度比绝缘体的窄些，如图 7-2（c）所示。因此在一定的温度或电场作用下，满带中较上层的电子能被激发而越过禁带进入导带中。温度越高，电子越过间隙的机会也越多，导电性也就越大。因此，半导体具有正温度电阻系数，即导电程度因温度的升高而加大。

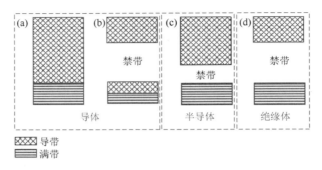

图 7-2　导体、半导体、绝缘体的能带图

7.1.3　外光电效应基本定律

1. 斯托列托夫定律

当入射光线的频谱成分不变时（同一波长的单色或者相同频谱的光线），光电阴极的饱和光电发射电流 I 与被阴极吸收的入射光线通量 Φ 成正比，即

$$I = K\Phi \tag{7-3}$$

式中，K 为表征光电发射灵敏度的系数（对于一定频谱的光线而言）。

2. 爱因斯坦定律

光电子的最大动能与光的强度无关，随着入射光线频率的提高而线性增加，即

$$\left(\frac{1}{2}mv^2\right)_{\max} = h\nu - e\varphi \tag{7-4}$$

式中，v 为电子速度；ν 为入射光频率；φ 为光电阴极的功函数；e 为电子电量；$e\varphi$ 为光电阴极的逸出功。

7.1.4　外光电效应作用原理

根据 7.1.3 节的讨论可知：金属原子的外层壳电子（传导电子）都处在一定的能级上，可能有的能级没有被电子填满，所以这些传导电子可以在外部能量激发下，从原来所在的能级跳到另外一个能级。

当温度是 0K 时，各个电子携带的能量可以从 0 一直到最大值 μ。此时电子所占据的最高能级称为费米能级，该能级被电子占据的概率是 1/2。

在低温下是没有电子从金属表面发射出来的。这是因为电子要想跳出金属表面，就必须做功。当电子处在金属内部时，它与周围的每个电子都相互作用，也与带正电的核

相互作用。因此平均来看，作用在电子上的几个力的合力实际上等于零。但是当电子到达金属表面而向外逸出时，在电子将离开的地点便出现了过剩的正电荷，它会把电子往回拉。电子为了克服这个吸引力，就要消耗自己的动能，即做了功，这个功就称为逸出功，以 A 表示。根据静电学知识 $A = e\varphi$，e 为电子电量，φ 为与逸出功相应的电位降，称为功函数。对于不同的金属（甚至同一金属不同晶面）有不同的数值，其数值可从物理学手册上查出。

物体与光子作用时，物体中的电子吸收了光子的能量，就能克服上述的吸引力而逸出物体表面进入真空。同时根据爱因斯坦的假设，每个光电子的逸出都是吸收了一个光量子所致，且该光量子的全部能量都被转化为光电子的能量。因此，光线越强，也就是作用于阴极表面的量子数越大，当然会有较多的电子有可能从光电阴极逸出，这也反向印证了斯托列托夫定律。

以下将根据爱因斯坦的光量子说来推导爱因斯坦的光电效应方程，以便对外光电效应在最简单的情况下的作用原理有一个初步的了解。

从前面的讨论可以知道，要使得电子能够逸出金属表面就必须有比

$$E_0 = \mu + A \tag{7-5}$$

更大的总能量。

另外，根据爱因斯坦的光量子说，光线是由光子流组成的，每一光子具有能量 $h\nu$。当光子进入金属表面时，与传导电子相碰。假设一个光子在一次碰撞中把所携带的能量全部传给被撞击的电子，碰撞即是弹性的。那么，如果这一电子原来具有的能量为 E，碰撞后的能量将是

$$E' = E + h\nu \tag{7-6}$$

只要 $E' > E_0$，这一电子就可能逸出。如果电子在从金属内部逸出的过程中不再消耗另外的能量，逸出后电子所具有的动能为

$$\frac{1}{2}mv^2 = E + h\nu - E_0 = eU \tag{7-7}$$

显然，原来处在最高能级 $E = \mu$ 的电子速度 v_m 是光电子速度的极限，光电子能量的最大值即为 $\frac{1}{2}mv_m^2$。将式（7-6）代入式（7-7），可得光电子能量的最大值为

$$\frac{1}{2}mv_m^2 = eU_m = h\nu - A \tag{7-8}$$

这就是爱因斯坦光电效应方程。式中，m 为光电子质量；e 为电子电量（绝对值）；h 为普朗克常数；ν 为入射光的频率；A 为受光照射的金属的逸出功；U_m 为截止电压（使光电流为零时加在两级上的反向电压）；v_m 为光电子速度的最大值，由爱因斯坦方程可知：

$$v_m = \sqrt{\frac{2}{m}(h\nu - A)} \tag{7-9}$$

7.2　X 射线光电子能谱

X 射线光电子能谱（X-ray photoelectron spectroscopy，XPS）是在 20 世纪 60 年代由瑞典科学家凯·西格巴恩（Kai Siegbahn）教授发展起来的。由于在光电子能谱的理论和技术上的重大贡献，1981 年，Kai Siegbahn 获得了诺贝尔物理学奖。40 多年来，XPS 无论在理论上还是实验技术上都已经获得了长足的发展，从刚开始主要用来对化学元素进行定性分析，发展为对表面元素定性、半定量分析以及元素化学价态分析的重要手段。XPS 的研究领域也不再局限于传统的化学分析，而扩展到现代迅猛发展的材料学科。XPS 具有很高的表面灵敏度，适合有关涉及表面元素定性和定量分析方面的应用，也可以应用于元素化学价态的研究。此外，配合离子束剥离技术和变角 XPS 技术，还可以进行薄膜材料的深度分析和界面分析。因此，XPS 可广泛应用于化学化工、材料、机械、电子等领域。

7.2.1　XPS 的理论基础

X 射线光电子能谱主要基于光电效应。当一束光子辐射到样品表面时，光子可以被样品中某一元素的原子轨道上的电子所吸收，使得该电子脱离原子核的束缚，以一定的动能从原子内部发射出来，变成自由的光电子，原子本身则变成一个激发态的离子。在光电离过程中，根据能量守恒定律，固体物质的结合能可以用下面的方程表示：

$$E_k = h\nu - E_b - \phi_s \tag{7-10}$$

式中，E_k 为出射的光电子的动能；$h\nu$ 为 X 射线源光子的能量；E_b 为特定原子轨道上的结合能；ϕ_s 为能谱仪的逸出功。ϕ_s 主要是由能谱仪的材料和状态决定的，对于同一台能谱仪基本为一个常数，与样品无关，其平均值为 3～4eV。

在 XPS 分析中，由于采用的 X 射线激发源的能量较高，不仅可以激发出原子价轨道中的价电子，还可以激发出芯能级上的内层轨道电子，其出射光电子的能量仅与入射光子的能量及原子轨道的结合能有关。因此，对于特定的单色激发源和特定的原子轨道，其光电子的能量是特定的。当固定激发源能量时，其光电子的能量仅与元素的种类和所电离激发的原子轨道有关。因此，可以根据光电子的结合能定性分析物质的元素种类。

普通的 XPS 仪一般采用 MgK_α 或 AlK_α X 射线作为激发源，光子的能量足够促使除了氢、氦以外的所有元素发生光电离作用，产生特征光电子。由此可见，XPS 技术可以对所有元素进行一次性全分析，这对于未知物的定性分析是非常有效的。

经过 X 射线辐照后，从样品表面出射的光电子的强度与样品中该原子的浓度呈线性关系，可以利用它进行元素的半定量分析。鉴于光电子的强度不仅与原子的浓度有关，还与光电子的平均自由程、样品的表面光洁度、元素所处的化学状态、X 射线源强度以及仪器状态有关。因此，XPS 技术一般不能给出所分析的元素的绝对含量，仅能提供各元素的相对含量。由于元素的灵敏度不仅与元素种类有关，还与元素在物质中的存在状态、仪器的状态有关，因此不经校准测得的相对含量会存在很大的误差。另外还需指出的是，XPS 是一种表面灵敏的分析方法，具有很高的表面检测灵敏度，可以达到 10^{-3} 原子单层，但对于体相检测灵敏度仅有 0.1%左右。XPS 是一种表面灵敏的分析技术，其表面采样深度为 2～5nm，它提供的仅是表面上的元素含量，与体相成分会有很大的差别。它的采样深度与材料性质、光电子的能量有关，也与样品表面和分析器的角度有关。

　　虽然发射的光电子的结合能主要由元素的种类和激发轨道所决定，但由于原子外层电子的屏蔽效应，芯能级轨道上的电子的结合能在不同的化学环境中是不一样的，有一些微小的差异。这种结合能上的微小差异称为元素的化学位移，它取决于元素在样品中所处的化学环境。一般来说，元素获得额外的电子时，化学价态为负，该元素的结合能降低。反之，当该元素失去电子时，化学价态为正，结合能增加。利用这种化学位移可以分析元素在该物体中的化学价态和存在形式，元素的化学价态分析也是 XPS 分析的最重要的应用之一。

7.2.2　XPS 仪的仪器结构和工作原理

　　虽然 XPS 的原理比较简单，但其仪器结构非常复杂。图 7-3 和图 7-4 分别是 X 射线光电子能谱仪的结构框图与实物图。从图中可见，X 射线光电子能谱仪由快速进样室、超高真空系统、X 射线激发源、离子源、能量分析器以及计算机系统等组成。下面对主要部件进行简单的介绍。

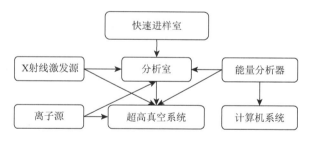

图 7-3　X 射线光电子能谱仪结构框图

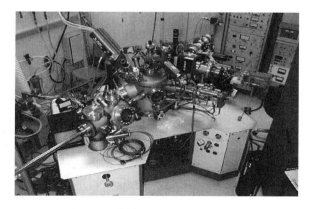

图 7-4　X 射线光电子能谱仪实物图

1. 超高真空系统

在 X 射线光电子能谱仪中必须采用超高真空系统，主要是出于两方面的原因。①XPS 是一种表面分析技术，如果分析室的真空度很低，在很短时间内样品清洁的表面就会被气体分子所覆盖或污染。②光电子的信号和能量都非常弱，如果真空度较差，光电子很容易与真空中的残余气体分子发生碰撞而损失能量，无法被检测器收集到。在 X 射线光电子能谱仪中，为了使分析室的真空度能达到 $3×10^{-8}$Pa 以上，一般采用三级真空泵系统。前级泵一般采用旋转机械泵或分子筛吸附泵，极限真空度能达到 10^{-2}Pa；采用油扩散泵或分子泵，可获得高真空，极限真空度能达到 10^{-8}Pa；采用溅射离子泵和钛升华泵，可获得超高真空，极限真空度能达到 10^{-9}Pa。这几种真空泵的性能各有优缺点，可以根据各自的需要进行组合。新型的 X 射线光电子能谱仪普遍采用机械泵—分子泵—溅射离子泵—钛升华泵系列，这样可以防止扩散泵油污染清洁的超高真空系统。

2. 快速进样室

X 射线光电子能谱仪多配备有快速进样室，其目的是在不破坏能量分析器超高真空的情况下能进行快速进样。快速进样室的腔室体积很小，以便能在 5～10min 内达到 10^{-3}Pa 的真空度。有一些能谱仪把快速进样室设计成样品预处理室，可以对样品进行加热、蒸镀和刻蚀等操作。

3. X 射线激发源

普通的 XPS 仪一般采用双阳极靶激发源。常用的激发源有 MgK_{α} X 射线，光子能量为 1253.6eV，以及 AlK_{α} X 射线，光子能量为 1486.6eV。没有经过单色化的 X 射线的宽度可以达到 0.8eV，而经过单色处理以后，线宽可以降低到 0.2eV。但经过单色化处理后，X 射线的强度会大幅度下降。

4. 离子源

在 XPS 中配备离子源的目的是对样品表面进行清洁或对样品表面进行定量剥离。在 XPS 仪中常采用 Ar 离子源。Ar 离子源又可以分为固定式和扫描式。固定式 Ar 离子源由于不能进行扫描剥离，对样品表面刻蚀的均匀性较差，仅用作表面清洁。如果进行深度分析，则应采用扫描式 Ar 离子源。

5. 能量分析器

X 射线光电子的能量分析器有两种类型：半球型能量分析器和筒镜型能量分析器。半球型能量分析器由于对光电子的传输效率高和能量分辨率高等，多用在 XPS 仪上。筒镜型能量分析器由于对俄歇电子的传输效率高，主要用在俄歇电子能谱仪上。对于一些多功能电子能谱仪，由于考虑到 XPS 和 AES 的共用性与使用的侧重点，选用能量分析器主要依据以哪一种分析方法为主。以 XPS 为主的采用半球型，以 AES 为主的采用筒镜型。

6. 计算机系统

由于 X 射线光电子能谱仪的数据采集和控制十分复杂，商用谱仪均采用计算机系统来控制谱仪和采集数据。由于 XPS 数据的复杂性，谱图的计算机处理也是一个重要的部分，如元素的自动标识、半定量计算、谱峰的拟合和去卷积等。

7.2.3　XPS 仪的实验技术

X 射线光电子能谱仪对分析的样品有特殊的要求，在通常情况下只能对固体样品进行分析。由于涉及样品在真空中的传递和放置，待分析的样品一般都需要经过一定的预处理，分述如下[2]。

1. 样品的大小

由于在实验过程中样品必须通过传递杆，穿过高真空隔离阀，送进样品分析室。因此，样品的尺寸必须符合一定的范围，以利于真空进样。对于块状样品和薄膜样品，其长和宽最好小于 10mm，高度小于 5mm。对于体积较大的样品则必须通过适当方法制备成合适的尺寸。但在制备过程中，必须考虑处理过程对表面成分和状态的影响。

2. 粉体样品

对于粉体样品有两种常用的制样方法。一种是用导电双面胶带直接把粉体固定在样品台上，另一种是把粉体样品压成薄片再固定在样品台上。前者的优点是制样方便，样品用量少，预抽到高真空的时间较短，缺点是可能会引进胶带的成分。后者的优点是可以在真空中对样品进行处理，如加热、表面反应等，其信号强度也要比胶带法高得多。缺点是样品用量大，抽到超高真空的时间长。在普通的实验过程中，一般采用胶带法制样。

3. 含有挥发性物质的样品

对于含有挥发性物质的样品，在样品进入真空系统前必须清除挥发性物质。一般采用对样品加热或用溶剂清洗等方法。

4. 表面有污染的样品

对于表面有油等有机物污染的样品，在进入真空系统前必须用油溶性溶剂如环己烷、丙酮等清洗掉表面的油污。最后用乙醇清洗掉有机溶剂，为了保证样品表面不被氧化，一般采用自然干燥。

5. 带有微弱磁性的样品

由于光电子带有负电荷，在微弱的磁场作用下，也可以发生偏转，当样品具有磁性时，由样品表面出射的光电子就会在磁场的作用下偏离接收角，最后不能到达能量分析器。因此，得不到正确的 XPS。此外，当样品的磁性很强时，还有仪器被磁化的危险。

因此，绝对禁止带有磁性的样品进入能量分析器。一般对于弱磁性的样品，可以通过退磁的方法去掉样品的微弱磁性，然后就可以像正常样品一样分析。

6. 离子束溅射技术

在 X 射线光电子能谱分析中，为了清洁被污染的固体表面，常常利用离子枪发出的离子束对样品表面进行溅射剥离，清洁表面。然而，离子束更重要的应用则是样品表面组分的深度分析。利用离子束可以定量地剥离一定厚度的表面层，再用 XPS 分析表面成分，这样就可以获得元素成分沿深度方向的分布图。作为深度分析的离子枪，一般采用 0.5～5keV 的 Ar 离子源。扫描离子束的束斑直径一般在 1～10mm，溅射速率为 0.1～50nm/min。为了提高深度分辨率，一般应采用间断溅射的方式。为了减少离子束的坑边效应，应增加离子束的直径。为了降低离子束的择优溅射效应和基底效应，应提高溅射速率和缩短每次溅射的时间。在 XPS 分析中，离子束的溅射还原作用还可以改变元素的存在状态，许多氧化物可以被还原成较低价态的氧化物，如 Ti、Mo、Ta 等。在研究溅射过的样品表面元素的化学价态时，应注意这种溅射还原效应的影响。此外，离子束的溅射速率不仅与离子束的能量和束流密度有关，还与溅射材料的性质有关。一般的深度分析所给出的深度值均是相对于某种标准物质的相对溅射速率。

7. 样品荷电的校准

对于绝缘体样品或者导电性能不好的样品，经过 X 射线辐照后，其表面会产生一定的电荷积累，主要是荷正电荷。样品表面荷电荷相当于给从表面出射的自由光电子增加一定的额外电压，使得测量的结合能比正常的要高。样品荷电荷问题非常复杂，一般难以用某一种方法彻底消除。在实际的 XPS 分析中，一般采用内标法进行校准。通常用真空系统中最常见的有机污染碳 C1s 的结合能（284.6eV）进行校准。

8. XPS 的采样深度

X 射线光电子能谱的采样深度与光电子的能量和材料的性质有关。一般定义 X 射线光电子能谱的采样深度为光电子平均自由程的 3 倍。根据平均自由程的数据可以大致估计各种材料的采样深度。一般对于金属样品为 0.5～2nm，对于无机化合物为 1～3nm，对于有机物为 3～10nm。

7.2.4　XPS 图的分析

1. 表面元素定性分析

表面元素定性分析是一种常规分析方法，一般利用 XPS 仪的全元素扫描（survey scan）程序。为了提高定性分析的灵敏度，一般应加大能量分析器的通能，提高信噪比。图 7-5 是典型的 XPS 定性分析图，图中可看到，薄膜表面存在 Ti、N、C、O 和 Al 元素。其中 O 的信号非常强，表明形成的薄膜以氧化物为主，氧的存在会影响 $Ti(CN)_x$ 的沉积。通常

XPS 图的横坐标为结合能，纵坐标为光电子的计数率。在分析谱图时，首先必须考虑的是消除荷电位移。因为，当荷电荷较大时，会导致结合能位置有较大的偏移，导致错误判断。使用计算机自动标峰时，同样会产生这种情况。一般来说，只要该元素存在，其所有电子轨道的峰都应存在，否则应考虑是否为其他元素的干扰峰。激发出来的光电子依据激发轨道的名称进行标记。如从 C 原子的 1s 轨道激发出来的光电子用 C1s 标记。由于 X 射线激发源的光电子能量较高，可以同时激发出多个原子轨道的光电子，因此在 XPS 图上会出现多组谱峰。大部分元素都可以激发出多组光电子峰，可以利用这些峰排除能量相近峰的干扰，以利于元素的定性标定。由于相近原子序数的元素激发出的光电子的结合能有较大的差异，因此相邻元素间的干扰作用很小。

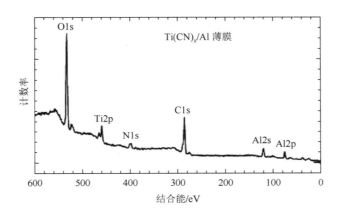

图 7-5　高纯 Al 基片上沉积的 Ti(CN)$_x$ 薄膜的 XPS 图

由于光电子激发过程的复杂性，在 XPS 图上不仅存在各原子轨道的光电子峰，还存在部分轨道的自旋裂分峰，$K_{\alpha 2}$ 产生的卫星峰、携上峰以及 X 射线激发的俄歇峰等伴峰，在定性分析时必须予以注意。现在，定性标记的工作可由计算机进行，但经常会发生标记错误，应加以注意。对于不导电的样品，由于荷电效应，经常会使结合能发生变化，导致定性分析得不到正确的结果。

2. 表面元素的半定量分析

首先应该明确 XPS 并不是一种很好的定量分析方法。它给出的仅仅是一种半定量的分析结果，即相对含量，而不是绝对含量。由 XPS 提供的定量数据是以原子分数表示的，而不是质量分数。这种比例关系可以通过下列公式换算得到：

$$c_i^{wt} = \frac{c_i \times A_i}{\sum_{i=1}^{n} c_i \times A_i} \qquad (7\text{-}11)$$

式中，c_i^{wt} 为第 i 种元素的质量分数，c_i 为第 i 种元素的 XPS 摩尔分数，A_i 为第 i 种元素的相对原子质量。

在定量分析中必须注意的是，XPS 给出的相对含量也和谱仪的状况有关。因为不仅各元素的灵敏度因子是不同的，XPS 仪对于不同能量的光电子的传输效率也是不同的，并随着谱仪受污染的程度而改变。XPS 仅提供 3～5nm 厚的表面信息，其组成不能反映体相成分。样品表面的 C、O 污染以及吸附物的存在也会大大影响其定量分析的可靠性。

3. 表面元素的化学价态分析

表面元素的化学价态分析是 XPS 最重要的一种分析功能，也是 XPS 图解析最难、比较容易发生错误的部分。在进行元素化学价态分析前，首先必须对结合能进行正确的校准。因为结合能随化学环境的变化而变化，当荷电校准误差较大时，很容易标错元素的化学价态。此外，有一些化合物的标准数据依据不同的作者和仪器状态存在一定的误差，在这种情况下这些标准数据仅能作为参考，最好是自己制备对照样本（control sample），这样才能获得正确的结果。有一些化合物的元素不存在标准数据，要判断其价态，必须用自制的标样进行对比。还有一些元素的化学位移很小，用 XPS 的结合能不能有效地进行化学价态分析，在这种情况下，可以从线性及伴峰结构进行分析，同样也可以获得化学价态的信息。

由图 7-6 可见，在 PZT 薄膜表面，C1s 的结合能为 285.0eV 和 280.8eV，分别对应于有机碳和金属碳化物。有机碳是主要成分，可能是由表面污染产生的。随着溅射深度的增加，有机碳的信号减弱，金属碳化物的峰增强。这说明在 PZT 薄膜内部的碳主要以金属碳化物的形式存在。

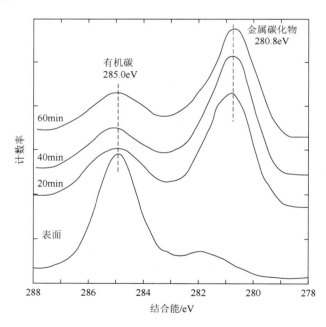

图 7-6　PZT 薄膜中碳的化学价态谱

4. 元素沿深度方向的分布分析

XPS 可以通过多种方法实现元素沿深度方向分布的分析，这里介绍最常用的两种方法：Ar 离子剥离深度分析和变角 XPS 深度分析。

1）Ar 离子剥离深度分析

Ar 离子剥离深度分析是一种使用最广泛的深度剖析的方法，是一种破坏性的分析方法，会引起样品表面晶格的损伤、择优溅射和表面原子混合等现象。其优点是可以分析表面层较厚的体系，深度分析的速度较快。其分析原理是先把表面一定厚度的元素溅射掉，再用 XPS 分析剥离后的表面元素含量，这样就可以获得元素沿样品深度方向的分布。由于普通的 X 射线枪的束斑面积较大，离子束的束斑面积也相应较大，因此，其剥离速度很慢，深度分辨率也不是很好，样品元素的离子束溅射还原会相当严重。为了避免离子束的溅射坑效应，离子束的面积应比 X 射线枪束面积大 4 倍以上。对于新一代的 XPS 仪，由于采用了小束斑的 X 射线源（微米量级），XPS 深度分析变得较为现实和常用。

2）变角 XPS 深度分析

变角 XPS 深度分析是一种非破坏性的深度分析技术，但只适用于表面层非常薄的体系（1～5nm）。其原理是利用 XPS 的采样深度与样品表面出射的光电子的接收角的正弦关系，获得元素浓度与深度的关系。图 7-7（a）是变角 XPS 深度分析的示意图。图中，α 为掠射角，定义为进入分析器方向的电子与样品表面间的夹角。采样深度 d 与掠射角 α 的关系如下：

$$d = 3\sin\alpha \qquad\qquad (7\text{-}12)$$

当 α 为 90°时，XPS 的采样深度最大，减小 α 可以获得更多的表面层信息；当 α 为 5°时，可以使表面灵敏度提高 10 倍。在运用变角 XPS 深度分析技术时，必须注意下面因素的影响：①单晶表面的点阵衍射效应；②表面粗糙度；③表面厚度应小于 10nm。

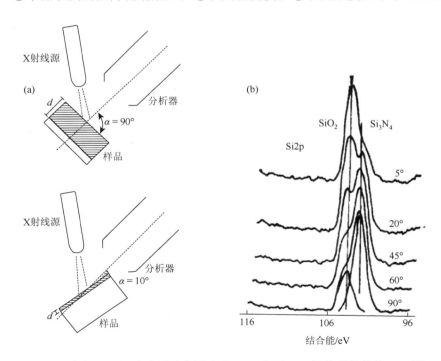

图 7-7　变角 XPS 深度分析示意图以及 Si_3N_4 表面 SiO_2 污染层的变角 XPS 图

图 7-7（b）是 Si_3N_4 样品表面 SiO_2 污染层的变角 XPS 深度分析。从图可见，在掠射角为 5°时，XPS 的采样深度较小，主要收集的是最表面的成分。由此可见，在 Si_3N_4 样品表面的 Si 主要以 SiO_2 形式存在。当掠射角为 90°时，XPS 的采样深度较大，主要收集的是次表面的成分。此时，Si_3N_4 的峰较强，是样品的主要成分。从变角 XPS 深度分析的结果可以认为表面的 Si_3N_4 样品已经被氧化成 SiO_2。

5. XPS 伴峰分析技术

在 XPS 中最常见的伴峰包括携上峰、X 射线激发俄歇峰和 XPS 价带峰。这些伴峰一般不太常用，但在不少体系中可以用来鉴定化学价态，研究成键形式和电子结构，是 XPS 常规分析的一种重要补充。

1）XPS 的携上峰分析

在发生光电效应后，由于内层电子的发射引起价电子从已占有轨道向较高的未占有轨道跃迁，这个跃迁过程就称为携上过程。在 XPS 主峰的高结合能端出现的能量损失峰即为携上峰。携上峰是一种比较普遍的现象，特别是对于共轭体系会产生较多的携上峰。在有机体系中，携上峰一般由 $\pi \rightarrow \pi^*$ 跃迁所产生，即由价电子从最高占据分子轨道（HOMO）向最低未占据分子轨道（LUMO）的跃迁所产生。某些过渡金属和稀土金属由于在 3d 轨道或 4f 轨道中有未成对的电子，也常常表现出很强的携上效应。

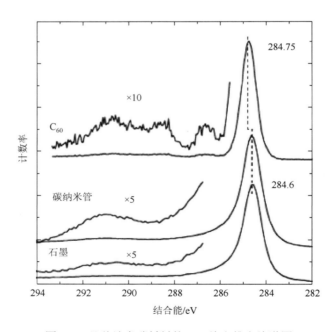

图 7-8　几种纳米碳材料的 C1s 峰和携上峰谱图

图 7-8 是几种纳米碳材料的 C1s 谱。从图可见，C1s 的结合能在不同的碳结构中有一定的区别。在石墨和碳纳米管材料中，其结合能均为 284.6eV；在 C_{60} 材料中，其结合能为 284.75eV。由于 C1s 峰的结合能变化很小，难以从 C1s 峰的结合能来鉴别这些纳米碳

材料。由图可见，其携上峰的结构有很大的差别，因此也可以从 C1s 的携上伴峰的特征结构进行鉴别。在石墨中，由于 C 原子以 sp^2 杂化存在，并在平面方向形成共轭 π 键。这些共轭 π 键可以在 C1s 峰的高能端产生携上伴峰。这个峰是石墨的共轭 π 键的指纹特征峰，可以用来鉴别石墨碳。从图上还可以看出，碳纳米管材料的携上峰基本与石墨的一致，这说明碳纳米管材料具有与石墨相近的电子结构，这与碳纳米管的研究结果是一致的。在碳纳米管中，碳原子主要以 sp^2 杂化并形成圆柱形层状结构。C_{60} 材料的携上峰的结构与石墨和碳纳米管有很大的区别，可分解为 5 个峰。这些峰是由 C_{60} 的分子结构决定的。在 C_{60} 分子中，不仅存在共轭 π 键，还存在 σ 键。因此，在携上峰中还包含了 σ 键的信息。综上可见，不仅可以用 C1s 的结合能表征碳的存在状态，还可以用它的携上指纹峰研究其化学状态。

2）X 射线激发俄歇电子能谱（X-ray Auger electron spectrometry，XAES）分析

在 X 射线电离后的激发态离子是不稳定的，可以通过多种途径产生退激发。其中一种最常见的退激发过程就是产生俄歇电子跃迁的过程。因此 X 射线激发俄歇谱是光电子谱的必然伴峰。其原理与电子束激发的俄歇谱相同，仅是激发源不同。与电子束激发俄歇谱相比，XAES 具有能量分辨率高、信背比高、样品破坏性小和定量精度高等优点。同 XPS 一样，XAES 的俄歇动能也与元素所处的化学环境有密切的关系。同样可以通过俄歇化学位移来研究其化学价态。俄歇过程涉及三电子过程，其化学位移往往比 XPS 要大得多。这对于元素的化学状态鉴别非常有效。对于有些元素，XPS 的化学位移非常小，不能用于研究化学状态的变化。此时，俄歇化学位移不仅可以用来研究元素的化学状态，其线形也可以用来进行化学状态的鉴别。

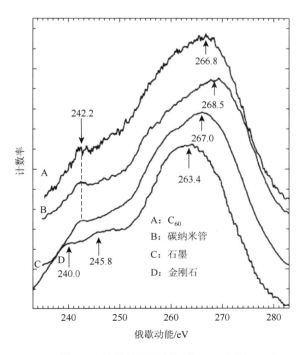

图 7-9　几种纳米碳材料的 XAES 图

从图 7-9 可见，俄歇动能不同，其线形有较大的差别。天然金刚石的 C KLL 俄歇动能是 263.4eV，石墨的是 267.0eV，碳纳米管的是 268.5eV，C_{60} 的是 266.8eV，这些俄歇动能与碳原子在这些材料中的电子结构和杂化成键有关。天然金刚石是以 sp^3 杂化成键的，石墨是以 sp^2 杂化轨道形成离域的平面 π 键，碳纳米管主要也是以 sp^2 杂化轨道形成离域的圆柱形 π 键，在 C_{60} 分子中，主要以 sp^2 杂化轨道形成离域的球形 π 键，并伴有 α 键。因此，在金刚石的 C KLL 谱上存在 240.0eV 和 245.8eV 的两个伴峰，这两个伴峰是金刚石 sp^3 杂化轨道的特征峰。在石墨、碳纳米管及 C_{60} 的 C KLL 谱上仅有一个伴峰，动能为 242.2eV，这是 sp^2 杂化轨道的特征峰。因此，可以用伴峰结构判断碳材料中的成键情况。

3）XPS 价带谱分析

XPS 价带谱反映了固体价带结构的信息，由于 XPS 价带谱与固体的能带结构有关，因此可以提供固体材料的电子结构信息。XPS 价带谱不能直接反映能带结构，必须经过复杂的理论处理和计算。因此，在 XPS 价带谱的研究中，一般比较 XPS 价带谱结构，理论分析相应较少。

图 7-10 是几种纳米碳材料的 XPS 价带谱。从图中可以看到，在石墨、碳纳米管和 C_{60} 分子的价带谱上都有三个基本峰。这三个峰均是由共轭 π 键所产生的。在 C_{60} 分子中，由于 π 键的共轭度较小，其三个分裂峰的强度较强。在碳纳米管和石墨中，由于共轭度较大，特征结构不明显。从图中还可以看到，在 C_{60} 分子的价带谱上还存在其他三个分裂峰，这些是由 C_{60} 分子中的 σ 键所形成的。由此可见，从价带谱上也可以获得材料电子结构的信息。

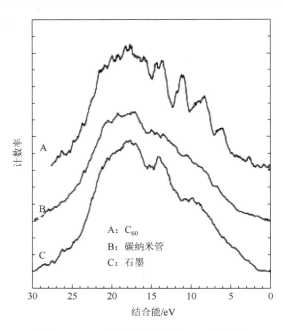

图 7-10　几种纳米碳材料的 XPS 价带谱

4）俄歇参数

元素的俄歇电子动能与光电子的动能之差称为俄歇参数，它综合考虑了俄歇电子能谱和光电子能谱两方面的信息。由于俄歇参数能给出较大的化学位移，与样品的荷电状况及谱仪的状态无关，可以更精确地用于元素化学状态的鉴定。

7.3　紫外光电子能谱

相比于 X 射线光电子能谱，紫外光电子能谱（ultraviolet photo-electron spectroscopy，UPS）的激发源在紫外线能量范围，可以在高能量分辨率（10～20meV）水平上探测价层电子能级的亚结构和分子振动能级的精细结构，是研究材料价电子结构的有效方法。

7.3.1　UPS 的理论基础

紫外光电子能谱（UPS）测量的基本原理与 XPS 相同，都是基于爱因斯坦光电效应方程。对于自由分子和原子，遵循：

$$E_k = h\nu - E_b - \phi_s \tag{7-13}$$

其中，$h\nu$ 为入射光子能量（已知值）；E_k 为光电过程中发射的光电子的动能（测量值）；E_b 为内层或价层束缚电子的结合能（计算值）；ϕ_s 为谱仪的逸出功（已知值，通常在 4eV 左右）。但是 UPS 所用激发源的能量远远小于 X 射线，因此，光激发电子仅来自非常浅的样品表面（约 10Å），反映的是原子费米能级附近的电子即价层电子相互作用的信息。

7.3.2　UPS 的测试装置

一般用于 UPS 测试理想的激发源应能产生单色的辐射线且具有一定的强度，常采用惰性气体放电灯（如 He 共振灯，详见图 7-11），其在超高真空环境下（约 10^{-8}mbar，1mbar = 100Pa）通过直流放电或微波放电使惰性气体电离，产生带有特征性的橘色等离子体，主要包含 He I 共振线（波长为 584Å，光子能量为 21.22eV）和 He II 共振线（波长为 304Å，光子能量为 40.81eV），其中，He I 线的单色性好（自然线宽约 5meV）、强度高、连续本底低，是目前常用的激发源。

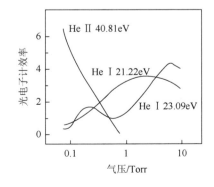

发射谱线	光子能量/eV	相对强度/%
HeIα	21.22	97.7
HeIβ	23.09	1.9
HeIβ	23.74	0.4
HeIδ	24.04	0.2

图 7-11　用于 UPS 的 He 共振线光子能量及强度

7.3.3 UPS 图分析

最初，高分辨的 UPS 仪主要用来测量气态分子的电离电位，研究分子轨道的键合性质以及定性鉴定化合物种类。后来 UPS 越来越多地应用于广延固体表面研究。固体的物理和化学性质与它们的能带结构密切相关，广延固体中的价电子结构较分子材料中单个原子或分子的价电子结构复杂得多。目前，紫外光电子能谱是研究固体能带结构最主要的技术手段之一[3]。采用 UPS 研究固体表面时，由于固体的价电子能级被离域或成键分子轨道的电子所占有，从价层能级发射的光电子谱线相互紧靠，因价电子能级的亚结构、分子振动能级的精细结构等叠加成带状结构，因此得到的光电子能量分布并不直接代表价带电子的态密度，而应包括未占有态结构的贡献，即受电子跃迁的终态效应影响，如自旋-轨道耦合，离子的离解作用、姜-泰勒（Jahn-Teller）效应、交换分裂和多重分裂等。

在 UPS 测量中光激发电子的动能在 0～40eV，在此能量区间的电子逃逸深度较小，且随能量变化剧烈，固体材料表面不可避免存在污染，表面污染对测量结果的影响尤为明显。此外，考虑到光电发射过程中表面荷电效应的影响，UPS 适用于分析表面均匀洁净的导体以及导电性好的半导体薄膜材料。对于导体（金属），其价带与导带有交替重叠部分；半导体的价带与导带是分开的，带宽较窄，介于绝缘体与导体之间。通常，将占有态的最高能级称为费米能级（E_F），E_F 常用作结合能的参考点，但并不是电子能量刻度的真正零点，真正的能量零点是真空能级（E_{Vac}），两者之间的关系定义为

$$E_F = E_{Vac} - \varPhi \tag{7-14}$$

其中，$\varPhi$ 为材料的逸出功，见图 7-12。

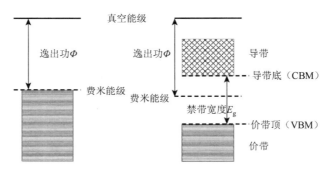

图 7-12　导体和半导体材料的能级结构图

紫外光电子能谱通过测量价层电子的能量分布获得有关价电子结构的各种信息，包括材料的价带谱、逸出功、VB/HOMO 位置和态密度分布等。图 7-13 是典型的 Au 样品的 UPS 图，从图中可以看到，在 8eV 之后谱线开始剧烈上升，表明有较强的二次非弹性散射电子出射。二次电子截止边对应被检测电子具有最高结合能的位置，即具有最低动能所对应的位置，通常结合费米边的位置来确定材料的逸出功。当样品与仪器有良好的电接触时，样品材料的费米能级 E_F 对应于仪器的 E_F。通过观测能谱谱线的费米台阶，定

义台阶中点为费米能级的位置。进一步观察可以看到二次电子截断在 16.1eV 处，这个光电信号截断表明 21.2eV 的光子能量最多只能激发结合能为 16.1eV 的电子，使其不经过任何散射而到达样品表面，因此通过公式

$$\Phi = h\nu - (E_{\text{cutoff}} - E_f) \tag{7-15}$$

可以计算出材料的逸出功，在此例中计算得到 Au 的逸出功为 5.1eV。

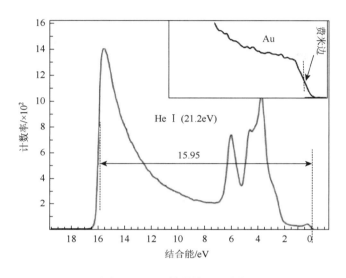

图 7-13　Au 样品的 UPS 图

　　在分析 XPS 图时确定谱峰的位置至关重要。待测样品中所含元素以何种化学态的形式存在，最主要的判据是化学位移，然而对以能带结构为主要研究对象的 UPS 图来说，除了需要对谱结构本身进行仔细辨识，还要对谱的端边进行精确标定，这包含了高动能起始边（E_F，确定电子态密度时的能量参考点）、低动能截止边（E_{cutoff}）以及半导体材料研究中所关注的价带顶或 HOMO 能级的位置。通常，半导体材料的 E_F 位于带隙之间，它与价电子所能填充的最高能量位置价带顶（VBM）之间有一个未知的能量差，如图 7-12 所示。对于 p 型半导体材料，该能量差可以非常小，对于 n 型半导体材料，该能量差可以大到与禁带宽度 E_g 相当。而且由于半导体材料受表面态影响会在近表面处发生能带弯曲，因此 E_F 相对于 VBM 的位置会随表面处理条件的改变而变化，这在解析谱图时需要考虑。

　　确定 VBM 位置的通常方法是沿价带谱起始边陡直上升部分线性外推，取其与本底噪声基线的交点，在有机半导体材料 HOMO 能级对应低结合能端出现的第一个峰的起始边。在实际应用中，VBM 或 HOMO 可用于计算材料的电离势（IP）。

习　题

7-1　请简述能带形成的过程并推导爱因斯坦光电效应方程。

7-2　通过 XPS 图可以进行哪些分析？

7-3　请通过图 7-14 给出的 UPS 图计算该材料的功函数以及价带顶的能级。

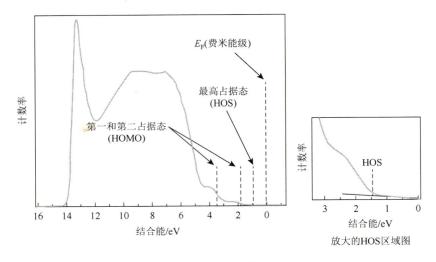

图 7-14　UPS 图

参 考 文 献

[1]　王本菊. 光电效应及其应用. 中国校外教育，2014：991-992.

[2]　刘世宏，等. X 射线光电子能谱分析. 北京：科学出版社，1988.

[3]　邹业. 紫外光电子能谱及其在有机电子器件中的应用. 北京：中国科学院大学，2014.

第8章 吸收与发射光谱分析

8.1 紫外-可见-近红外光谱

8.1.1 紫外-可见-近红外吸收光谱产生的原理

分子内的运动主要由三部分组成,分别是电子相对原子核的运动、原子核的相对振动和分子整体的转动。这三部分的能量都是量子化的。其中,分子中原子外层电子或价电子（valence electron）的能级间隔一般是 1～20eV,电子跃迁产生的吸收光谱在紫外-可见区域（200～780nm）。电磁波的引入会引起这三部分能量的变化,即分子对电磁辐射的吸收总能量由这三部分组成。其中电子能级跃迁吸收的能量占主要部分。在分子的吸收光谱中,除了包含电子能级跃迁产生的谱线,还包含振动能级和转动能级的谱线,所以分子吸收光谱是三个谱线叠加而成的最终结果。除此之外,分子在被激发时还会发生解离,解离出的碎片的动能是连续变化的,所以分子的吸收光谱看起来是一条连续的吸收带。与之对应的,原子的吸收光谱只涉及核外电子的能量变化,故原子的吸收光谱是分离的特征锐线。

8.1.2 影响紫外-可见-近红外吸收光谱的因素

吸收光谱的变化为谱带的位移、谱带强度和精细结构的出现或消失。其中谱带的位移又分蓝移和红移,蓝移是指吸收峰向波长更短、能量更高的方向移动;红移是指吸收谱带向波长更长、能量更低的方向移动。吸收峰的强度变化分为增色效应和减色效应,增色效应是指吸收强度增强,减色效应是指吸收强度减弱。

1. 共轭效应的影响

1）π 电子共轭体系增大, λ_{max} （最大吸收波长）红移, ε_{max} （摩尔吸光系数）增大

离域 π 键形成时会形成成键轨道能带和反键轨道能带,且最高能量的占有轨道（π）与最低能量的空轨道（π^*）之间的能量差减小,则发生跃迁时需要的能量减小,对应的波长增大。同时跃迁概率增加, ε_{max} 增加。表 8-1 列出了一些共轭多烯的吸收特性。

表 8-1 共轭多烯的 $\pi \rightarrow \pi^*$ 跃迁

n	λ_{max} /nm	ε_{max} /[L/(mol·cm)]
1	180	10000
2	217	21000

n	λ_{max} /nm	ε_{max} /[L/(mol·cm)]
3	268	34000
4	304	64000
5	334	121000
6	364	138000

2）空间阻碍使得共轭体系被破坏，λ_{max} 蓝移，ε_{max} 减小

取代基越大，分子共平面性越差，最大吸收波长蓝移，摩尔吸光系数减小，如表 8-2 所示。

表 8-2　有取代基的二苯乙烯化合物的紫外光谱

R1	R2	λ_{max} /nm	ε_{max} /[L/(mol·cm)]
H	H	294	27600
H	CH$_3$	272	21000
CH$_3$	CH$_3$	243.5	12300
CH$_3$	C$_2$H$_5$	240	12000
C$_2$H$_5$	C$_2$H$_5$	237.5	11000

2. 取代基的影响

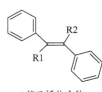

二苯乙烯化合物

当共轭双键的两端有容易使电子流动的基团时，有机化合物的极化现象增加。容易使电子流动的基团包括给电子基团（electron-donating group）和吸电子基团（electron-withdrawing group）。其中，给电子基团一般是含有未共用电子对原子的基团，如—NH$_2$、—OH 等。这些未共用电子对的流动性很大，可以形成 p-π 共轭，降低能量，λ_{max} 红移。吸电子基团是指容易吸引电子导致电子容易流动的基团，如—NO$_2$ 等，在共轭体系当中引入吸电子基团，也会产生 π 电子的转移，λ_{max} 红移。π 电子的流动性增加会导致光子的吸收分数增加，ε_{max} 增加。

3. 溶剂的影响

不同溶剂的极性是不同的，溶剂对不同的分子所产生的影响也是不同的，对于 π→π* 而言，溶剂的极性越大，吸收带红移，这是由于溶剂极性越大，分子与溶剂形成的静电作用越强，会使激发态更加稳定，即使激发态的能量降低，π→π* 跃迁需要的能量减小。但是对于 n→π* 而言，处于 n 轨道的电子由于会与极性溶剂形成氢键，基态能量降低的程度大于激发态能量降低的程度，所以使得 n→π* 跃迁能量增加，吸收带蓝移。

8.1.3　紫外-可见-近红外分光光度计

1. 组成

紫外-可见-近红外分光光度计由光源、单色器、吸收池、检测器等部分组成。

1）光源

光源的作用是提供激发能，供待测分子吸收。要求能够提供足够强的连续光谱，有良好的稳定性和较长的使用寿命，且辐射能量随波长无明显变化。由于光源本身的发射特性及各波长的光在分光器内的损失不同，因此辐射能量是随波长变化的。通常采用能量补偿措施，使照射到吸收池上的辐射能量在各波长基本保持一致。

紫外-可见-近红外分光光度计常用的光源有热辐射光源和气体放电光源。利用固体灯丝材料高温放热产生辐射的热辐射光源，如钨灯、卤钨灯。两者均在可见区使用，卤钨灯的使用寿命及发光效率高于钨灯。气体放电光源是指在低压直流电条件下，氢或氘放电所产生的连续辐射。一般为氢灯或氘灯，在紫外区使用。这种光源虽然能提供低至160nm 的辐射，但石英窗口材料使短波辐射的透过受到限制（石英最低透射波长约 200nm，熔融石英最低透射波长约 185nm），当大于 360nm 时，氢的发射谱线叠加于连续光谱之上，不宜使用。

2）单色器

单色器的作用是从光源发出的光中分离出所需要的单色光。通常由入射狭缝、准直镜、色散元件、物镜和出口狭缝构成，如图 8-1 所示。入射狭缝用于限制杂散光进入单色器，准直镜将入射光束变为平行光束后进入色散元件。后者将复合光分解成单色光，然后通过物镜将出自色散元件的平行光聚焦于出口狭缝。出口狭缝用于限制通带宽度。对于 Czerney-Turner 光栅单色器来讲，两个凹面镜分别起准直镜和物镜的作用。

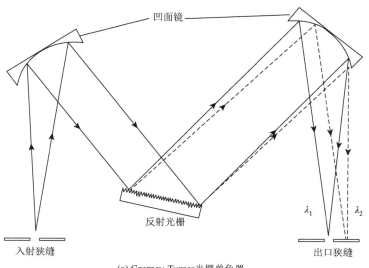

(a) Czerney-Turner光栅单色器

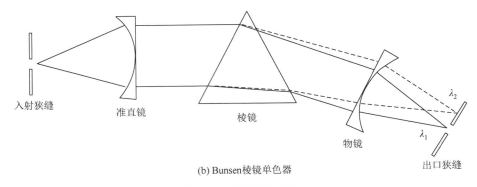

(b) Bunsen棱镜单色器

图 8-1　单色器构成图

3）吸收池

用于盛放试液。石英池用于紫外-可见区的测量，玻璃池只用于可见区。按其用途不同，可以制成不同形状和尺寸的吸收池，如矩形液体吸收池、流通吸收池、气体吸收池等。对于稀溶液，可用光程较长的吸收池，如 5cm 吸收池等。

4）检测器

检测器的功能是检测光信号，并将光信号转变成电信号。简易分光光度计上使用光电池或光电管作为检测器。目前最常见的检测器是光电倍增管，有的用二极管阵列作为检测器。

一般单色器都有出口狭缝。经光栅分光后的光是一组呈角度分布的、按不同波长排列的单色光 λ_1、λ_2 等，通过旋转光栅角度使某一波长的光经物镜聚焦到出口狭缝。二极管阵列检测器不使用出口狭缝，在其位置上放一系列二极管的线性阵列，分光后不同波长的单色光同时被检测。二极管阵列检测器的特点是响应速度快，但灵敏度不如光电倍增管，因为光电倍增管具有很高的放大倍数。

2. 工作原理

紫外-可见-近红外分光光度计按光束和波长可分为单光束与双光束分光光度计、单波长与双波长分光光度计。

1）双光束紫外-可见-近红外分光光度计

在单光束仪器中，分光后的单色光直接透过吸收池，依次测定样品池和参比池的吸收。这种仪器结构简单，适用于测定特定波长的吸收，进行定量分析。双光束仪器中，从光源发出的光经分光后再经扇形旋转镜分成两束，依次通过参比池和样品池，测的是透过样品溶液和参比溶液的光信号强度之比。双光束仪器克服了单光束仪器由于光源不稳引起的误差，并且可以方便地对全波段进行扫描。图 8-2 是双光束分光光度计的原理图。

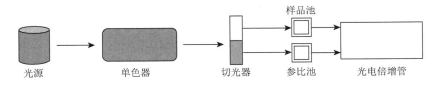

图 8-2　双光束分光光度计的原理图

2）双波长紫外-可见-近红外分光光度计

双波长分光光度计是由同一光源发出的光被分成两束，分别经过两个单色器，得到两束不同波长 λ_1 和 λ_2 的单色光；利用切光器使两束光以一定的频率交替照射同一吸收池；然后经过光电倍增管和电子控制系统，最后由显示器显示出两个波长处的吸光度差值。

双波长分光光度计的原理如图 8-3 所示。

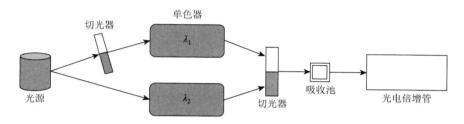

图 8-3　双波长分光光度计的原理图

3. 分光光度计的校正

1）波长校正

可以使用辐射光源法校正。常用氢灯、氘灯或石英低压汞灯校正，因为这些灯具有已知的特定的波长。

错钕玻璃在可见区有特征吸收峰，也可用来校正。

苯蒸气在紫外区有特征峰，也可以用来校正。

2）吸光度校正

以重铬酸钾溶液的吸收曲线为标准值校正。将 0.0303g 重铬酸钾溶于 1L 的 0.05mol/L 的氢氧化钾溶液中，采用 1cm 吸收池，在 25℃测定不同波长下的吸光度，如表 8-3 所示。

表 8-3　重铬酸钾溶液的吸光度

波长/nm	吸光度	透光率	波长/nm	吸光度	透光率	波长/nm	吸光度	透光率
220	0.446	0.358	300	0.149	0.709	380	0.932	0.117
230	0.171	0.674	310	0.048	0.895	390	0.695	0.202
240	0.295	0.507	320	0.063	0.864	400	0.396	0.402
250	0.496	0.319	330	0.149	0.710	420	0.124	0.751
260	0.633	0.233	340	0.316	0.483	440	0.054	0.882
270	0.745	0.180	350	0.559	0.276	460	0.018	0.960
280	0.712	0.194	360	0.830	0.148	480	0.004	0.991
290	0.428	0.373	370	0.987	0.103	500	0.000	1.000

4. 紫外-可见-近红外吸收光谱的应用

紫外-可见-近红外吸收光谱在纯度检验、定量分析、定性分析等方面得到了广泛的应用。但同类官能团的吸收光谱区别不大，所以必须结合其他手段才可以对化合物进行定性分析和结构解析。但对于化合物的定量分析，紫外-可见-近红外吸收光谱一直是最有效、最广泛的手段，这里重点介绍定量分析。

1）朗伯-比尔定律

朗伯-比尔定律（Lambert-Beer law）也称为吸光定律，是吸光光度法的理论基础。当一束强度为 I_0 的平行单色光照射到装有均匀非散射吸光物质的厚度为 b 的液池上时，吸光度 A 与吸光物质的浓度 c 以及吸收层厚度 b 成正比，即

$$A = \lg \frac{I_0}{I_t} = Kbc \qquad (8\text{-}1)$$

式中，I_t 为透射光的强度；K 为比例常数，与入射光的波长、吸光物质的性质、温度等因素有关。式（8-1）就是朗伯-比尔定律的表达式。b 的单位通常是 cm，K 值与 c 所用的单位有关。当 c 以 g/L 为单位时，K 称为吸光系数，单位是 L/(g·cm)，用 a 表示，则式（8-1）可以改写为

$$A = abc \qquad (8\text{-}2)$$

当 c 以 mol/L 为单位时，K 称为摩尔吸光系数，单位为 L/(mol·cm)，用 ε 表示，则式（8-1）可以改写为

$$A = \varepsilon bc \qquad (8\text{-}3)$$

朗伯-比尔定律成立有四个前提条件，分别是：①入射光为平行单色光且垂直照射；②吸光物质为均匀非散射体系；③吸光质点之间无相互作用，即吸光物质必须为稀溶液；④辐射与物质之间的作用仅限于光吸收，无荧光和光化学现象发生。

2）定量分析方法

紫外-可见-近红外吸收光谱适用于对紫外-可见-近红外有吸收的有机、无机化合物，或者通过显色反应对紫外-可见-近红外有吸收的物质进行定量测量。测量精度达 $10^{-5} \sim 10^{-4}$ mol/L，测量精度高。

（1）单组分的定量分析方法。

①吸光系数法。从手册上查得物质的标准吸光系数 $a_{1\text{cm}, \lambda_{\max}}^{1\%}$，由朗伯-比尔定律直接计算得到浓度。标准吸光系数的上角标 1%指质量分数，1cm 为吸收层厚度，$\lambda_{\max}$ 为最大吸收波长。

②比较法。测量标准溶液在 n 个不同浓度 c_i 下的吸光度 A_i，采用最小二乘法进行拟合，得到 A-c 曲线，即标准曲线。由测得的未知样的吸光度，结合标准曲线确定未知样的浓度。这种方法也称为标准曲线法或工作曲线法。

（2）多组分混合物的定量分析。这里以两组分混合物为例，分为三种情况介绍混合物的定量分析。

①两组分的吸收光谱之间无重叠。这种情况可以在各组分的最大吸收波长处分别测定其吸光度，然后按照单组分的测定方法计算其含量。

②两组分的吸收光谱部分重叠。若组分 b 对组分 a 的吸收峰无干扰，则可以先在组分 a 的最大吸收波长 λ_1 处测得其吸光度 A_1，按照单组分的测定方法计算组分 a 的浓度 c_a，然后测量混合物在 λ_2 处的吸光度 A_2，根据朗伯-比尔定律及吸光度的加和性，

$A_2 = \varepsilon_a bc_a + \varepsilon_b bc_b$，再利用纯组分 a 和 b 在 λ_2 处的摩尔吸光系数 ε_a 和 ε_b，即可计算得到组分 b 的浓度 c_b。

　　③两组分的吸光度相互重叠。两组分的吸光度相互重叠就表示两组分的最大吸收波长相互影响，这种情况下可以采用求解方程组的方法来确定各组分浓度。分别在 λ_1 和 λ_2 处测定两组分混合物的吸光度 A_1^{a+b} 和 A_2^{a+b} 以及纯组分在 λ_1 和 λ_2 处的摩尔吸光系数 ε_1^a、ε_1^b、ε_2^a、ε_2^b，根据朗伯-比尔定律和吸光度的加和性：

$$A_1^{a+b} = \varepsilon_1^a bc_a + \varepsilon_1^b bc_b \tag{8-4}$$

$$A_2^{a+b} = \varepsilon_2^a bc_a + \varepsilon_2^b bc_b \tag{8-5}$$

求解二元一次方程组，即可得到组分 a、b 的浓度。

5. 紫外-可见-近红外吸收光谱的案例分析

紫外-可见分光光度法测定腐殖酸的吸光度。

首先用紫外-可见分光光度法对样品溶液进行测定。在 190～820nm 进行扫描，得到其吸收光谱曲线如图 8-4 所示。

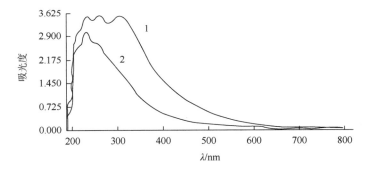

图 8-4　沉积物中腐殖酸的紫外-可见吸收光谱曲线

　　腐殖酸一般都具有苯环、苯肼基和苯羧酸基，这些官能团都能在紫外光谱上表现出来，即应该在图中 200～220nm、220～240nm、240～270nm 分辨出三个峰，图中样品 1 在 200～340nm 分辨出三个峰，样品 2 只出现一个峰，270nm 以上看不出明显的吸收峰。其原因可能是腐殖酸是由化学性质类似的化合物组成的混合物。它的分子量分布很宽，可从几百到几十万。由于腐殖酸各官能团吸收峰靠得较近，相互之间发生重叠，出现一些宽而钝的谱带。

8.2　荧光光谱学

　　荧光是指一种光致发光的冷发光现象。在吸收紫外线和可见光的过程中，分子受激跃迁至激发电子态，大多数分子将通过与其他分子的碰撞以热的方式散发掉这部分能量，部分分子以光的形式放射出这部分能量，放射光的波长不同于所吸收辐射的波长。后一种过程称作光致发光。一旦停止入射光，很多荧光物质的发光现象就立即消失。具有这种性质的出射光称为荧光。另外有一些物质在入射光撤去后仍能较长时间发光，这种现象称为余辉。

分子发光包括荧光、磷光、化学发光、生物发光和散射光等。基于化合物的荧光测量而建立起来的分析方法称为分子荧光光谱法。

8.2.1　原理

每种物质分子中都具有一系列紧密相隔的电子能级，每个电子能级中又包含一系列的振动能级和转动能级。当分子吸收能量（电能、热能、光能或化学能等）后可跃迁到激发态（excited state）。分子在激发态是不稳定的，它很快跃迁回到基态（ground state）。在跃迁回到基态的过程中将多余的能量以光子形式辐射出来，这种现象称为发光。

根据泡利不相容原理，分子内同一轨道中的两个电子必须具有相反的自旋方向，即自旋配对，自旋量子数的代数和为 $s = 0$，其分子态的多重性为 $M = 2s + 1 = 1$，该分子就处在单重态（singlet state），用符号 S 表示。绝大多数有机分子的基态是单重态。若分子吸收能量后，自旋方向不变，则分子处在激发单重态。如果在跃迁到高能级的过程中还伴随着电子自旋方向的改变，这时分子便具有两个不配对的电子，则有 $s = 1$，$M = 2s + 1 = 3$，该分子处在激发的三重态（triplet state），用符号 T 表示。S_0、S_1、S_2 分别表示分子的基态、第一和第二激发单重态；T_1、T_2 则分别表示分子的第一和第二激发三重态。处在分立的电子轨道的非成对的电子，平行自旋比配对自旋更稳定，因此，三重激发态能级总是比相应的单重激发态的能级略低。处在激发态的分子是不稳定的，它可能通过辐射跃迁或非辐射跃迁等激发过程回到基态。当然，也可能由于分子之间的作用产生去激发过程。辐射跃迁去激发过程有光子的发射时，产生荧光或磷光现象，如图 8-5 所示。非辐射跃迁是指以热的形式辐射多余的能量，包括振动弛豫、内转换、系间跨越、外转换等。各种跃迁方式发生的可能性及其程度既和物质分子结构有关，也和激发时的物理和化学环境等因素有关。下面分别说明去激发过程中的几种能量传递方式。

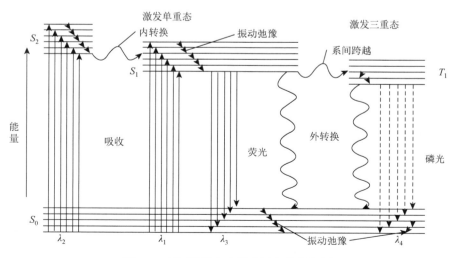

图 8-5　不同激发和去激发过程的能级图

1. 振动弛豫

振动弛豫指同一电子能级中不同振动能级间的跃迁。被激发到高能级上的分子将其过剩的能量以振动能的形式失去，对应着从高振动能级向低振动能级跃迁。振动失活相当于分子间碰撞，以红外辐射（即热能的形式）将能量传递给周围分子。产生振动弛豫的时间很快，一般为 $10^{-12} \sim 10^{-9}$s。

2. 内 转 换

内转换是指振动失活发生在同样的多重态之间。内转换的过程也很快，在 10^{-13}s 以内。

3. 外 转 换

激发态分子通过与溶剂或溶质分子间的相互作用产生去激发，从而使荧光或磷光减弱或消失，这一过程称为外转换，该现象又称为熄灭或猝灭（quench）。从最低激发单重态或三重态非辐射地回到基态能级的过程就可能包括了外转换，如溶剂分子通常对荧光光谱有很大影响。当降低温度或提高溶液黏度时，由于碰撞的减少，荧光强度增加。

4. 系 间 跨 越

系间跨越指不同多重态间的非辐射失活过程。由于系间跨越伴随激发态分子电子自旋方向的改变，因此不如内转换过程容易。

5. 荧　光

当分子处在单重态的最低振动能级时，去激发过程是以 $10^{-9} \sim 10^{-7}$s 的短时间内发射一个光子回到基态，这一过程称为荧光发射。荧光的特征波长（λ_3）较分子吸收的特征波长（λ_1 或 λ_2）长。荧光多为 $S_1 \rightarrow S_0$ 跃迁，即使是吸收能量较大的特征波长 λ_2 分子由 S_0 跃迁到 S_2，最终将只发出波长为 λ_3 的荧光。

6. 磷　光

发生系间跨越之后，接着将要发生快速的振动弛豫，分子将到达激发三重态的最低振动能级。在不存在其他过程的竞争的条件下，在 $10^{-4} \sim 10$s 的时间内跃迁到基态而产生磷光。荧光和磷光的根本区别是：荧光是由激发单重态最低振动能级跃迁到基态的各振动能级所产生的光辐射，磷光是由激发三重态的最低振动能级跃迁到基态的各振动能级所产生的光辐射。

8.2.2　发光参数

1. 激发光谱和发射光谱

荧光的激发光谱和发射光谱是荧光物质的基本特征，因而是定性和定量的基本依据。

1）激发光谱

荧光或磷光是光致发光，因此必须选择最合适的激发波长。激发波长可以由它的激发光谱曲线来确定。绘制荧光的激发光谱是以最强的荧光发射波长为测定波长。以激发光波长为横坐标，以荧光强度为纵坐标。改变激发光的波长，测量不同激发波长所产生荧光强度变化，即可得到荧光（磷光）物质的发射光谱。最大荧光强度所对应激发波长即为最适宜的激发波长。

2）发射光谱

发射光谱简称荧光光谱。激发波长固定在最强激发波长后，测定不同波长的荧光强度，就可以得到荧光光谱，荧光光谱具有以下特征。

（1）斯托克斯位移。与激发光谱相比，荧光光谱的波长总是出现在更长的波长处。这是由于荧光是从最低激发单重态的最低振动能级回到基态时产生的辐射，而激发过程有可能将分子激发到高的振动能级或更高的电子能级上。振动、热辐射等将会使分子失去能量，即激发与发射荧光间的能量损失是斯托克斯位移产生的主要原因。

（2）荧光发射光谱与激发波长无关。吸收光谱可以有几个吸收带，荧光发射仅是对应从 S_1 的最低振动能级至 S_0 的各振动能级的跃迁，因而与激发波长无关。同时发射的量子产率基本上与激发波长无关，一般激发光谱与发射波长无关。

（3）吸收光谱与发射光谱呈镜像对称。由于吸收光谱的各个谱带间隔与激发态的振动能级的能量差对应，荧光的发射谱带间隔与基态的振动能级的能量差相等，因而，激发态与基态的振动能级间隔类似时，吸收光谱与发射光谱呈镜像对称。

2. 荧光寿命

荧光寿命是指停止激发之后，荧光强度降到最大强度的 1/e 所需要的时间，常用 τ 表示。荧光衰减通常遵循单指数衰减规律。荧光寿命为 τ，意味着在 $t=\tau$ 时已有约 63% 的受激分子衰变，约 37% 的受激分子则在 $t>\tau$ 的时刻衰变。

荧光强度的衰减通常遵守如下的速度方程：

$$\ln I_t - \ln I_o = -\left(\frac{t}{\tau}\right) \tag{8-6}$$

式中，I_o、I_t 分别为在时间 0 和 t 时的荧光强度。由实验可作出 $\ln I_t$-t 的关系曲线，是一条直线。由直线的斜率可以求得荧光寿命的数值。

3. 发光量子产率

发光量子产率 φ 定义为发光物质发射的光子数与吸收的光子数之比：

$$\varphi = 发射的光子数/吸收的光子数 \tag{8-7}$$

φ 为 0.1～1 时有分析价值。根据上述定义，φ 与荧光寿命应有如下关系：

$$\varphi_f = \frac{k_f}{k_f + k_q + k_{isc}} = \frac{\tau_f}{\tau_o} \tag{8-8}$$

式中，k_f 为荧光辐射速率，与跃迁概率有关；k_{isc} 为系间跨越速率，重原子存在下 k_{isc} 值大；k_q 为非辐射失活速率，高温、低黏度溶剂等分子间碰撞概率大的条件下，k_q 值大。

量子产率的实验测定方法可采用参比法。比较待测发光体和已知量子产率的参比发光体在同样条件下测得的校正荧光（或磷光）光谱的积分发光强度 F 及其在该激发波长下的吸光度 A，可以求得待测发光体的量子产率 φ_x：

$$\varphi_x = \varphi_s \frac{F_x}{F_s} \frac{A_s}{A_x} \tag{8-9}$$

式中，下标 x 和 s 分别表示待测发光体和参比发光体。

8.2.3　荧光强度的影响因素

1. 溶剂的影响

溶剂的影响取决于溶剂分子和荧光物质的相互作用。这种影响随着荧光物质的分子结构的不同和溶剂性质的不同而变化。如荧光分子结构中含有非键的孤对电子，溶剂的氢可以和荧光分子的非键的孤对电子形成氢键。氢键使某些分子内的电荷转移跃迁产生明显的变化。这一类物质的荧光强度易受溶剂的极性影响。如果溶剂和荧光分子产生化合作用，荧光的峰的位置和强度都会有很大变化。例如，萘胺的乙醇溶液加入 HCl，生成萘胺盐酸盐。—NH_3Cl 对萘环的影响远远小于—NH_2。因此，萘胺盐酸盐的荧光光谱明显不同于萘胺，而是和萘的荧光光谱接近。对分子中含有孤对非键电子的荧光物质来说，溶剂的极性增加，将增加荧光强度，荧光峰位红移。例如，8-羟基喹啉分子中的 N 原子含有孤对非键电子，它在四氯化碳、氯仿、丙酮和乙腈溶剂中，随着溶剂的极性增加，荧光强度增加，荧光峰位红移。但对极性荧光物质来说，则存在相反的情况，极性溶剂将影响荧光物质分子的偶极矩。例如，苯氨萘磺酸类化合物在戊醇、丁醇、丙醇、乙醇和甲醇五种溶剂中，随着醇的极性增加，荧光强度减小，荧光峰位蓝移。

总之，溶剂对荧光强度和荧光峰位的影响要视溶剂分子和荧光物质的分子之间的相互作用而定，而不是取决于单方面的性质。

2. 温度的影响

荧光强度对温度十分敏感。荧光分析中一定要严格控制温度，温度上升，荧光强度下降。其中的重要原因是温度升高加快了振动弛豫而丧失了振动能量。另一个原因是温度升高降低了溶液的黏度，既增加了荧光分子的热运动，也增加了溶剂分子的热运动，从而增加两者之间的碰撞频率，使外转换去激发过程的速率增大。在低温条件下，荧光强度显著增强。低温荧光分析技术已成为荧光分析的重要手段。

3. 溶液 pH 的影响

带有酸性或碱性官能团的芳香族化合物的荧光一般和溶液的 pH 相关，对此类荧光分析时，要严格控制溶液的 pH。例如，苯胺分子在 pH 为 7～12 的溶液中会发出蓝色的荧光，在 pH<2 和 pH>13 的溶液中苯胺以离子形式存在，不会发出荧光。

8.2.4　荧光分析仪器

一般的荧光分析仪器的基本组成为光源、激发单色器、样品池、发射单色器、检测器等，如图 8-6 所示。光源用来提供不同波长的激光；激发单色器将光源发出的复合光变成单色光，发射单色器将发出的荧光与杂散光分离，防止杂散光对荧光测定产生干扰。

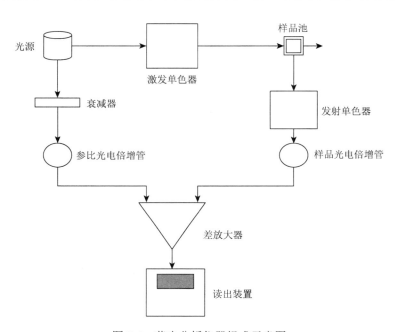

图 8-6　荧光分析仪器组成示意图

光源：用来激发原子使其产生原子荧光。光源分为连续光源和锐线光源。连续光源一般采用高压氙灯，功率可高达数百瓦。这种灯测定的灵敏度较低，光谱干扰较大，但是采用一个灯即可激发出各元素的荧光。常用的锐线光源为脉冲供电的高强度空心阴极灯、无电极放电灯及 20 世纪 70 年代中期提出的可控温度梯度原子光谱灯。

样品池：放置待测样品。

单色器：产生高纯单色光的装置。其中，激发单色器的作用是对入射激光进行单色光筛选，用于选择激发波长；发射单色器的作用是对需要测量的单色光进行过滤，排除其他光谱线的干扰，用于选择测量波长。单色器在许多测定光谱的仪器中均有应用。

检测器：参比光电倍增管、样品光电倍增管、差放大器共同组成了检测器，主要作用是将光信号转变成电信号。

图 8-7 为 FLS 1000 稳态/瞬态荧光光谱仪实物外观图，图 8-8 为 FLS 1000-stm 双光栅内部光路示意图。

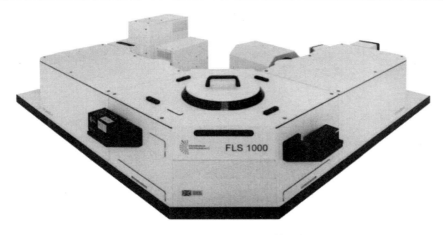

图 8-7　FLS 1000 稳态/瞬态荧光光谱仪实物外观图

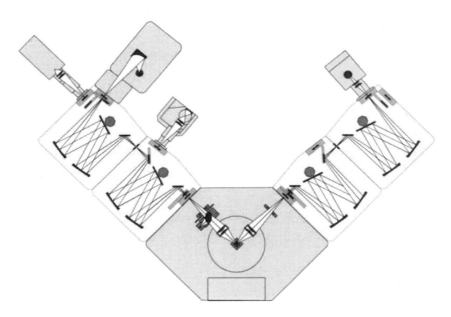

图 8-8　FLS 1000-stm 双光栅内部光路示意图

8.2.5　案例分析

　　根据物质吸收紫外光理论，当分子吸收一定的能量时就发生相应能级间的电子跃迁，饱和脂肪酸-乙醇溶液中具有相应的吸收结构，饱和脂肪酸中含有生色基 C—O，以及孤立非成键 n 电子对。该电子对很容易被激发，处于激发态的电子不稳定，先以非辐射跃迁的形式跃迁到第一激发态的最低振动能级之后跃迁回基态并发出荧光。当电子从第一激发态的最低振动能级跃迁回基态时，由于同一电子能级上存在许多不同的振动能级和转动能级，也就发出了不同波长的荧光，从而形成了图 8-9 的荧光光谱曲线。

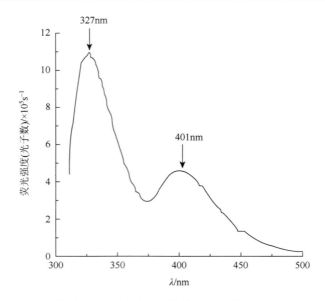

图 8-9　饱和脂肪酸-乙醇溶液发射的荧光光谱曲线（$\lambda_{ex} = 293nm$）

习　题

8-1　为什么分子的紫外-可见-近红外吸收光谱是带状光谱？

8-2　影响紫外-可见-近红外吸收光谱的主要因素有哪些？

8-3　从本质上阐述红外吸收光谱法比紫外吸收光谱法更有利于有机化合物的定性分析的原因。

8-4　在紫外-可见-近红外分光光度法中，试析偏离朗伯-比尔定律的主要原因。

8-5　吸光光度分析中选择测定波长的原则是什么？

8-6　什么是荧光？

8-7　什么是荧光光谱？

8-8　什么是荧光寿命？

8-9　什么是荧光量子产率？

8-10　荧光光谱定性分析的依据是什么？

参 考 文 献

[1]　何金兰. 仪器分析原理. 北京：科学出版社，2002.

[2]　刘密新. 仪器分析. 北京：清华大学出版社，2002.

[3]　何海军，瞿文川，钱君龙，等. 湖泊沉积物中腐殖酸的紫外-可见分光光度法测定. 分析测试技术与仪器，1996，2（1）：14-18.

[4]　赵文艳，杨成方，刘莹. 饱和脂肪酸乙醇溶液荧光光谱特性研究. 徐州师范大学学报（自然科学版），2009，27（2）：55-58.

第9章 热分析手段

本章主要介绍基本的热分析手段，总共三节内容，分别为热重分析仪、差示扫描量热仪和热导率测量。9.1 节主要介绍热重分析仪，重点分析热重曲线现象，探讨热重效应、元素挥发等因素对最终结果的具体影响；9.2 节和 9.3 节分别介绍差示扫描量热技术和热导率测量分析技术，包括热导率相关概念、测量方法和案例分析等。

9.1 热重分析仪

9.1.1 热重分析仪简介

1. 导言

热重分析（thermogravimetric analysis，TGA）是在程序温度控制下和不同气体中测量样品的重量（严格来说是质量）与试样温度或时间（恒温实验）关系的一种技术。用于进行这种测量的仪器称为热重分析仪。

TGA 结果通常以"质量-温度"或"质量-时间"曲线表示。TGA 信号对温度或时间的一阶导数表示质量的变化速率，称为 DTG 曲线，是对 TGA 信号重要的补充，如图 9-1 所示。

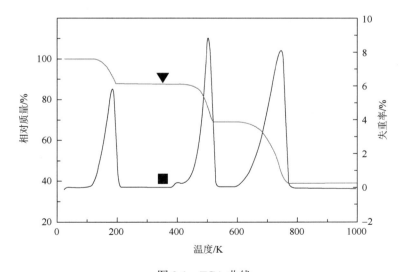

图 9-1　TGA 曲线

三角形为相对质量，正方形为失重率

TGA 曲线中通常出现台阶对应在 DTG 曲线上就会产生峰，这主要是样品在一定气氛内反应发生质量的增加或减少，出现这类变化的主要原因如下[3]。

（1）样品中某些挥发性组分如气体、水分或者其他挥发性物质被蒸发导致失重。

（2）金属类样品在空气或者氧气中被氧化导致重量变化。

（3）样品中有机物被空气或者氧气氧化分解。

（4）某些有机化合物在惰性气体中发生热解并伴随气体生成，导致原来的样品质量变化。

（5）物质发生非均相反应导致样品质量变化。例如，与含氢吹扫气体进行的还原反应。此外还有排出产物的反应，如去碳酸基反应或缩合反应。

（6）一些铁磁类样品的铁磁性会随着外界温度发生改变，如居里转变。如果在非均匀磁场中测量样品，则在居里转变处发生磁力的改变从而产生 TGA 信号。

2. 设计与测量原理

图 9-2 为三种热天平结构示意图。从左到右分别为上置式、悬挂式和水平式结构的天平设计。图中箭头表示装样时炉体运动的方向。目前的 TGA 仪器大部分已采用补偿天平。用这种天平，炉体中的样品位置即使在质量变化时也应严格保持相同。应区分简单动圈式称量系统和高级平行导向称量系统。在水平式炉体设计中，简单动圈式称量系统的弱点在于，升温中水平移动的样品（如在熔化过程）会产生明显的质量变化。高级平行导向称量系统可克服整个潜在的问题。

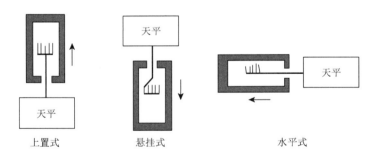

上置式　　　　　　　悬挂式　　　　　　　　水平式

图 9-2　热天平结构示意图

图 9-3 为 TGA 的工作原理示意图。

为保护天平不受热辐射和带有腐蚀性产物的影响，通常在天平和炉体之间构建结构性并采用保护性气体吹扫保护天平免腐蚀。根据天平达到的分辨率，可将天平分为半微量天平（10μg）、微量天平（1μg）和超微量天平（0.1μg）。除了分辨率，可连续测量的最大量程也是天平的重要性能，特别是当测量不均匀物质时，一般需要样品质量较大（几十至几百微克）。

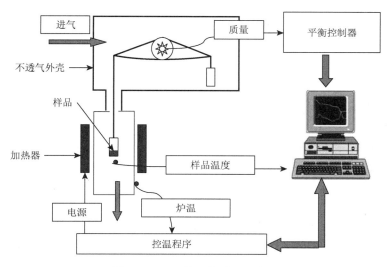

图 9-3　TGA 的工作原理示意图

1）浮力修正

由于气体密度随着温度变化，所以在 TGA 测量中必须对浮力作修正。如果不修正，即使无质量损失，样品在升温实验中也会呈现增重。一般通过进行空白测量修正 TGA 测试的浮力效应。空白测量采用相同的温度程序和用于样品测量的坩埚，但不放样品。然后，样品测量曲线减去空白曲线。浮力修正对于灰分含量这类测量是必需的，最后的剩余量需要精确测定。

当体积为 V 的物体浸入介质（这里为气体）时，遭到与排出的介质质量相等的向上推力即浮力：$F = V \cdot \rho \cdot g$，式中，ρ 为气体密度；g 为重力加速度（9.81m/s²）。由于热天平一方面是力补偿天平，信号用质量单位表示，所以质量 m 的浮力由下式给出：

$$m = V \cdot \rho \tag{9-1}$$

天平中的压力通常是恒定的，因为天平在出口端与大气连通。

热天平中的浮力效应不是恒定的，因为气体密度与温度有关。这意味着即使样品的质量并未变化，也随着温度的升高呈现明显的质量增加。

由炉体气氛包围部分的总体积是造成浮力变化的原因，包括样品、坩埚和炉体体积内部的坩埚支架部分。

恒压下密度与温度关系为

$$\rho = \rho_0 \frac{T_0}{T} \tag{9-2}$$

式中，ρ_0 为参比温度 $T_0 = 25\,℃$（298K）时的气体密度；T 为热力学温度。

表 9-1 为 101.3kPa 标准压力下几种气体在 25℃、500℃和 1000℃的密度数据。由此得到，1mL 体积的物体在空气中，25℃时受到的浮力效应为 1.184mg，1000℃时为 0.269mg。这意味着物体在加热时重了 0.915mg。

表 9-1　101.3kPa 标准压力下几种气体在 25℃、500℃、1000℃时的密度

气体	25℃时的密度/(mg/mL)	500℃时的密度/(mg/mL)	1000℃时的密度/(mg/mL)
干燥空气	1.184	0.457	0.269
氮气	1.146	0.441	0.268
氧气	1.308	0.504	0.306
氩气	1.634	0.630	0.383
氦气	0.164	0.063	0.038
二氧化碳	1.811	0.698	0.424

除了浮力作用，样品、坩埚和炉体体积内部的坩埚支架部分还受到垂直上升的热气流的影响。即使是水平炉体，受热的气体也因变轻而具有向上运动的倾向，作用与浮力相反为减重。因此，实际测量得到的空白曲线往往是先增重，随后增重趋缓，经最大值后下降，但最终不会为负值。

2）同步 TGA/DSC 和 TGA/SDTA

现代热天平通常配备同步 DSC 或 DTA 的测量功能，能在热重测量的同时运用 DSC（differential scanning calorimetry，差示扫描量热法）或 DTA（differential thermal analysis，差热分析法）测量信号。

同步 DSC 与 DSC 仪器一样，测量流入和流出样品的热流量。

在梅特勒托利多 TGA 中，一种最简单的同步 DTA 信号的测量不用参比坩埚，称为单式 DTA 即 SDTA（single differential thermal analysis）。参比温度由空白曲线得到。

同步 DSC 及同步 DTA 除了测量不伴随质量变化的热效应（如熔融、结晶或玻璃化转变），也测量与样品失重有关的能量性质。失重过程因为做膨胀功而通常发生吸热效应。也有例外，例如，如果在足够高的温度下生成可燃气体（可能由铂金坩埚表面上的催化效应引起的自燃），并有足够的氧气，则燃烧热更大，净效应是放热的。

3. 样品制备

制备 TGA 实验的样品时，应考虑许多因素。

（1）对要分析的物质，样品应有代表性。

（2）为获得测量要求的精确性，应有足够的样品量。

（3）制备过程中，样品应尽可能没有变化。

（4）制备过程中，样品应没有受到污染。

样品的形态影响反应产物的扩散，反过来又影响反应的进程。同时，样品形态还影响样品内部的热传递。

由于扩散速率和热传递，样品量也影响失重的速率。

因此在质量控制测试中，使用一致和可重复的样品制备方法非常重要。一致的样品量对获得可对比的 TGA 数据十分重要。

4. 测量

影响热重测量的因素如下。

（1）方法参数：升温速率、气氛（空气、氮气、氧气）、压力。

（2）样品制备：样品量、均匀性和形态（粗晶体、细粉末）。

（3）坩埚。

（4）仪器：如浮力和气流效应，可通过空白曲线减除来降低或消除。

（5）测量过程样品物理性能的变化，如发射率（影响样品内部和由炉体至样品的热传递）或体积（导致浮力变化）的改变。

（6）样品可能喷出或移动而产生假象，可研磨样品或罩一个铂金网。

1）升温速率的影响

温度与正确的试样温度间的系统误差（与升温速率有关）可通过温度校准和调整来测定与修正。通常采用具有良好导热性的纯金属来完成。实际样品（如聚合物）呈现相当不同的导热性能。因此，即使仪器已经完全调整，可预计测得的试样温度仍与升温速率有关。对于起始温度，该效应很小，但对于峰温则较明显。

如果样品经历化学反应，则反应发生的温度范围与升温速率关系很大。一般较高的升温速率使反应移至较高温度。如果发生开始温度很接近的副反应，则升温速率的选择特别重要。如果升温速率不当，则反应可能重叠而无法测量。但通常通过选择倾向性的升温速率（一般较低、有时较高），就可能将不同的反应分开。

分离重叠反应的一个特别的处理方法是基于 DTG 来自动控制升温速率：质量变化越快，则升温速率越慢。这个想法最初由维德曼（Wiedemann）于 1958 年提出，现在可由软件（Max Res）自动控制升温速率。

2）坩埚的影响

在 TGA 测量过程中，坩埚自然向气氛敞开。在进行实际测量前将样品密封起来很重要，可防止其与空气接触。然后在测量开始前立即在坩埚盖上钻孔（如用自动进样器）。

在完全敞口的坩埚中进行的气相反应比在自生气氛中更快。用钻有极小孔的盖冷焊盖住的铝坩埚，或用无孔盖轻松盖住的氧化铝或铂金坩埚，样品失重会移至较高温度。

坩埚材料不可影响样品的反应。通常用于 TGA 测量的是氧化铝坩埚，优点是能毫无问题地加热至 1600℃ 以上。蓝宝石坩埚更加耐温，尤其适合测量高熔点金属，如在高温下会部分溶解并渗透普通氧化铝坩埚的铁。

铂金坩埚的优点是导热性好，可改善同步 DSC 或同步 DTA 的性能。但是，在 1000℃ 以上时，铂金坩埚可能粘住同为铂金制造的坩埚支架，且一旦粘住就无法分离。一般在坩埚支架上放上蓝宝石薄圆片以阻止两个铂金表面相互接触就可避免此类问题。铂金并非总是惰性的，它有催化作用，可促进燃烧反应。

3）炉体气氛

封闭系统中的样品质量是保持不变的，与温度或时间无关。因此，仅当样品与其直接环境能自由进行物质交换时，热重测量才有可能。所以重要的必备条件是环绕样品的气体氛围能满足实验要求。为此，TGA 仪器须提供若干个气体进口和出口。

　　首先，需要保护性气体来保护天平免受可能逸出的腐蚀性气体侵蚀。通常使用干燥的惰性气体如氩气，流速为 20mL/min。除了保护性气体，吹扫气体和/或反应性气体可由单独的管道导入炉腔。吹扫气体的作用是移去炉腔内的反应产物。如果氦气用作吹扫气体，则由炉壁至样品的热传递会更好，尤其在 700℃以下的温度。反应性气体可传送至样品以观察反应性气体与样品的相互作用，反应性气体可以是空气或氧气（氧化反应）、由氩气稀释（以防爆炸）的氢气（通常为 4%氢气和 96%氩气）等。通常反应性气体和吹扫气体的流速为 50mL/min。

　　（1）惰性气氛中的残留氧。经常发生系统中残留氧量的问题。通过热天平测量活性炭在 700℃的燃烧，可非常容易地测定残留氧的量（表 9-2）。

　　例如，以总流速 $\Delta V / \Delta t = 100\text{mL/min}$（25℃下测量的保护性、吹扫和反应性气体流速之和）的氮气吹扫 20min 后，失重速率恒定在 $\Delta m / \Delta t = 10\mu\text{g/min}$。这时，残留的每一个氧分子几乎都与活性炭反应生成了二氧化碳（$\geqslant 1000℃$时，会不断地生成 CO）：

$$C + O_2 \longrightarrow CO_2 \tag{9-3}$$

1mol 碳（12g）燃烧需要 1mol 即 22.4L 氧（25℃下测量），也就是说，12μg/min 的燃烧速率等于 22.4μL/min 的氧消耗量。

这样，残留氧含量 c_r 可由总流速 $\Delta V / \Delta t$ 得到

$$c_r = \frac{\Delta m / \Delta t}{12\mu\text{g/min}} \frac{22.4\mu\text{L/min}}{\Delta V / \Delta t} = 1.87\mu\text{L}/\mu\text{g} \frac{\Delta m / \Delta t}{\Delta V / \Delta t} \tag{9-4}$$

如果 $\Delta m / \Delta t$ 为 5μg，$\Delta V / \Delta t$ 为 100mL/min，得到

$$c_r = \left(1.87\mu\text{L}/\mu\text{g} \times 5\mu\text{g/min}/100\mu\text{L/min}\right) = 0.00009 = 9.0 \times 10^{-5} \tag{9-5}$$

也可不这样计算，仅观察燃烧速率可能更方便，如常规检查要求失重速率应小于 $10\mu\text{g/min}$。

表 9-2　残留氧来源和相应的防范措施

残留氧来源	防范措施
吹扫气体的氧含量；气管和其他接口处泄漏	使用氧含量小于 10^{-5} 的惰性气体。氧能通过塑料管扩散。使用很短的塑料管（短于 50cm）或金属管，接头减至最少。仔细检查所有接头是否有泄漏
结构部件（测量池部件上吸收的氧）和死体积	测量前接通天平保护性气体和吹扫气体若干小时。加入样品时仅短时间开启炉体。通过稍微抽取真空至 1kPa 置换活性空气，然后充满采用的吹扫气体（必要时反应两次）
由于泄漏进入大气中含有的氧气	泄漏的可能原因是炉体密封圈可能损坏或弄脏
由于吹扫气体出口倒扩散进入大气中的氧气	出口连接一根长而细的管子（起扩散障碍作用）

　　（2）过压。出于安全原因，通常避免大气压力以上的热重测量。最新的梅特勒托利多 TGA 仪器中炉腔的可过压至 10kPa 左右（图 9-4）。即使气体出口无意间关闭，内部建

立的轻微过压会经由炉体的 O 形圈发生周期性释放（同时产生周期性的 TGA 信号假象）。

（3）减压。由于蒸发或挥发产生的失重经常在分解反应时同时出现，因而难以相互区分开。通过降低测量池内的压力常常可改善效应的分离。即使在减压下测量，仍然需要吹扫气体来保护微量天平以防可能的腐蚀性分解产物的凝结。在真空操作时，真空泵通常连续工作，排出反应产物、可能泄漏的空气和吹扫气体以获得恒定的真空度。为了获得炉腔内真实的压力值，压力表应安装在靠近炉腔的地方，而不是在连接真空泵的真空管上。工作压力通常在 0.1～10kPa。如果温度准确性要求高，则使用减压时应重新校准温度。

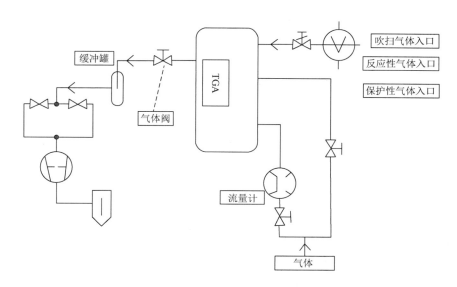

图 9-4　TGA 减压即真空下操作的示意图

4）自动进样器进样

当使用自动进样器时，必须保护样品转盘上的待测样品。以免挥发性成分（如水分）挥发或吸收环境中的水或氧。最好在实际测量前才打开坩埚。有两种方式可以做到这一点。

（1）在坩埚上盖上铝盖以保护样品免与环境直接接触，然后在测量前由自动进样器的抓手取走铝盖。以这种方式，可使用氧化铝或其他高温坩埚。

（2）铝坩埚可用铝盖冷焊密封，然后在放入测量池前才用自动钻孔器在盖上钻孔（如可钻 0.1mm、0.7mm 或 1.0mm 孔径的孔）。铝坩埚允许的最高测量温度为 640℃。

5）非均匀样品和质量变化很小的样品

如果物质的挥发性成分非常少，或物质是非均匀的，则必须加大样品用量。

通过思考下面的假想性实验，可得到小质量变化测量所必需的样品量概念。

假如想要测定 1%残留灰分，准确性达到 1%。如果空白曲线的重复性为 10μg，则要获得 1%的准确性必须保证 1mg 的灰分残留量。因此必需的样品量为 100mg。

5. TGA 曲线的解释

对测量结果解释时，除了 TGA 曲线本身，还可能用到其他曲线。

（1）一阶导数（DTG 曲线：质量变化的速率）。

（2）同步 DSC 曲线或同步 DTA 曲线（放热或吸热效应）。

（3）EGA（逸出气体分析，联用傅里叶变换红外光谱（FTIR）或质谱（MS）在线分析逸出气体）。

测量后对样品的观察（如果可能，用反射光学显微镜）可得到关于残留物的定性信息（灰状、玻璃状、变色或彩色粉末、烟灰颗粒等）。

下面讨论典型的 TGA 曲线。

1）化学反应

化学反应失重台阶的宽度可达 100K（转化率为 1%～99%）。通常，台阶由开始时水平的 TGA 曲线相当缓慢地展开，拐点约在 60% 转化率；反应结束时的曲率半径比反应开始时明显小。如果以化学当量发生反应，则可计算分子消除的摩尔质量。

氧化反应导致质量增加，如金属生锈。

扩散控制的反应几乎以恒定速率进行，即 TGA 曲线斜率几乎不变。

分解过程常常以多个台阶发生，如图 9-5 曲线 d 所示。爆炸性物质有时分解极快，而反冲产生干扰 TGA 的信号。

2）熔融时的失重效应

一般没有人希望在熔融时观察到重量效应。熔融时由于样品密度的微小改变而产生的浮力变化通常小于 1μg。即使如此，在 TGA 曲线上仍可经常观察到样品熔融点。这是蒸汽压增加或液相中分解速率更快造成的，如图 9-6 所示。有时，熔融过程后可能紧随着截留溶剂的失去。同步 DSC 或 SDTA 可鉴别这种效应。

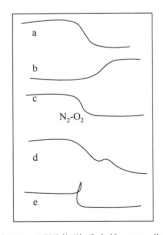

图 9-5　不同化学反应的 TGA 曲线

a. 生成挥发性反应产物的热分解；b. 金属的腐蚀、氧化（生成不挥发氧化物）；c. 由 N_2 切换至 O_2 时的碳黑燃烧；d. 多步分解；e. 有反冲效应的爆炸物分解

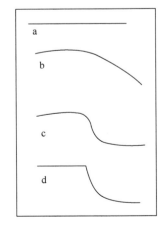

图 9-6　熔融时的热重效应

a. 蒸汽压低的样品（无 TGA 效应）；b. 挥发性熔融（液相样品蒸发）；c. 熔融时水分逃逸；d. 样品熔融并分解

3）其他失重效应

包括干燥台阶，典型的是发生在温度程序的开始，宽度约达 100K。其他物质如溶剂残留物或单体的解吸附以几乎相同的方式发生。由较小分子组成的有机化合物可出现升华，即直接由固相变化为气相。

完全敞口坩埚中的液体会在熔点以下很宽的温度范围蒸发。如果用钻有小孔的铝盖冷焊盖住铝坩埚，则会形成自生气氛。其中蒸气分子与液相保持平衡直至达到沸点。短时间内，液体完全蒸发，生成陡峭的 TGA 台阶，它的起始温度等于沸点。

铁磁材料在居里温度以上变为顺磁性。在不均匀磁场中，该转变产生失重信号。将一块永久磁铁放在靠近炉体冷的地方即可产生磁场。磁场对铁磁样品施加引力，记录下不同的质量。当超过居里温度时，磁力作用消失，表观质量突然改变，如图 9-7 所示[3]。

4）鉴别假象

假象是指在测量曲线上看到的不是由样品直接引起的效应，即与要测量的样品性能无关的效应。

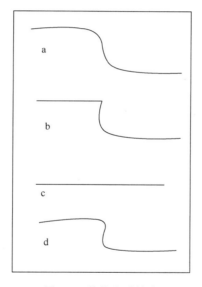

图 9-7　其他失重效应

a. 干燥，解吸附，升华；b. 在钻有小孔的盖冷焊盖住的坩埚中沸腾；c. 无磁场下铁磁体的居里转变（无 TGA 效应）；
d. 炉体下放置永久磁体后铁磁体的居里转变

以下为 TGA 假象的主要类型。

（1）加热时由环境气体密度下降产生的浮力效应。典型的浮力效应可导致 50～200μg 的表观质量增加。因为浮力效应是可重复的，所以可用扣除空白曲线来修正。这也可应用于气体切换（常用于 TGA）引起的浮力效应。

（2）吹扫气体流速的波动也可影响测量曲线。因此在测量过程中流速应尽可能保持恒定不变。

（3）由部分样品喷出造成的突然失重。这在伴随气体生成的样品分解时经常发生。

用粗颗粒 Al_2O_3 覆盖样品或用钻有孔的坩埚盖可加以防止。

（4）由于样品发泡且与炉壁接触造成的表观质量增加。用较少的样品量可予以解决。由重复测量和空白实验可鉴别假象。

6. TGA 计算

多数 TGA 计算涉及 TGA 效应台阶高度的确定，由于几个效应接续发生，常常部分重叠，所以问题在于如何选择台阶计算的界限。这时，一阶导数 DTG 曲线非常有用。DTG 曲线上，失重台阶呈现为相当清晰的峰。热分析软件提供计算 TGA 曲线上台阶的方法，可获得不同效应质量变化的相对值和百分数。

1）水平或切线台阶计算

通常将台阶解释为效应前后的质量变化，所以对应的基线应是水平的。所有台阶之和加上最后台阶结束处的残留量等于原始质量即 100%（假定进行了正确的空白曲线修正且样品无氧化）。

使用软件的自动台阶分离功能特别方便，也可手动设定台阶计算界限。通常利用 DTG 曲线来设定每个 TGA 台阶的两边计算界限。在很宽的蒸发或分解过程中，有时会发生其他组分相对陡的分解台阶。这时，可采用切线基线计算台阶。也可由相应的 DTG 峰的积分来代替 TGA 台阶计算，这个方法对宽台阶背景下较陡分解台阶的计算较为有用。

由台阶计算获得的可选结果有：台阶结束处的残留量；左右计算界限；切线起始点和终止点；拐点和台阶高 50%处的中点；升温速率；基线类型是水平还是切线；结果模式（试样温度、程序段时间或横坐标单位）。

由台阶高度可测定含量或用纯的初始物质来检查反应的化学当量。

2）含量测定

如果在测量中欲测定的组分完全失去（如水分或其他挥发性物质、无残留物的分解反应及一些解聚反应、碳黑燃烧），则易于测定含量。这时，含量 G 可用下式计算：

$$G[\%] = \frac{\Delta m}{m_0} \cdot 100\% \tag{9-6}$$

式中，Δm 为质量损失；m_0 为原始质量。

在只有部分质量损失（如脱水、去碳酸基）的化学计量反应中，G 可用下式计算：

$$G[\%] = \frac{\Delta m}{m_0} \cdot \frac{M}{n \cdot M_{gas}} 100\% \tag{9-7}$$

式中，M_{gas} 和 M 分别为失去的气体和样品中感兴趣的原始组分的摩尔质量；n 为每摩尔样品失去的气体摩尔数。

例如，测定石灰石样品中碳酸钙的含量：

$$CaCO_3 \longrightarrow CaO + CO_2 \tag{9-8}$$

每个 $CaCO_3$ 分子失去一个 CO_2 分子，即 n 为 1。$M = 100g/mol$，$M_{gas} = 44g/mol$，$m_0 = 10.136mg$，$\Delta m = 4.2439mg$。将这些数字输入时，就得到 $CaCO_3$ 的含量为 95.16%。

3）经验含量

非化学计量即复杂反应需要已知纯度（含量）的参比样品，参比样品的 TGA 曲线要在相同条件下预先测定。经验的参比台阶 R_{emp} 由下式计算：

$$R_{emp} = \frac{\Delta m_r}{mG_0} \tag{9-9}$$

式中，Δm_r 为测得的失重台阶；m 为所用的样品质量；G_0 为参比样品的纯度（即含量）。

经验含量测定需要参比台阶来计算：

$$G[\%] = \frac{\Delta m}{m_0 R_{emp}} \cdot 100\% \tag{9-10}$$

4）反应转化率

假定失重台阶归因于单个化学反应，则反应转化率 α 为

$$\alpha(T) = \frac{\Delta m_T}{\Delta m_{tot}} \tag{9-11}$$

式中，Δm_T 为温度 T 时的失重；Δm_{tot} 为台阶高度。

可在整个失重台阶中以这种方式计算和表示转化率。实际上这是以归一化表示的 TGA 台阶，从 0 开始至 1（即 100%）结束。

9.1.2　典型应用：橡胶分析

橡胶分析的目的是定量测定工业弹性体体系的主要组分。一般而言，可分析下列主要组分：①挥发性物质如水分、增塑剂和其他添加剂；②弹性体本身；③炭黑；④无机填料和灰分。

选择最优化的测量条件（气氛、升温速率等），事实上有可能测定所有的组分。在氮气气氛中，挥发性组分（增塑剂）在 300℃前蒸发，弹性体及其他有机化合物在 600℃前经历热解。600℃时，将气体由氮气切换至空气或氧气，使炭黑燃烧。最后留下弹性体的无机填料（典型的为氧化锌、碳酸钙、氧化钙）和灰分为残留物。

除了由失重台阶获得定量信息，还可从 DTG 曲线获得化合物中的官能团及键组成等信息。

1. 化学计量需要考虑的事项

对于已知组分和摩尔质量 M 的纯化合物可用下式计算一个台阶产生的气体产物的摩尔质量 M_{gas}：

$$nM_{gas} = \frac{\Delta m}{m_0} \tag{9-12}$$

式中，n 为一个原始分子分解出的气体分子数。

例如，一水草酸钙第二个台阶的失重为 19.2%，M 为 146g/mol，则

$$nM_{gas} = 0.192 \times 146\text{g}/\text{mol} = 28.03\text{g}/\text{mol}$$

因为对于草酸钙不可能生成摩尔质量为 14g/mol 或 56g/mol 的气体，所以 n 须为 1，那么失去的化合物为一氧化碳。

2. 校准和调整

热天平可测量样品质量与温度的关系，因此必须确认所测得的质量和温度值是正确的。采用合适的参比样品进行经常的检查（测定与已知准确值的误差）即可做到。如果误差太大，则仪器必须调整（改变仪器参数以消除误差）。

天平须用参比质量（标准砝码）进行校准。梅特勒托利多 TGA 采用内置标准砝码进行校准和调整。温度可用基于某些铁磁物质（Ni、Fe 等）的居里温度的方法来校准。将一块永久磁铁放置于靠近参比样品的地方（炉体外）即可。样品经历磁力吸引而记录下更高的质量，然后以正常方法升温，在居里温度样品丧失铁磁性能，不再受磁力吸引，结果发生表观质量的突然下降。该转变发生在一个相对窄的温度范围内，在 TGA 曲线上产生较陡的台阶。将拐点或台阶结束点记录的温度与参比物质的居里温度进行比较。由于物理原因（磁滞现象、升温/降温速率依赖性、磁场依赖性），居里温度的准确性限于±5℃，不如采用熔点标准准确[4]。

用同步 DSC 或同步 DTA 信号和熔点标准可更精确地核校温度。非常纯的样品铟 In、锌 Zn、铝 Al、金 Au 和钯 Pd 常用于校准。

3. 案例分析

图 9-8 是复合相变材料的 TGA 曲线。复合相变材料的热失重曲线整体趋势基本与纯十八烷保持一致。由图可知，复合相变材料在 105℃以下具有良好的热稳定性。当温度超过 105℃时，复合相变材料的质量开始减少。随着温度继续升高，在 140～210℃，复合相变材料的质量急剧减少。当温度达到 240℃时，质量随温度变化非常缓慢，基本保持不变，可以认为复合相变材料已完全热分解。在 120℃时，复合相变材料的失重比例基本与纯十八烷相差无几。在 160℃和 200℃时，复合相变材料的失重比例明显高于纯十八烷。这是因为添加纳米石墨烯片提高了复合相变材料的导热系数，减弱了热惯性对基体材料十八烷的影响，从而加速了复合相变材料的热分解进程。

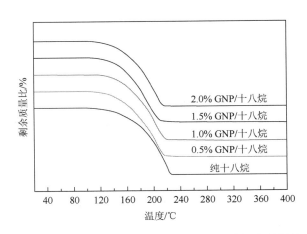

图 9-8　不同质量纳米石墨烯片与正十八烷形成的复合相变材料的 TGA 曲线

9.2　差示扫描量热仪

9.2.1　差示扫描量热仪简介

差示扫描量热仪（DSC）是在程序控温和一定气氛下，测量流入流出试样和参比物的热流差或输给试样和参比物的加热功率差与温度随时间变化的仪器。其特点体现在差示，即将样品与参比物比较进而测定；扫描指的是样品经历程序设定的温度过程；量热是指仪器对热流或加热功率进行测量。由于试样在加热（冷却）过程中，凡有物理变化和化学变化发生时，就有吸热或放热效应发生，若以在实验温度范围内不发生物理变化和化学变化的惰性物质做参比物，试样和参比物之间就出现温度差。DSC 测量仪器实物如图 9-9 所示。

图 9-9　DSC 测量仪器实物图

试样和参比物分别由单独控制的电热丝加热，根据试样中的热效应，可以连续调节这些电热丝的功率，用这种方法使得试样和参比物之间处于相同的温度，以达到这样目的所需的功率差为纵坐标，温度参数作为横坐标，由记录仪进行记录。

在 1977 年国际热分析协会命名委员会的第四次报告中，把 DSC 分为热流式（heat-flow）、热通量式（heat-flux）和功率补偿式（power compensation）三种形式。热流式和热通量式原理属于差热分析原理，是在不同温度下 DTA 曲线峰面积与试样焓变的校正曲线来定量热流的差热分析法。DSC 的主要特点是测试温度范围较宽（−175～725℃），分辨能力强和灵敏度高，不仅包括 DTA 的一般功能，还可以定量地测量固体、液体材料的各种热力学参数，如熔点、沸点、比热容、结晶温度、结晶度、纯度和焓变等，所以在生物医药、化工和材料热物性测试等方面有广泛应用[5]。

1. 热流式差示扫描量热仪

热流式差示扫描量热仪的结构示意图如图 9-10 所示，由 s—试样、r—参比物、康铜盘、热电偶、镍铬板、镍铝丝、镍铬丝和加热块组成。其主要特点是利用导热性能好的康铜盘把热量传输给试样和参比物，使它们受热均匀，因为康铜盘具有耐腐蚀和化学性能稳定的优点，并且可作为测量温度的热电偶接点的一部分，传输到试样和参比物的热流差通过试样的参比物平台下的镍铬板与康铜盘接点构成的热电偶进行监控。

流经试样面的热流：

$$\Phi_{s} = \frac{T_{s} - T_{C}}{R_{th}} \qquad (9\text{-}13)$$

参比面的热流：

$$\Phi_{r} = \frac{T_{r} - T_{C}}{R_{th}} \qquad (9\text{-}14)$$

输出 DSC 信号：

$$\Phi = \Phi_{s} - \Phi_{r} = \frac{\Delta T}{R_{th}} \qquad (9\text{-}15)$$

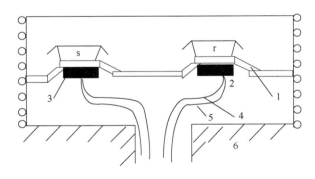

图 9-10　热流式 DSC 结构示意图

1-康铜盘；2-热电偶接点；3-镍铬板；4-镍铝丝；5-镍铬丝；6-加热块

为了减少加热源辐射给样品的热量，样品盘应采用热导率较低的盘。辐射热与热力学温度的四次方成正比，使高温时热阻大为减小，故热流式 DSC 不宜在高温下工作。由于温差ΔT和热阻都与温度呈非线性关系，为了精确地测定试样焓变，必须使用校准曲线，校准曲线可以从几个标准样品的焓变与该仪器测得的峰面积之比中得到，即使对同一种型号的仪器，它们的校准曲线也是有差别的，换新的样品池后，也应该重新求得校准曲线。

2. 热通量式差示扫描量热仪

热通量式差示扫描量热仪通过多重热电偶测得试样发生熔变的热通量，其特点是：在试样支架和参比物支架附近的薄壁氧化铝管壁上装着几十对乃至几百对串联的热电偶。其一端紧贴着管壁，另一端则紧贴着银均热块，然后将试样侧多重热电偶和参比物侧多重热电偶反接串联，测得的值不仅与试样和参比物之间的温差成比例，还与多重热电偶的对数成正比。多重热电偶对数越多，测得的差热信号越大。

由于薄壁氧化铝管壁与试样支架或参比物支架的距离极近，低温时主要依靠热传导和对流传热，高温时主要依靠热辐射传热。此外，由于热电偶的温度与其热电势不呈线性关系，尤其在 0℃以下更为严重，这将使仪器常数 K（仪器常数的校准曲线都由计算机来完成，不随温度、操作条件而变）增大，而在高温（800℃以上）情况下，由于热辐射的增大，热阻减小，也会使仪器常数 K 增大。

不论热流式还是热通量式差示扫描量热法，都不是直接测定热量的方法，而是根据试样在发生热效应时测量试样和参比物之间的温差，即差热的原理制成的。

3. 功率补偿式差示扫描量热仪

功率补偿式差示扫描量热法在热量定量方面比差热分析法好得多，能让试样产生的热效应及时得到应有的补偿，使得试样与参比物之间无温差、无热交换，试样始终跟随炉线性升温。能直接从曲线的峰面积中得到试样的放热量或吸热量，而且分辨率高，测得的化学反应动力学参数和物质纯度等数据比差热分析法、热流式和热通量式差示扫描量热仪更为准确，其仪器常数 K 几乎与温度无关，故无须对所测得的峰面积加以逐点校正，测量灵敏度和精度大为提高。

功率补偿式 DSC 结构原理示意图如图 9-11 所示，其主要特点是试样和参比物分别具有独立的加热器和传感器，整个仪器由两条控制电路进行监控，其中一条控制温度，是由温度程序发生器发出的一个使试样和参比物等速升温或降温或恒温的信号，另一条用于补偿试样和参比物之间所产生的温差，通过功率补偿电路使试样与参比物的温度保持相同。由于试样加热器的电阻 R_s 与参比物加热器的电阻 R_r 相等，当不发生热效应时：

$$I_s^2 R_S = I_r^2 R_r \tag{9-16}$$

当试样发生热效应时，补偿功率为

$$\Delta W = I_s^2 R - I_r^2 R = (I_s + I_r)(I_s - I_r)R \tag{9-17}$$

总电流：

$$I_T = I_s + I_r \tag{9-18}$$

代入则有

$$\Delta W = I_T(I_s R - I_r R) = I_T(V_s - V_r) = I_T U_{\Delta T} \tag{9-19}$$

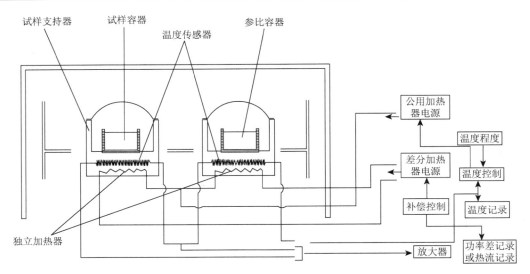

图 9-11　功率补偿式 DSC 结构原理示意图

　　当吸热时，试样温度低于参比物温度，放置于它们下面的一组差示热电偶产生温差电势 $U_{\Delta T}$，经差热放大器放大后送入功率补偿放大器，功率补偿放大器自动调节补偿加热丝的电流，使试样下面的电流 I_s 增大，参比物下面的电流 I_r 减小，从而增大试样的温度，降低参比物的温度，使试样与参比物之间的温差 $\Delta T \to 0$，即试样与参比物之间的温度始终维持相同。放热时相反。因此只要记录试样吸热速度或放热速度，即补偿给试样和参比物的功率之差随 T（或 t）的变化，就可获得 DSC 曲线，曲线的纵坐标代表试样放热或吸热的速率即热流速度，单位是 mJ/s，横坐标是 T（或 t）。

　　热流率可从功率直接计算得到：

$$\Delta W = \frac{\mathrm{d}Q_s}{\mathrm{d}t} - \frac{\mathrm{d}Q_r}{\mathrm{d}t} = \frac{\mathrm{d}H}{\mathrm{d}t} \tag{9-20}$$

式中，ΔW 为补偿的功率；Q_s 为试样的热量；Q_r 为参比物的热量；$\dfrac{\mathrm{d}H}{\mathrm{d}t}$ 为单位时间内的焓变，即热流率。

　　试样放出或吸收的热量为

$$\Delta Q = \int_{t_1}^{t_2} \Delta W \, \mathrm{d}t \tag{9-21}$$

　　式子右边即峰的面积，峰面积 A 是热量的直接度量，即 DSC 是直接测量热效应的热量。试样和参比物与补偿加热丝之间总存在热阻，使得补偿的热量或多或少产生损耗，因此热效应的热量应是 $\Delta Q = KA$。

　　功率补偿式 DSC 比 DTA 定量性能好，同时试样和参比物与热电偶之间的热阻能够做得尽可能小，使得 DSC 对热效应的响应更快、灵敏度及峰的分辨率更高。功率补偿式 DSC 要求试样和参比物的温度，无论试样吸热还是放热都要处于动态平衡状态，并通过功率补偿使两者温差 $\Delta T = 0$，即在试样和参比物底下分别增加一个补偿加热丝，在测量电路中增加一个功率补偿放大器，这是功率补偿式 DSC 与 DTA 最本质的区别。对于热流式 DSC 要求试样和参比物温差与试样和参比物热流量差成正比，因此其实质还是 DTA 原理，属于定量型 DTA。

功率补偿式 DSC 以两个独立炉体分别对试样和参比物进行加热，故存在一个较大的缺陷，即使用时间久了加热参比物的炉体一直很新，而加热试样的炉体因用久了有污染，这样两个炉体不对称，进而致使基线漂移。目前，热流型 DSC 运用最多。功率补偿式 DSC 以美国 Perkin-Elmer 公司生产的各种型号 DSC 仪为主。热流型 DSC 以美国 TA 公司、瑞士 Mettler 公司、日本岛津公司和德国耐驰公司各种型号 DSC 仪为主。

关于 DSC 曲线峰形向上表示为吸热还是放热，国际热分析及量热学联合会（International Confederation for Thermal Analysis and Calorimetry，ICTAC）没有作出明确规定。但主流仪器厂商的实际惯例对 DTA 曲线峰形向上规定为放热，向下规定为吸热。根据热力学原理，峰形向上表示焓变增加，应为吸热。大多数热分析仪器厂商与此相反，把 DSC 峰向上仍与 DTA 相同，规定为放热，峰向下为吸热，是因为这些 DSC 仪器不是功率补偿式的，而是在 DTA 基础上作了改进、校准而发展起来的，它们同样可以对试样的热效应做定量分析。为了使用户习惯于像 DTA 峰形那样，峰形向上作为放热。图 9-12 给出了常见的 DSC 曲线，基线以上为放热峰，基线以下为吸热峰。

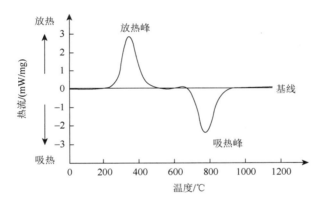

图 9-12　DSC 曲线方向的区分

对于基线，如图 9-13 所示，有直线基线、右（左）水平基线、积分水平基线等不同的基线类型。

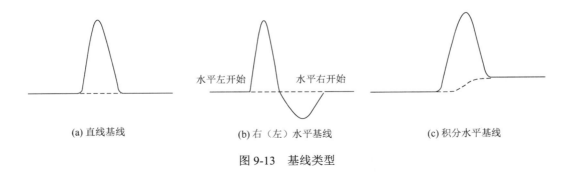

(a) 直线基线　　　　　　(b) 右（左）水平基线　　　　　　(c) 积分水平基线

图 9-13　基线类型

确定基线后，需要确定特征温度，通常将基线和拟合切线的交点确定为 DSC 效应的温度值，但根据数据处理软件的不同也会存在差异。如图 9-14 所示，基线与 DSC 峰的前后拟合切线的交点为起始点和终止点。

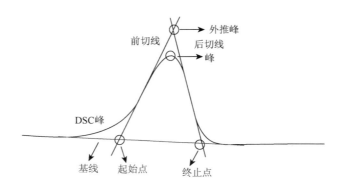

图 9-14　DSC 曲线特征温度的确定

4. 影响差示扫描量热分析的因素

因为 DSC 和 DTA 都是以测量试样的 ΔH 变化为基础的，影响 DSC 的因素和差热分析也基本上类似，但是 DSC 主要用于定量测定，因此某些实验因素的影响显得更为重要，其主要的影响因素大致有下列几方面[6]。

1）实验条件的影响

（1）升温速率。程序升温速率主要影响 DSC 曲线的峰温和峰形。一般升温速率越大，峰温越高、峰形越高越尖锐。

在实际中，升温速率的影响是很复杂的，它对温度的影响在很大程度上与试样种类和转变的类型密切相关。例如，考察升温速率对聚合物 T_g 的影响，因为玻璃化转变是松弛过程，升温速率太慢，转变不明显，甚至观察不到，升温快，转变明显，但 T_g 移向高温；升温速率对 T_m 影响不大，但有些聚合物在升温过程中会发生重组、晶体完善化，使 T_m 和结晶度都提高[5, 6]。

升温速率对峰的形状也有影响，升温速率慢，峰尖锐，分辨率也好；升温速率快，基线漂移大，因而一般采用 10℃/min。

（2）气体性质。在实验中，一般对所通气体的氧化还原性和惰性比较重视，而往往容易忽视其对 DSC 峰温和热焓值的影响。实际上，气氛对 DSC 定量分析中峰温和热焓值的影响是很大的。在氦气中所测定的起始温度和峰温都比较低，这是由于氦气的导热性近乎空气的 5 倍，温度响应就比较慢；相反，在真空中温度响应要快得多。同样，不同的气氛对热焓值的影响也存在着明显的差别，如在氦气中所测定的热焓值只相当于其他气氛的 40%左右。

2）试样特性的影响

（1）试样用量。试样用量是一个不可忽视的因素。通常试样用量不宜过多，因为过多会使试样内部传热慢、温度梯度大，导致峰形扩大和分辨率下降。当试样用量较少时，用较高的扫描速度，可得到最大的分辨率和最规则的峰形，可使样品和所控制的气氛充分接触，更好地除去分解产物；当采用较多样品用量时，可观察到细微的转变峰，可获得较精确的定量分析结果。一般在 5～10mg 为宜。

（2）试样粒度。粒度的影响比较复杂。通常，大颗粒的热阻较大而使试样的熔融温度和熔融热焓偏低，但是当结晶的试样研磨成细颗粒时，晶体结构的歪曲和结晶度的下降也可导致相类似的结果。对于带静电的粉状试样，由于颗粒间的静电引力使试样形成聚集体，也会引起熔融热焓变大。

（3）试样的几何形状。在高聚物的研究中，发现试样几何形状的影响十分明显。对于高聚物，为了获得比较精确的峰温值，应该增大试样与试样盘的接触面积，减少试样的厚度并采用慢的升温速率。

（4）试样热历史。某些高聚物、液晶等材料由于热历史的不同会产生不同的晶型或晶态，造成 DSC 曲线不同。

9.2.2　DSC 仪器操作及案例分析

1. DSC Q20 型开机

（1）打开氮气阀，确认输出压力为 0.08MPa 左右。

（2）打开制冷机电源开关。

（3）打开仪器电源开关，仪器开始自检，仪器前面的绿色指示灯亮时，自检完成。

（4）打开计算机，单击桌面上仪器控制图标，单击仪器图标，联机完成。

（5）采用 RCS 制冷系统，启动制冷机：选择"控制 Control"→"事件 Event"→"打开 On"，听到制冷机启动的声音，选择"控制 Control"→"转至待机温度 Go To Standby Temp"，大约 15min 后可以开始实验或校准。

2. DSC 实验步骤

（1）单击 Summary。

（2）Mode 选择 Standard。

（3）Test 选择 Custom。

（4）在 Sample Name 后输入待测样品名。

（5）在 Pan Type 后选择样品盘类型。

（6）在 Sample 输入样品质量，在 Pan 后选择样品盘编号，Ref 后选择对照盘编号。

（7）单击 Data File Name 后的图标，输入数据保存路径，注意文件名不包含中文及特殊字符。

（8）单击 Procedure。

（9）Test 选择 Custom。

（10）单击 Editor，会出现方法编辑器。

（11）单击方法命令，命令将出现左边的程序栏中。

（12）编辑程序栏中的步骤，不用的步骤点红色叉删除。

（13）单击 OK；单击绿色启动按钮，程序开始运行。

3. DSC 关机

（1）选择 Control→Event→Off；

（2）选择 Control→Go To Standby Temp；

（3）待温度到 40℃时，选择 Control→Lid→Open，取出坩埚；

（4）选择 Control→Lid→Close，关闭炉子；

（5）等待信号栏中的 Flange Temperature 高于室温；

（6）选择 Control→Shutdown Instrument；

（7）在弹出的对话框中选择 Shutdown；

（8）单击 Start；

（9）主机提示灯熄灭后，关闭仪器背后的电源；

（10）关闭制冷机电源，关闭氮气，关闭计算机。

　　由 DSC 测量样品升温、降温或恒温时发生的热流量，可以得到不同样品的玻璃化转变温度、结晶、熔融、相转变、热稳定性、比热容和化学反应动力学等信息，如图 9-15 所示，曲线表示不同的物理或化学过程，因此广泛应用于材料表征中。

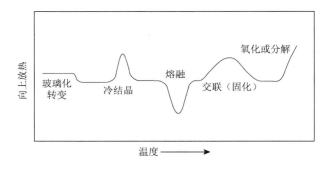

图 9-15　DSC 曲线表示不同的物理或化学过程

　　这些物理化学过程可归结为吸热和放热效应，当样品吸收能量时，这个过程称为吸热的，如挥发、熔融、化学键的断裂和玻璃化转变等过程；相反地，当样品放出能量时，这个过程称为放热的，如结晶、固化、化学键的形成等过程。其中，玻璃化转变是非晶态高分子材料固有的性质，指的是无定型物质在玻璃态和液态之间的转变。对于聚合物而言，玻璃化转变是非晶聚合物的玻璃态和高弹态之间的转变：当温度较低时，聚合物等高分子材料的很多运动基团都是被"冻结"的状态，不可以发生太大的运动，当温度较高时，聚合物等高分子材料的很多运动基团被"解冻"，刚性降低，弹性变大。玻璃化转变也发生在结晶聚合物的非晶区中。熔融态是温度升高时，分子的热运动能增大，导致结晶破坏，物质由晶相变为液相的过程。熔融是一级相转变，伴随有热焓、熵和体积的增大。温度降低，分子热运动能减小，分子由液相变为晶相[4]。

图 9-16 为以聚乙二醇（PEG）10000 的扩链聚合物为相变材料的 DSC 曲线和以三维网络聚合物包裹水为相变材料的 DSC 曲线，可以看到纵坐标为热流量，一般单位为 mW 或 mW/mg，且向下为吸热，向上为放热（也可吸热朝上、放热向下），横坐标为温度。得到曲线后，根据前面提到的方法，首先确定基线，一般为直线基线。然后确定特征温度，通常将基线和拟合切线的交点确定为 DSC 效应的温度值。然后可计算焓变，曲线中对应峰和基线之间的面积积分即焓变。PEG10000 的扩链聚合物的熔化温度为 53.4℃，凝固温度为 39.5℃，积分得到熔化焓和凝固焓分别为 112.9J/g、119.3J/g，低于纯 PEG10000 的 195.7J/g；图 9-16（b）显示聚合物包裹水的熔化焓为 311.4J/g，与冰的熔化焓 333.5J/g 接近。

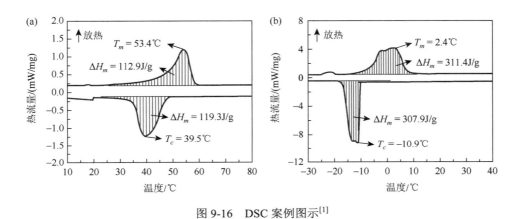

图 9-16　DSC 案例图示[1]

9.3　热导率测量

本节主要介绍热导率相关概念和基本内容，包括热导率的测量方法和案例分析。

9.3.1　导热系数和热扩散率简介

从钻木取火的时代发展到能源支撑的现代社会，人们对热的认识和利用不断加深，成为日常必不可少的一部分。生活生产中处处有传热现象，如在冬天或夏天，当我们用手摸金属时其感觉就比摸木头冷或热得多，原因就在于相同时间内金属从手上导走的热量远远大于木头；也就是说金属和木头都有热传导现象，但它们各自对热量的传导能力是不同的。人们利用不同物质的这种导热性质的差异为生活和生产服务：如做饭需要用铁或铝锅使得热量传递更快，而在保温热水壶中则需要不锈钢加真空层使得热量损失得更少；人们利用导热能力低的棉花、羽绒、毛皮做衣服御寒，用导热能力低的材料来建筑房屋以隔热和防寒；利用导热能力高的材料来制备换热或散热的设备，如为了把电子器件产生的热量散走以防止器件过热，常常要求使用导热能力很高的材料，如氧化铍、金刚石作衬底，因为它们在室温附近的导热能力比多数金属高。

早在 1753 年，富兰克林（Franklin）就提出不同物质具有不同接收和传递热量能力的概念，这是热导率本质最原始的表述。通常把反映物质导热能力的性质参数称为热导率，也称为导热系数。一般可以通过理论和实验两种途径来确定物质的热导率。理论上，通过研究物质的导热机理，确定分析导热的物理模型，作出较为复杂的数学分析和计算来获得热导率。但目前除了少数物质，如某些气体、液体、纯金属，还难以从理论上直接计算出各种物质的热导率。通过实验实测物质的热导率是确定物质热导率的主要途径。由于热导率随物质成分、质量、结构千变万化，用实验方法确定热导率几乎成为获得准确数据的唯一途径。

与导热系数密切相关的还有一个概念，那就是热扩散率。随着工业生产和科学技术的发展，非稳态导热理论和技术已得到广泛应用，若关心非稳态导热过程中呈现出来的物质的热性质，也就需要直接知道热扩散率，而不只是热导率。热扩散率又称导温系数，其定义为

$$\alpha = \frac{\lambda}{\rho c_p} \tag{9-22}$$

式中，α 为热扩散率，单位为 m^2/s；λ 为热导率，单位为 $W/(m \cdot K)$；ρ 为密度，单位为 kg/m^3；c_p 为比热容，单位为 $J/(g \cdot K)$。

热扩散率仅对非稳态传热有意义。在稳态导热过程中，温度不随时间变化，各部分物质的热力学能亦不发生变化。单位体积热容对导热过程没有影响，所以热扩散率也就不起作用。由此可知，直接测量热扩散率必须使用非稳态测量。与热导率不同，热扩散率综合了材料的导热能力及单位体积热容，表示材料内部在非稳态导热时扩散热量和传播温度变化的能力。热扩散率大的材料，热量穿透一定距离所需的时间就短，材料温度变化传播快。

1. 导热机理

物质的热与物质的内能密度密切相关。根据热动力学说，热是一种联系分子、原子、电子等以及它们的组成部分的移动、转动和振动的能量。因此，物质的导热本身或机理就必然与组成物质的微观粒子的运动密切关联。不同物质及物质处于不同状态（气、液、固）时有不同的导热机理，相应导热能力也有很大差别。但有一点是共同的，不论物质处于何种状态，其对热量的传导，都是物质内部微观粒子相互碰撞和传递的结果。一般情况下物质的导热机理如下。

（1）气体和液体：分子或原子的相互作用或碰撞。

（2）介电体：晶体点阵或者晶格振动。由于其能量是量子化的，所以称为声子，其热传导可看成声子的相互作用和碰撞。

（3）金属导体：主要是电子的相互作用和碰撞，声子有微小贡献。

热量传递速度一般以电子碰撞最快，其次为声子碰撞，分子和原子碰撞最慢。因此金属导体的热导率较大，而介电体较小，液体更小。一般物质的热导率大小分布有如下规律。

（1）固体金属热导率一般在几十至几百 $W/(m \cdot K)$，与导电性能一样，在非极低温度下一般随温度的增加而缓慢减小。

（2）其他固体热导率一般比金属小 1～2 个数量级（石墨、金刚石等个别物质除外）。

（3）液体热导率一般小于 1W/(m·K)，除水和甘油等，绝大多数随温度升高而减小。

（4）大多数气体热导率都小于 0.1W/(m·K)，一般随温度升高而增大。

（5）一般来说，同一物质的热导率，固态大于液态，液态大于气态。

（6）气液固导热机理虽不同，但都是不同微观粒子相互作用或碰撞的结果，因此数学表达式相同，差别只是物理量的含义。

1）分子导热机理

气体的导热依靠分子热运动，高温区分子的速度高于低温区，通过分子碰撞把能量传给低温区分子。根据理想气体分子运动论，可以探究分子导热并推导数学表达式。如图 9-17 所示，假设在时间间隔 dt 内通过面积元 dS，由区域 1 到区域 2 和由区域 2 到区域 1 的分子数目 M 是相同的，即有

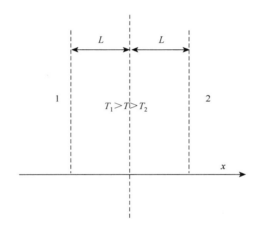

图 9-17　分子导热机理图

$$M = \frac{1}{6} n \bar{v} \mathrm{d}t \mathrm{d}S \tag{9-23}$$

式中，n 为单位体积内的分子数；$\bar{v}$ 为分子平均运动速度。每个分子所具有的能量为 $i/2 \cdot kT$，k 为玻尔兹曼常量，i 为分子自由度数，如果沿着与面积元 dS 垂直的 x 方向温度不同，$T_1 > T > T_2$，则从区域 1 到区域 2 的分子比相反方向运动的分子输运更多的热能：

$$\mathrm{d}Q = \frac{1}{6} \cdot \frac{i}{2} k (T_1 - T_2) \cdot n \cdot \bar{v} \cdot \mathrm{d}t \mathrm{d}S \tag{9-24}$$

式中，$T_1 - T_2 = -2 \dfrac{\mathrm{d}T}{\mathrm{d}x} l$，$l$ 为分子平均自由程。

所以上式可写为

$$\mathrm{d}Q = -\frac{1}{3} \cdot \frac{i}{2} k \cdot n \cdot \bar{v} \cdot l \frac{\mathrm{d}T}{\mathrm{d}x} \mathrm{d}t \mathrm{d}S \tag{9-25}$$

根据比热理论有

$$\frac{i}{2} k \cdot n = c_v \tag{9-26}$$

代入得

$$dQ = -\frac{1}{3} \cdot c_v \cdot \overline{v} \cdot l \frac{dT}{dx} dt dS \qquad (9\text{-}27)$$

再由傅里叶定律:

$$dQ = -\lambda \frac{dT}{dx} dt dS \qquad (9\text{-}28)$$

代入得

$$\lambda = \frac{1}{3} \cdot c_v \cdot \overline{v} \cdot l \qquad (9\text{-}29)$$

即为分子导热计算数学表达式。

2)电子导热机理

金属中自由电子不受束缚,所以电子间的相互作用和碰撞是金属导热的主要方式,此外金属是晶体,晶格或点阵的振动即声子导热也有微小的贡献,但是随着温度的降低,声子导热的作用会增大。和气体分子导热一样,电子导热贡献也可写为

$$\lambda_{el} = \frac{1}{3} n c_{el} v_{el} l_{el} \qquad (9\text{-}30)$$

式中,c_{el} 为电子比热;n 为单位体积内的电子个数;v_{el} 是电子速度;l_{el} 是电子平均自由程。当使用自由电子模型描述电子时,$v_{el} = v_F$,即费米速度,$c_{el} = \left(\frac{\pi k}{v_F}\right)^2 \left(\frac{T}{m_{el}}\right)$。电子平均自由程可以用电子寿命 τ 来表示:$l_{el} = v_F \tau$,则电子导热可写为

$$\lambda_{el} = \frac{\pi^2 n k^2 T \tau}{3 m_{el}} \qquad (9\text{-}31)$$

金属中的自由电子既是导热的载体,也是导电的载体,因此金属的导热性和导电性密切相关,并存在着一定的定量关系。根据电导率的理论关系式:

$$\sigma = \frac{n e^2 \tau}{m_{el}} \qquad (9\text{-}32)$$

式中,σ 为电导率;e 为电子电荷。

使用自由电子模型时,电子传热和导电具有相同的电子寿命,则对比可得

$$\frac{\lambda_{el}}{\sigma} = \frac{\pi^2}{3} \left(\frac{k}{e}\right)^2 T = L_0 T \qquad (9\text{-}33)$$

式中,$L_0 = 2.44 \times 10^{-8} \text{W·}\Omega\text{/K}^2$,称为洛伦兹数。

对纯金属来说,电子对导热的贡献远大于声子对导热的贡献,如金属中导热系数比较低的镍,其电子对导热的贡献约占 90%;而铜、铝和银等金属,其声子对导热的贡献几乎小到可以忽略不计。此外晶格振动导热也有一定作用,尤其是在很低温度下,电子对热导率的贡献较小,声子对热导率的贡献却相当显著,如图 9-18 所示,因此在很低温度下,金属导体与无机非金属介电体在导热方面的差别并不像中高温下那样明显[7]。

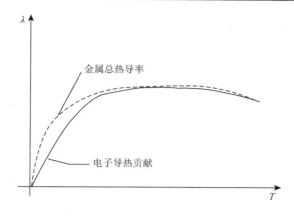

图 9-18　金属中电子和声子对热导率的贡献

3）声子导热机理

非金属材料中，电子是被束缚的，不能成为导热载体，此时热能传递是靠晶格振动实现的。同时，金属材料在低温下晶格振动对热导率的贡献也显著增大。根据量子理论，晶格振动的能量是量子化的，通常把晶格振动的量子称为声子。把晶格振动的格波矢量和物质的相互作用理解为声子和物质的碰撞。格波在晶体中传播受到散射的过程也可以理解为声子与声子之间以及声子与晶界、点阵缺陷等的碰撞。其热导率表达式与分子导热相同：

$$\lambda_p h = \frac{1}{3} c_v v l \qquad (9\text{-}34)$$

式中，c_v 为比热容；v 为平均运动速度。影响介电体热导率的主要因素是声子的平均自由程 l。l 的大小基本由两个散射过程决定：声子间碰撞引起的散射，以及声子与晶体的晶界、各种缺陷、杂质作用引起的散射。在不同散射过程中，温度对声子的平均自由程的影响是不同的。

对于声子间碰撞引起的散射，在较高温度下，声子的平均自由程 l 与温度的倒数成正比 $l \propto 1/T$，这是因为温度升高，声子振动加剧，相互作用增强，从而使 l 减小。这是绝大多数无机非金属材料在较高温度下热导率随温度升高而下降的主要原因。在较低温度下，温度下降时，声子的平均自由程迅速增加，这是低温下影响声子间相互作用的短波波数急剧下降引起的。

对于声子与晶体的晶界、各种缺陷、杂质作用引起的散射，在较高温度下，由晶体不完整性等引起的声子散射与温度无关。在很低温度下，声子间相互作用的散射对平均自由程的影响迅速减弱，此时晶体不完整性、缺陷等的散射直接影响和决定 l 的大小。晶体尺度小、杂质多，热导率越小。在此温度下，热导率随温度的变化主要取决于 c_v，因此热导率与温度的三次方相关。

对于晶体非金属物质，其物质组成和晶体结构对声子导热有重要影响。一般来说，物质组分原子量之差越小，质点的原子量越小，密度越小，其德拜温度越大，结合能也越大，晶格振动越接近简谐振动，相应的热导率越大。晶体结构越复杂，晶格振动偏离非线性就越大，热导率就越低。因此单质晶体通常具有较大的热导率。图 9-19（a）是金刚石晶体结构，为碳元素组成的正四面体空间网状立体结构，碳原子之间形成极强的共价键，因此具有高于铜数倍的热导率。另外，晶体晶向不同，热导率也不一样，如图 9-19（b）的石墨结构，其层内碳原子排列成平面六边形，每个碳原子以三个共价键与其他碳原子结合，同层中的离域电子可以在整层活动，层间碳原子以分子间作用力（范德瓦耳斯力）相结合，因此石墨层间热导率远小于层内热导率。最后，同种物质的多晶体与单晶体相比，多晶体的热导率总比单晶体的小。

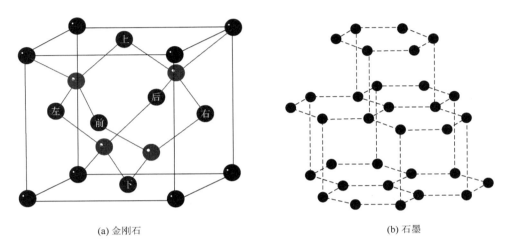

(a) 金刚石 (b) 石墨

图 9-19　金刚石晶体结构和石墨结构

对于非晶体材料，如玻璃，其导热机理也以声子导热为主。但是由于非晶体材料内粒子的空间排列是短程有序、长程无序结构，因此声子平均自由程都被限制在几个晶胞间距的量级，组分对其影响小。通常非晶体的声子热导率在所有温度下都比晶体小，但两者在高温下比较接近。另外非晶体没有晶体热导率的峰值点，也就是说非晶体声子平均自由程在所有温度范围内接近常数。

4）光子导热机理

固体介电体中，声子导热是热传导的主要因素，但不是唯一的。在介电体中除振动能外，还有一小部分较高频率的电磁辐射能。在温度不太高时，能量非常小，通常都忽略不计。但由于其和温度的四次方成正比，因此高温下的贡献就不能忽略，这种较高频率的电磁辐射产生的导热过程称为光子导热。

处于温度 T 的黑体单位体积辐射能为

$$E_T = \frac{4\sigma n^3 T^4}{c} \tag{9-35}$$

式中，c 为光速；n 为折射率。则对应的体积热容为

$$c_v = \left(\frac{\partial E}{\partial T}\right)_v = \frac{16\sigma n^3 T^3}{c} \tag{9-36}$$

辐射速度为 $v = \dfrac{c}{n}$，所以光子导热为

$$\lambda = \frac{1}{3}c_v\, vl = \frac{16}{3}\sigma n^2 T^3 l \tag{9-37}$$

光子导热主要取决于它的平均自由程。对不透明材料，$l \approx 0$，光子导热可忽略。但如果 l 大到足以和系统尺度相比拟，则光子导热成为表面或界面现象。因此只有 l 比材料尺度小时才有意义。

2. 导热系数测量方法

物质的热导率还是依靠实验测量获得的，如图 9-20 所示，测量方法主要可分为两类：稳态法和非稳态法。

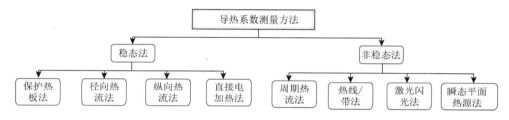

图 9-20　导热系数测量方法

稳态法：实验测量待测试样上温度分布达到稳定后进行，其分析的出发点是稳态的导热微分方程，根据傅里叶定律能直接测量热导率。特点是公式简单、实验时间长、需要测量导热量和若干点温度。

非稳态法：实验过程中试样温度随时间变化，其分析的出发点是瞬态导热微分方程，可以分别或同时得出热导率、体积热容和热扩散率。特点是公式较复杂、实验时间短、需要测量试样上若干点的温度随时间的变化。

除此之外，还可以根据导热热流在试样上的流向来区分。例如，圆柱试样，按热流是沿轴向还是沿径向流过试样就区分为纵向热流法和径向热流法。根据试样的形状区分有平板法、圆柱体法、圆球法、同心球法等。根据热流与时间的函数关系区分，在非稳态法的大类别范围内，热流可以是周期性的称为周期热流法，瞬态加热的称为瞬态热流法等。根据是否直接测量热流量来区分，稳态法中把直接测量热流量的称为绝对法，通过测量参考试样的温度梯度间接确定热流的称为比较法。

热扩散率的大小需要在不稳定的导热过程中才能显示出来，因此测量热扩散率要用非稳态法。一般热扩散率的测试方法有激光闪光法、周期热流法和常功率平面热源法等。有些方法和热导率的非稳态法相同，因此可以同时测得。

1）激光闪光法

非稳态法应用范围较为宽广，尤其适合于高导热系数材料以及高温下的测试，其中发展最快、最具代表性、得到国际热物理学界普遍承认的方法是闪光法（也称激光闪光法或激光闪射法），最早在 1961 年由帕克（Parker）等提出，这种方法具有所用试样小、

测试速度快（通常几秒）、温度测试范围宽（90～3000K）、适用材料种类广等优点，在非稳态法中广泛用于测量不同种类的固体、粉末和液体样品的热扩散系数与导热系数。激光闪光法在一定的设定温度 T（由炉体控制的恒温条件）下，由激光源或闪光氙灯瞬间发射一束光脉冲，均匀照射小圆盘状试样正面，辐照时间在毫秒量级甚至更短，使其表层吸收光能后温度瞬间升高，并作为热端将能量以一维热传导方式向冷端（背面）传播。通过使用红外检测器连续记录试样背面中心部位的温度响应，可得到试样的温度升高对时间的关系曲线。激光闪光法原理图如图 9-21 所示。

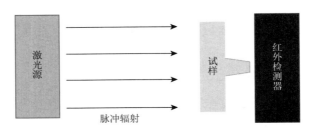

图 9-21　激光闪光法原理图

若忽略试样侧面热损，且辐照均匀，则试样内为一维瞬态传热：

$$\frac{\partial^2 T}{\partial x^2} = \frac{1}{\alpha} \cdot \frac{\partial T}{\partial \tau} \tag{9-38}$$

式中，α 为试样的热扩散率。在 $\tau = 0$ 时刻，脉冲光照射在试样表面并被均匀吸收，则在距表面微小距离 l 内试样升温为

$$\left. \begin{array}{ll} \Delta T(x,0) = \dfrac{q}{\rho c_p} l, & 0 < x < l \\[3mm] \Delta T(x,0) = 0, & l < x < L \end{array} \right\}$$

试样的边界条件为

$$\frac{\partial T}{\partial x} = 0, \quad x = 0、L, \quad \tau > 0$$

$$\Delta T(x,\tau) = \frac{q}{\rho c_p L} \left[1 + 2 \sum_{n=1}^{\infty} \cos \frac{n\pi x}{L} \cdot \frac{\sin \dfrac{n\pi l}{L}}{\dfrac{n\pi l}{L}} \exp\left(-\frac{n^2 \pi^2}{L^2} \alpha \tau \right) \right] \tag{9-39}$$

式中，α 和 L 分别为试样的热扩散率和厚度；ΔT 为背面温升；τ 为脉冲加热后的时间。由于 $l \propto L$，试样背面 $x = L$ 处温升为

$$\Delta T = \frac{q}{\rho c_p L} \left[1 + 2 \sum_{n=1}^{\infty} (-1)^n \exp(-n^2 2 \pi^2 \alpha \tau L^{-2}) \right] \tag{9-40}$$

当 $\tau \rightarrow \infty$ 时，L 处的温升 ΔT 达到最大

$$\Delta T_{\max} = \frac{q}{\rho c_p L} \tag{9-41}$$

可得

$$\frac{\Delta T}{\Delta T_{\max}} = 1 + 2\sum_{n=1}^{\infty}(-1)^n \exp(-n^2 2\pi^2 \alpha \tau L^{-2}) \tag{9-42}$$

为了测量计算方便，可对其进行无量纲处理，令

$$V(L,\tau) = \frac{\Delta T(L,\tau)}{\Delta T_{\max}}, \quad \omega = 2\frac{\pi^2 \alpha \tau}{L^2} \tag{9-43}$$

则

$$V = 1 + 2\sum_{n=1}^{\infty}(-1)^n \exp(-n^2 \omega) \tag{9-44}$$

定义温升达到最大温升的一半时的时间为 $\tau_{1/2}$，此时 $V = 0.5$，相应的 $\omega = 1.37$，则试样的热扩散率为

$$\alpha = \frac{0.1388 l^2}{\tau_{1/2}} \tag{9-45}$$

激光闪光法测量比热容可以通过比较参考试样和待测试样的温升得到。当闪光的热流量相同且试样表面吸收率相同时（试样表面可以涂相同的高吸收率涂层），待测试样和参考试样温升分别为

$$\Delta T_s = \left(\frac{Q}{\rho L c_p}\right)_s, \quad \Delta T_r = \left(\frac{Q}{\rho L c_p}\right)_r \tag{9-46}$$

当参考试样的比热容已知时，通过相关测量条件下分别测量参考试样和待测试样的温升，然后比较二者，可得待测试样的比热容：

$$c_{ps} = \frac{\rho_r L_r c_{pr} \Delta T_r}{\rho_s L_s \Delta T_s} \tag{9-47}$$

热扩散率和比热容得到后，热导率也可以得到

$$\lambda = \rho \alpha c_p \tag{9-48}$$

激光闪光法的试样通常做成方形或圆盘形，以德国耐驰公司的型号为 LFA467HT 激光导热仪为例，可选择方形和圆形支架，其中方形支架边长为 10mm，圆形支架直径为 12.7mm 和 10mm 两种，根据不同的样品材料选择合适的样品厚度，一般情况下热扩散率大的材料需要的厚度要大些，如高导热材料的热扩散率>50mm²/s，建议厚度为 2～3mm；对于低导热材料，如塑料、橡胶、玻璃等，热扩散率<1mm²/s，建议厚度为 0.1～1mm，其余介于两者之间，也可视具体情况进行相应的修改。为使试样能均匀吸收激光能量，并使激光不致透过试样，如果试样为透光试样，要对其表面加涂一层极薄的防透光层，常用的涂层为胶体石墨，加涂工艺简便。对透光率较大的单晶材料，最好通过真空镀 Ti 薄膜，或者用热解碳化钨的方法，使钨气相沉淀在试样表面得到钨的涂层，但工艺复杂。

激光闪光法的误差可分为两类：测量误差和非测量误差。测量误差指计算公式中需要实验测量的物理量的测量误差对结果的影响，包括试样厚度、背面温升时间和温度等。

非测量误差指实际实验条件偏离理论模型带来的误差，包括有限脉冲时间、与外界的换热、辐射热流的非均匀性以及脉冲能量吸收深度等。采用高分辨率、高精度的仪表进行测量和控制，可减小测量误差。对于非测量误差，则需要从实验装置设计、理论分析校正来减弱其影响。

2）Hot Disk 法

Hot Disk 测量原理是一种瞬态平面热源法[7, 8]（transient plane source method，TPS），能够方便、快捷、精确地测量多种类型材料的热导率、热扩散率和体积热容。Hot Disk 法使用一种薄层圆盘形双螺旋结构探头（又称 Hot Disk 探头），如图 9-22 所示，平面的探头是由导电金属镍经刻蚀处理后形成的连续双螺旋结构的薄片，金属镍可用于 30～1000K 的材料导热系数的测量，然而，在此温度区间内需要使用不同的绝缘材料来支撑和保护镍螺旋，在 10～500K 使用的外部保护层材料为聚酰亚胺，而在 500～1000K 使用保护层材料为云母，使探头具有一定的机械强度，同时保持探头与样品之间的电绝缘性；探头同时作为平面热源和温度传感器。这种结构可以使探头的面积最小而电阻最大，这样就增加了瞬间温度记录的灵敏度。

Hot Disk 法的测量设备是 Hot Disk 导热测试仪。如图 9-23 所示，测量时，探头被放置于两片表面光洁平整的相同试样中间，当恒定的直流电流通过探头时，产生热量使探头温度上升，同时产生的热量向探头两侧的试样进行扩散，热扩散的速度依赖于材料的热传导特性和探头的尺寸，镍的电阻与温度呈线性关系，即可通过了解电阻的变化知道热量的损失，通过记录温度与探头的响应时间，可以计算材料的这些热传导特性。

图 9-22　Hot Disk 探头

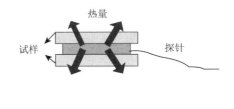

图 9-23　Hot Disk 测量原理

这种方法的优点如下。

（1）直接测量温升，测量时间短，能够同时测量热导率、热扩散率和体积热容。

（2）测试范围广［0.005～500W/(m·K)］、精度高（±3%）、重复性好（±1%）、测量时间短（单次测量 3～5min）和操作简便。

（3）可测试的样品种类多（液体、粉末、凝胶、高分子、复合材料等），测试过程不会破坏被测样品本身，也不需要进行样品预处理，只需样品的表面相对平整。

（4）不受探头与样品之间的接触热阻的影响，其测试结果更贴近于材料本身的导热系数。

（5）可以选择单向或双向测量，单向测量可以简化测量和数值求算过程；双向测量可以保证最高的精确度。

3）其他方法

保护热板法是稳态法测量热导率的一种标准方法，给试样提供一维纵向热流，主要测量热导率在 $1W/(m·K)$ 以下的低导热材料，尤其是隔热材料，有较高的精度。保护热板法关键在于维持试样内纵向一维对流，为防止试样径向和底向热损，加装边加热板和底加热板。实验时应控制边加热板和底加热板与主加热板温度相同，则试样内为一维热流，热损可减至最小。

保护热板法的测量原理是基于稳态导热的傅里叶定律，如果热流为纵向一维的，则有

$$q = -\lambda \frac{\mathrm{d}T}{\mathrm{d}z} \tag{9-49}$$

保护热板法可分为双试样法和单试样法，双试样法的结构原理如图 9-24 所示，其加热器由独立的中心主加热板和保护加热板组成，并被夹在两块相同大小形状的试样中间，两个试样另外一端分别与温度均匀且相等的冷板连接。通过布置在保护加热板与中心主加热板之间的温差热电偶控制保护加热板加热量，使其内边温度始终跟踪保护加热板外圈温度，这样就可以尽可能减小中心主加热板测量区域侧面热损，使中心测量区产生非常接近理想一维热流分布。因此，待测试样的热导率：

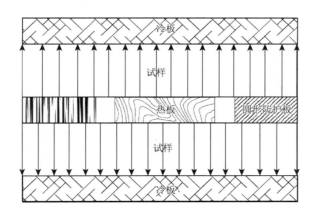

图 9-24　双试样法结构原理图

$$\lambda = \frac{Ql}{2A(T_h - T_c)} \tag{9-50}$$

式中，Q 为中心主加热板加热功率；A 为中心主加热板面积；l 为试样平均厚度；$T_h - T_c$ 为冷热板之间的平均温差。

对于单试样法，中心主加热板和保护加热板的结构、控制与双试样法相同，待测试样放置其上，其背面为隔热材料，隔热材料底面为底加热板，其温度与中心加热板始终

相同。因此中心加热板产生的热量可认为全部被试样导热传递给顶部冷板，因此待测试样的热导率为

$$\lambda = \frac{Ql}{A(T_h - T_c)}$$ （9-51）

对于高导热材料[5～400W/(m·K)]通常采用轴向热流法。因为试样热导率较高，若要形成较大的稳定温差，则待测试样要有足够大的厚度，一般将待测试样根据热导率范围加工成尺寸合适的长圆柱体，从而保证有足够的温差。当试样均质且热流为一维轴向时，满足：

$$\lambda = \frac{Q'}{A} \frac{\Delta z}{\Delta T}$$ （9-52）

式中，Q' 为通过试样截面积 A 的热流量。但这样使得试样有相对较大的散热面积，而且对于热导率而言，除非在极低温下，隔热材料的热导率与高热导率之间的数量级差别一般远小于电绝缘材料与导体之间导电率的差别。因此，仅用隔热材料难以完全防止热损，输入的加热量总会有相当部分被隔热材料导走。当测量精度要求不高，温度较低且试样热导率远大于隔热材料热导率时，可以近似忽略热损。

以上提及的常用的稳态法存在一些缺点。

（1）一般用于测量低导热材料，对于高导热材料，传热速率较快，不方便控制，很难保持温度场的持续稳定。

（2）建立稳定温度场所需要的时间较长，测试效率低。

（3）对测试系统的绝热条件以及样品尺寸等要求较为苛刻。

（4）主要适用于测量固体块状材料的导热系数，对于粉末、液体和气体试样误差较大。

为了克服稳态法的上述缺点，缩短测试时间，减弱在高温测试条件下周围环境对测试系统的影响，瞬态法应运而生。在瞬态法中，试样内的温度分布随着时间而变化，是一个非稳定的温度场，记录试样的温度变化速率，就可以确定试样的热扩散率，再根据样品其他已知参数进而得到导热系数。瞬态法测量在外加稳定热源条件下，样品温度对时间的响应，不需要达到热平衡，测试时间短，接触热阻等因素对测量精度的影响小，因此温度范围和量程广，精确度高。除了上述详细介绍的两种非稳态法，还有热线法和热带法等，下面介绍热线法和热带法。

热线法是一种常用的导热系数非稳态测试方法。热线法的测试原理是用一根金属线作为测试系统热源，放置在初始温度分布均匀的试样内部，然后在金属线两端通上电压，使金属线温度升高，其升温速率与材料的导热性能有关。若材料导热系数小，其热量就不容易散失，致使金属线升温高且快；反之，若材料导热系数大，金属线温升小且慢。金属线不但具有提供内部热源的作用，还可以作为测量温度变化的传感器。由于电阻与温度在一定范围内呈线性关系，因此可以通过记录金属线电阻随时间的变化，得到温升 ΔT 与时间 $\ln t$ 的关系，再结合其传热过程的数学模型，就可以得到导热系数的计算公式：

$$\lambda = \frac{q}{4\pi} \frac{dT}{d\ln t}$$ （9-53）

热线法的优点在于它可以消除样品边界与环境热对流的影响，从而使获得的数据比稳态法更为可靠。热线法在低压气体和高温测试条件下，测量精度较低；对于薄膜试样，由于样品的厚度和传感器的厚度比较接近，测试过程中样品的边界热损失较大，不建议采用此方法进行测量。

热带法是在热线法的基础上发展起来的，是对热线法的改进和完善，其测量原理与热线法类似。热带法是用一条很薄的金属片（即热带，通常用金属铂片）代替热线法中的金属线，作为测试装置中的加热元件和温度传感器。所采用的金属片越薄，就越能减小热带与固体样品之间的接触热阻，更加真实地记录样品温度变化，从而降低在测量过程中的绝对误差和统计误差。与热线法相比，热带法使用薄带状的热源和传感器结构，与被测固体样品能更好地接触，更加精确地记录被测样品温度的变化，故在测量固体材料的导热系数时有更高的精确度。用热带法对一些松散材料和非导电固体材料进行测试，测试结果具有较好的重复性和准确性，实验装置的实际测量偏差不超过 5%。由于测量过程中加热功率的大小应与材料导热性能成正比，这样就意味着对于高导热材料需要加大加热功率，但若加热功率过高，会使裸露在空气中的热带温升很高，从而影响样品内部温度场的分布，造成实验误差较大。研究表明，瞬态热带法适用于测量导热系数小于 $2.0W/(m \cdot K)$ 的材料[1]。

9.3.2 测量仪器的使用及案例分析

1. 操作条件

（1）实验室电源稳定，两个不同相的电源：一相 220V，不小于 16A；另一相 220V，不小于 10A。

（2）测量单元必须保持视频状态，室内环境整洁。

（3）在仪器测试时，不要关闭计算机或硬盘。

（4）吹扫气体：为样品室的气氛或反应气体。一般采用惰性气体，也可是氧化性气体或还原性气体。使用压力为 0.05MPa，流速一般情况下为 50mL/min。

2. 样品制备

（1）根据样品支架来制备，圆片支架：直径为 12.7mm，10mm；方片支架：边长为 10mm，8mm，6mm。根据不同的样品材料选择合适的样品厚度，一般建议值如下：高导热材料，热扩散系数 >50mm²/s（如金属单质、石墨、部分高导热陶瓷等），建议厚度为 2~4mm；中等导热材料，热扩散系数 1~50mm²/s（如大部分陶瓷、合金等），建议厚度为 1~2mm；低导热材料，热扩散系数 <1mm²/s（如塑料、橡胶、玻璃等），建议厚度为 0.1~1mm。要求样品为端面平行而光滑、内部材质均匀的固体材料或粉末材料。

（2）使用千分尺多次测量样品厚度，取平均值。

（3）对于高反射或透明样品，需在样品两个表面做石墨涂层或其他相应的处理。

3. 开机

（1）在红外检测器内注入液氮，30min 后检测器稳定。

（2）开机过程无先后顺序，仪器要求预热 1h 以上。

①打开测量电源，打开炉子加热单元电源。

②打开恒温水浴，设定温度比室温高 2～3℃。

③打开激光电源单元（打开主开关"Main Switch"约 5s 后再开系统开关"System On"，然后用钥匙打开"Shutter"）。

④打开控制器电源"TASC414/4"和"LFA Controller"。

⑤打开计算机部分。

（3）开机后，调节吹扫气体输出压力及流速并待其稳定。

4. 测量步骤

（1）打开炉子（同时按"furance↑ + safetykey"向上移动炉子，直到炉子停止。将炉子上方的检测器顺时针方向旋转 90°，至装样位置）。

（2）安装所需的样品盘。

（3）将准备好的样品放在样品支架上，并盖好盖帽。

（4）将炉子上方的检测器逆时针方向旋转 90°，同时按"furance↓ + safetykey"向下移动炉子，直到炉子停止。

（5）如果测量样品在升温过程中会产生氧化现象，必须抽真空并充入保护气体。

①关闭吹扫气体的进口及出口。

②打开真空泵，并打开真空阀门进行抽气，直到压力指示灯都亮，并再持续 1～2min，关闭真空阀门。

③样品室达到常压后，关闭保护气体导入阀。

④循环②、③步骤 3～5 次（保证样品室气氛的纯度），关闭真空泵。

⑤打开吹扫气体的进口，然后打开其出口。

（6）打开计算机 NETZSCH LFA427 测量软件，设定测量参数，开始测量。

注：升温速率除特殊要求外一般为 5～10K/min。测试程序中的紧急复位温度将自动定义为程序中的最高温度 + 10℃，也可根据测试需要重新设置该温度值。但其目的是防止因意外事故或仪器故障造成炉子过烧而损坏仪器。

5. 激光法案例分析

图 9-25 和表 9-3 展示了使用激光导热仪测量 PEG4000 的热导率原始数据图表以及相应的测量误差，激光导热仪主要测得其热扩散率为 $0.148mm^2/s$，比热容为 $1.831J/(g \cdot K)$，每个样品平行测量三次，取其平均值，可以看到标准偏差为 0 或 0.001，在误差范围内。计算得到检测样品密度约为 $1.04g/cm^3$，与查得的 PEG4000 密度 $1.07g/cm^3$ 接近，所以将三者相乘得到导热系数约为 $0.28W/(m \cdot K)$。但需要注意的是：激光导热仪对样品厚度要求较高[9]，因为厚度对热扩散率结果影响较大，所以制备的检测样品厚度需要尽可能标准和

精确，不同物质的热导率不同，所需厚度要求不同，需要根据实际情况和检测机构联系沟通。

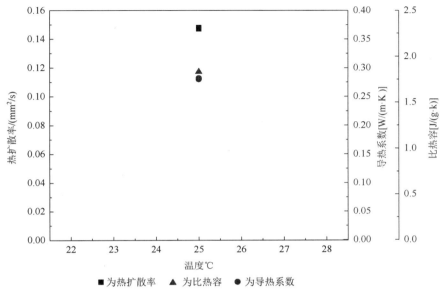

图 9-25　激光导热仪测试结果图

表 9-3　激光导热测试数据表

闪射点数	温度/℃	热扩散率/(mm²/s)	导热系数/[W/(m·K)]	比热容/[J/(g·K)]
1	25.0	0.148	0.282	1.831
2	25.0	0.148	0.281	1.831
3	25.0	0.147	0.280	1.831
平均值	25.0	0.148	0.281	1.831
标准偏差	0.0	0.001	0.001	0.000

习　　题

9-1　简述影响热重曲线的主要因素。

9-2　试推导热重仪器中试样表观增重与气体密度的关系。根据所推导的表观增重公式说明影响表观增重的因素。

9-3　解释热重分析的含义。

9-4　各种失重效应对 TGA 曲线有何具体的影响？

9-5　DSC 测试原理是什么？

9-6　DSC 和 DTA 技术的区别有哪些？

9-7 影响差示扫描量热分析的因素有哪些？

9-8 利用 DSC 曲线可以得到什么信息？

9-9 不同物质的导热机理分别是什么？

9-10 常用的测量导热系数的方法有哪些？分别有什么优点？

9-11 激光闪光法测量热导率的原理是什么？测试时有哪些注意事项？

9-12 Hot Disk 仪由哪些关键部分组成？

参 考 文 献

[1] 刘光定. 传感器与检测技术. 重庆：重庆大学出版社，2016.

[2] GB/T 6425—2008. 热分析术语. 北京：中国标准出版社，2008.

[3] 王振成，刘爱荣，郭晨鲜，等. 工程测试技术及应用. 重庆：重庆大学出版社，2014.

[4] Mallick P K. Processing of Polymer Matrix Composites. CRC Press，2017.

[5] 刘明. 瞬态热线法测量液体导热系数的研究. 杭州：浙江大学，2010.

[6] 王继晨. 加速量热仪绝热性能评价与改进方法研究. 杭州：中国计量大学，2019.

[7] 赵世迁. Hot Disk 法导热系数测定仪的开发. 天津：天津大学，2009.

[8] 翟德怀. 基于 Hot Disk 的薄板材料导热系数测量方法的研究. 广州：华南理工大学，2015.

[9] 王振宇成，孟翔飞，唐平，等. 模拟电子技术基础. 南京：东南大学出版社，2019.

第 10 章　电化学测试技术

本章主要介绍电化学研究中的基本原理与方法及最新研究成果，包括电化学测量原理、循环伏安测试以及电化学交流阻抗谱等内容。

10.1　电化学测量

10.1.1　电化学测量原理

电化学测量技术基于基本的电化学原理，而电化学是研究电子导电相（导体和半导体）和离子导电相（溶液、熔融盐和固体电解质）之间的界面上发生的各种界面效应的科学。如原电池和电解池，其导电回路的形成即电荷的连续流动依靠的是两种导电相界面上电荷的转移，这个电荷转移的过程就是得失电子的化学反应过程。因此，电化学科学的研究对象是电荷转移过程中伴随化学反应的体系，如两个电极和外电路负载连通后自发将电流送到外电路做功的原电池，以及将外电路电流送入电化学体系中促发电化学反应的电解池。电化学科学主要针对这些体系进行热力学和动力学的研究[1]。

根据电化学热力学，电子导体（电极材料）和离子导体（电解液）之间的界面层内由于带电粒子或偶极子的非均匀分布，会形成能量状态差异造成粒子的转移。若粒子不带电，则其在两相间转移引起的自由能变化就是化学位差，对于带电粒子，电荷转移还会引起电能的变化，两个能量的变化带来的化学位差即带电粒子在两相之间的电化学位差也就是相间电位，称为电极电位。电极电位的数值是电极的绝对电位，是不可测得的，因为在测量回路中测相间电位必然会引入新的电极体系，引入的又是相间电位。但由于电极材料不变时，相间电位是恒定的，因此，选择电极电位保持恒定的电极作为参比电极，可以测出相对参比电极的电极电位变化，称为相对电位，一般会注明该电位相对于什么参比电极电位。如电化学中常用参比电极是标准氢电极，并人为规定任何温度下，其电极电位都为零。测量电极电位的示意图如图 10-1 所示[2]。

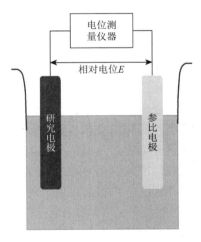

图 10-1　测量电极电位的示意图

对于一个电化学体系，如原电池，可以利用电化学热力学研究其化学能转化为电能的能力，即原电池电动势，但前提是该电化学反应可逆。原电池的电动势即电池中没有电流通过时，其两端相之间的电位差 E，假设电池反应通过的电量为 Q，那么原电池可

逆进行时所做电功 W 为

$$W = EQ \tag{10-1}$$

根据法拉第定律，假设有 $n\,\mathrm{mol}$ 参与反应的电子

$$Q = nF \tag{10-2}$$

又由热力学知识可知，在恒温恒压下，可逆过程所做的最大有用功为体系自由能 $(-\Delta G)$ 的减少，因此，可得

$$E = \frac{-\Delta G}{nF} \tag{10-3}$$

对于在电池内部可逆且等温的化学反应

$$bB + cC = dD + fF \tag{10-4}$$

式（10-4）表示化学反应消耗 $b\,\mathrm{mol}B$ 和 $c\,\mathrm{mol}C$ 时，形成 $d\,\mathrm{mol}D$ 和 $f\,\mathrm{mol}F$，假设反应中得失电子的数目为 n，根据化学平衡时的范托夫（van't Hoff）等温方程式，体系的自由能变化为

$$-\Delta G = RT \ln k - RT \ln \frac{a_D^d \cdot a_F^f}{a_B^b \cdot a_C^c} \tag{10-5}$$

可改写为

$$E = \frac{RT}{nF} \ln k - \frac{RT}{nF} \ln \frac{a_D^d \cdot a_F^f}{a_B^b \cdot a_C^c} \tag{10-6}$$

其中，k 为电池化学反应的化学平衡常数；a 为化学反应中各物质的活度，当各物质处于标准状态时，溶液中的各物质活度为 1，则此时可用 E^0 表示标准状况下的电动势：

$$E^0 = \frac{RT}{nF} \ln k \tag{10-7}$$

则非标准状况下的电池电动势可写为

$$E = E^0 - \frac{RT}{nF} \ln \frac{a_D^d \cdot a_F^f}{a_B^b \cdot a_C^c} \tag{10-8}$$

这个式子即为电池电动势的热力学计算式，即著名的能斯特（Nernst）方程，该式子反映了电池电动势与参加电池电化学反应的各物质浓度及环境温度间的关系。

处于热力学平衡状态的电极体系（可逆电极），由于氧化和还原反应的速度相等，电荷交换和物质交换都处于动态平衡，因此净反应速度为零，电极上没有电流通过，外电路电流为零，这时的电极电位为平衡电极电位。由于电池总反应由两个电极的电极反应组成，因此两个电极也必然是可逆的。任何一个平衡电极电位都是相对于一定的电极反应而言的，电极的电动势为两电极的电位之差：

$$E = \varphi_+ - \varphi_- \tag{10-9}$$

因此对于某一电极反应：

$$X + ne \rightleftharpoons Y \tag{10-10}$$

其平衡电位可表示为

$$\varphi_{\text{平}} = \varphi^0 - \frac{RT}{nF} \ln \frac{a_x}{a_y} \tag{10-11}$$

实际应用中，常用对数形式，且代入相关常量（$R = 8.314\text{J}/(\text{mol}\cdot\text{K})$，$F = 96500\text{C}/\text{mol}$），将式子改写为

$$\varphi_{平} = \varphi^0 - \frac{2.3RT}{nF}\lg\frac{a_x}{a_y} \tag{10-12}$$

在标准状况下，由于人为规定标准氢电极的电极电位为零，因此，其他电极的标准电极电位可以用相对于标准氢电极的电极电位表示。前面讨论的电化学体系是在可逆的条件下，然而实际上由于电极反应过程中氧化和还原速度不等，物质的交换不平衡，电极上有净反应发生，因此，所建立的电极电位为不可逆电位或者不平衡电位，不能用能斯特方程计算。

对于电化学体系中的电化学反应，其电极过程包含了两个电极的反应以及反应物质在溶液中的传递过程，这三个过程在不同的区域进行并伴随不同的物质变化，彼此具有一定的独立性，因此可以将电极过程分解为单个过程进行研究。溶液本体中的传质不涉及化学变化，电化学着重研究的是电极/溶液界面上的电极反应以及电极附近的传质，因此，对于电极反应过程、速度以及影响因素进行研究，即为电化学动力学研究内容。

当电极反应失去平衡，即电极上电流通过，有净反应发生时，电极的平衡电位便会发生偏离，这种现象即为电极的极化。在一定的电流密度下，电极电位与平衡电位的差值称为该电流密度下的过电位，用 η 表示：

$$\eta = \varphi - \varphi_{平} \tag{10-13}$$

造成电极极化的本质原因，主要是当无净电流通过时，电极和电解液中都无载流子流动，只有电极/电解液界面上有氧化还原反应的动态平衡，由此建立的相间电位即平衡电位，而一旦电流流过电极，自由电子在外电路流动，电解液中的正负离子也会定向移动，界面上就会发生净电极反应使得两种导电方式相互转化，若界面上的净反应快速发生，足以将电子导电到界面的电荷即时传给离子，电荷不在电极表面积聚以至于不引起相间电位差的变化，则电极仍会保持平衡电位。由于电子运动速度往往大于电极反应的速度，因此电极表面往往会积累电荷，造成电极电位偏离平衡电位。由于阴极是电流流入，会造成负电荷的积累，因此阴极极化电位往往比平衡电位更负，阳极极化则会造成电位更正。

根据造成电极极化的本质原因可知，过电位是随着通过电极的电流密度变化的，因为电流密度不同，造成的电荷积累不同。为了能够完整地表达电极的极化性能，通常需要测定表示一个电极在不同的电流密度下的过电位，即极化曲线。

对于阳极、阴极的电极反应，其反应速度 v_+ 和 v_-，可表示为

$$v_+ = k_+ C_x \exp\left(\frac{\alpha nF}{RT}\eta_+\right) \tag{10-14}$$

$$v_- = k_- C_y \exp\left(-\frac{\beta nF}{RT}\eta_-\right) \tag{10-15}$$

式中，v 为电极反应速度；k_+、k_- 为电极反应速度常数；α、β 为静电场能 $-nFE$ 对阴极和阳极反应的贡献比例，$\alpha = 1 - \beta$；C_x、C_y 为反应物浓度。

根据法拉第定律，电极上 1mol 物质发生氧化或者还原反应，转移 n 个电子，所需要

的电量即 nF ，因此，可以将电极反应速度用电流密度表示：

$$j = nFv \tag{10-16}$$

由式（10-16）可知，电极反应速度与电流密度成正比。若阳极（电极上发生氧化反应）和阴极（电极上发生还原反应）的电极反应速度分别用 v_+ 和 v_- 表示，则各自对应的电流密度为 j_+ 和 j_- ，当电极反应处于平衡状态，即两个电极的电极反应速度相等时，两个电极的电流密度绝对值也相等，为

$$v_0 = |v_+| = |v_-| \tag{10-17}$$

$$j_0 = |j_+| = |j_-| = nFv_0 \tag{10-18}$$

其中， v_0 为交换反应速度； j_0 为交换电流密度。因此， j_0、α 和 β 称为电极反应的基本动力学参数。交换电流密度 j_0 可以描述电极反应的难易程度，因为当电极处于可逆且平衡的状态时，电极体系的净反应速度为零，电极反应的速度是相等的且为 j_0。因此，若达到相同的 j， j_0 越大，其所需的过电位就越小，说明电极平衡不易打破。

当电极反应达到稳态时，外电流将全部消耗于电极反应，可以用测得的外电流来代表电极反应速度。因此，稳态时的极化曲线能够反映电极反应速度与过电位之间的关系。电极反应速度方程式进一步改写为

$$j_+ = nFk_+C_x \exp\left(\frac{\alpha nF}{RT}\eta\right) \tag{10-19}$$

$$j_- = -nFk_-C_y \exp\left(-\frac{\beta nF}{RT}\eta\right) \tag{10-20}$$

在外电流通过电极时，电极平衡被打破，达到稳态后，对于某一电极，其过电位、外电流密度 j 为电极上净反应速度，此时，电流密度与过电位的关系为

$$j = j_0 \left[\frac{C_x}{C_x^0}\exp\left(\frac{\alpha nF}{RT}\eta\right) - \frac{C_y}{C_y^0}\exp\left(-\frac{\beta nF}{RT}\eta\right)\right] \tag{10-21}$$

式中， C_x^0、C_y^0 为反应平衡时的物质浓度。

假设此时反应物浓度与平衡时浓度无太大差异，则式（10-21）可简化为

$$j = j_0 \left[\exp\left(\frac{\alpha nF}{RT}\eta\right) - \exp\left(-\frac{\beta nF}{RT}\eta\right)\right] \tag{10-22}$$

式（10-22）即为著名的巴特勒-福尔默（Bulter – Volmer）方程。

由式（10-22）可知，当外电流密度足够小时，即电极反应接近平衡态，电极的过电位很小（ $\eta \ll -\frac{RT}{\alpha nF}$ 或 $-\frac{RT}{\beta nF}$ ），大约相当于 $\eta \ll -\frac{50}{n}\text{mV}$ ，可将式（10-22）的指数项以级数展开，略去高次项后，可得

$$j = j_0 \frac{nF}{RT}\eta \tag{10-23}$$

经变换后可得交换电流密度 j_0 为

$$j_0 = \frac{RT}{nF}\frac{j}{\eta} \tag{10-24}$$

　　由式（10-24）可知，当外电流密度足够小时，过电位与极化电流密度成正比，该区域称为线性极化区，可由该线性极化区的斜率求出交换电流密度 j_0。

　　当外电流密度很大时，即电化学上的平衡受到很大破坏，电极电位偏离平衡电位较远，大约相当于 $\eta \gg \dfrac{100}{n} \text{mV}$。这时，电极上的氧化和还原反应速度相差很大，以至于忽略其中一个。例如，在阴极极化下，即电极上积累了电子，表明电极上还原反应远远大于氧化反应，因此，氧化反应产生的电流密度可以忽略，可得

$$j_{\text{c}} = j_0 \left[\exp\left(-\frac{\alpha n F}{RT} \eta_{\text{c}} \right) \right] \qquad (10\text{-}25)$$

或

$$\eta_{\text{c}} = -\frac{2.3RT}{\alpha n F} \lg j_0 + \frac{2.3RT}{\alpha n F} \lg j \qquad (10\text{-}26)$$

　　由式（10-26）可知，在外电流密度很大时，过电位与电流密度呈现半对数关系，将 η_c 对 $\lg j$ 作图可得到直线，符合塔菲尔（Tafel）经验公式：

$$\eta = a + b \lg j \qquad (10\text{-}27)$$

　　因此，这段极化曲线便称为塔菲尔曲线，根据该直线的斜率可求得传递系数，且将直线外推到与过电位为零的直线的交点，便为交换电流密度 j_0。

　　然而，电化学过程是一个包含多步骤连续的反应过程，将控制整个电极过程速度的单元步骤即最慢的步骤视为电极过程的速度控制步骤，该控制步骤的速度变化规律就可看作整个电极过程速度的变化规律。除了上述由于反应物质在电极表面的是电子的电化学反应步骤速度最慢引起的电化学极化，极化还可由欧姆极化和浓差极化导致。欧姆极化是由电池连接各部分的接触电阻造成的，引起的电压偏移量遵循欧姆定律，若电流减小，极化立即减小，电流停止后便会消失。浓差极化是由液相传质步骤为速度控制步骤引起的。当电极/溶液的界面液层中，反应的物质来不及补充电化学反应消耗的物质时，反应离子浓度降低形成浓度差，电极的电位相当于浸入了比原来电解液浓度低的电解液，由能斯特方程可知其平衡电位必然会改变。液相传质主要包括电迁移、对流和扩散，在考虑电极表面的液层时，主要把它看作扩散层，因此扩散传质被认为是该液层中的主要传质方式。因此，要研究浓差极化的反应动力学规律，需要先了解扩散传质的规律。首先，需要了解稳态扩散是指当扩散补充的反应粒子数与电极反应消耗的粒子数达到动态平衡时的状态，这时认为扩散传质的速度与电极反应的速度相等，反应粒子在扩散层中各点的浓度分布不再随时间变化，而仅是距离的函数，即此时的扩散层厚度不变，粒子浓度梯度是常数。

　　假设电极表面的扩散层为沿着 x 轴的一维稳态扩散，因此，此时扩散粒子的速度可用菲克（Fick）第一定律描述：

$$v_x = D_x \frac{\partial C_x}{\partial x} \qquad (10\text{-}28)$$

式中，v_x 为粒子沿着 x 轴通过单位横截面的扩散速度；D_x 为扩散系数；$\dfrac{\partial C_x}{\partial x}$ 为粒子扩散

时的浓度梯度。

对于式（10-28）所示的电极反应，其电流密度可以表示为

$$j = nFD_x \frac{\partial C_x}{\partial x} = nFD_x \left(C_x^0 - C_x \right) / \partial x = nFk_x \left(C_x^0 - C_x \right) \qquad (10\text{-}29)$$

式中，k_x 为扩散过程的速度常数。

因此，电极表面的物质浓度 C_x 和 C_y 为

$$C_x = C_x^0 - \frac{j}{nFk_x} \qquad (10\text{-}30)$$

$$C_y = C_y^0 - \frac{j}{nFk_y} \qquad (10\text{-}31)$$

将式（10-30）和式（10-31）代入式（10-29）可得

$$j = j_0 \left[\left(1 - \frac{j}{nFk_x C_x^0} \right) \exp\left(\frac{\alpha nF}{RT}\eta \right) - \left(1 + \frac{j}{nFk_y C_y^0} \right) \exp\left(-\frac{\beta nF}{RT}\eta \right) \right] \qquad (10\text{-}32)$$

如前面电化学极化所述，电流密度随着过电位的增加而呈指数型增加，表明电荷转移的过程速度随着电压加快，当超过某一电压时，物质移动的速度不再满足电荷转移反应所需的物质消耗，当阳极过电位较高时（$nF\eta/(RT) \gg 1$），式（10-32）第二项可舍去，式（10-32）变为

$$j = nFk_x C_x^0 = j_{d+} \qquad (10\text{-}33)$$

同理，当阴极过电位较高时（$-nF\eta/(RT) \gg 1$）

$$j = -nFk_y C_y^0 = j_{d-} \qquad (10\text{-}34)$$

式中，j_{d+} 和 j_{d-} 称为极限扩散电流密度，因此，稳态扩散时的电流密度与过电位的关系式可写为

$$j = j_0 \left[\left(1 - \frac{j}{j_{d+}} \right) \exp\left(\frac{\alpha nF}{RT}\eta \right) - \left(1 + \frac{j}{j_{d-}} \right) \exp\left(-\frac{\beta nF}{RT}\eta \right) \right] \qquad (10\text{-}35)$$

由上述可知，通过稳态极化曲线可以得到电极极化过程受控步骤的动力学参数，从而研究电极过程的动力学规律及其影响因素。要测得电极的稳态极化曲线，必须同时测量电极电位即通过电极的电流，因此需要用到三电极体系，其测量电路如图 10-2 所示，由研究电极、参比电极和辅助电极组成。本章要研究电极上所发生的电极过程。参比电极主要解决前面所说的单个电极的绝对电极无法测得的问题，用以测量研究电极相对参比电极的相对电位。辅助电极也称为对电极，主要起到构成测量回路的作用。三电极体系中包含两个回路，一个是测量回路，由研究电极、参比电极和电位测量仪器组成，该回路起到测量或者控制研究电极的相对电位作用；另一个是极化回路，由研究电极、辅助电极和电源组成，其作用是使研究电极上有外电流通过并产生极化，并测量通过电极的电流。

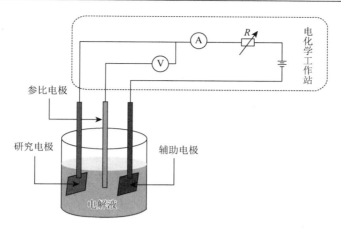

图 10-2　三电极体系和两回路测量示意图

稳态极化曲线可以通过稳态法以恒定电流法或恒定电位法测得。恒定电流法即将研究电极的电流密度恒定在不同数值，测得相应的稳态电极电位，同理，恒定电位法则是固定电极电位，得到相应的稳态电流密度。除此之外，还可以通过控制研究电极的电位，以恒定的电势差（$v = \dfrac{\mathrm{d}\varphi}{\mathrm{d}t}$）做线性变化，测得相应的电流响应，当电位扫描速度足够慢时，也可以得到电极的稳态曲线，这种方法称为线性电位扫描法，测得的曲线称为线性伏安曲线。但由于该方法研究电极的电位不是恒定的，会随着时间变化，因此，本质上是一种暂态测定法。如果电极电位由其实值扫描至某一电位后，再以相同扫速回起始电位，这样一个循环电位扫描的方法，则称为循环伏安，测得的曲线则称为循环伏安曲线。在电位扫描的过程中，流过电极的电流由两部分组成：一部分是电极的双电层电容充放电的电流，另一部分是电化学反应产生的电流（法拉第电流）。由于电极电位改变时，电极的双电层会相应地充电或放电，因此只在扫描速度足够慢时，电极的双电层充放电的电量很小，双电层电流很小，测得的电流才是真正代表电极的电化学反应引起的电流。

10.1.2　案例分析

1. 案例 1

MoS_2 有望替代贵金属铂，作为析氢反应催化剂。为提高其导电性并且增加活性位点，研究人员提出了将 MoS_2 与石墨烯构建成三维的分层介孔混合结构（3D-MoS_2/G），并且进行了钴掺杂（3D-Co-MoS_2/G）。图 10-3 为 MoS_2 进行优化前后的析氢反应性能对比，图 10-3（a）即采用前面所述的线性电位扫描法测得的极化曲线。通过极化曲线的测试，可以得出催化电极在不同的电流密度下的过电位。从图 10-3（a）可以看到，3D-MoS_2/G 比 3D-MoS_2、2D-MoS_2 的起始过电位小，说明其开始析氢反应所需要的过电位小。图 10-3（b）显示的是几种催化剂在不同电流密度下的过电位，均显示优化后过电位得到显著下降。

根据极化曲线和塔菲尔经验公式，得到 3D-Co(16.4%)-MoS$_2$/G 的塔菲尔斜率最小，接近 Pt/C 催化剂。此外，根据塔菲尔斜率值的大小可以判断其析氢反应遵循的机理为 Volmer-Heyrovsky 机理。从图 10-3（d）催化剂的稳定性测试结果看，3D-Co-MoS$_2$/G 还表现出显著的稳定性，能保持超过 5000 次循环伏安扫描的稳定性。

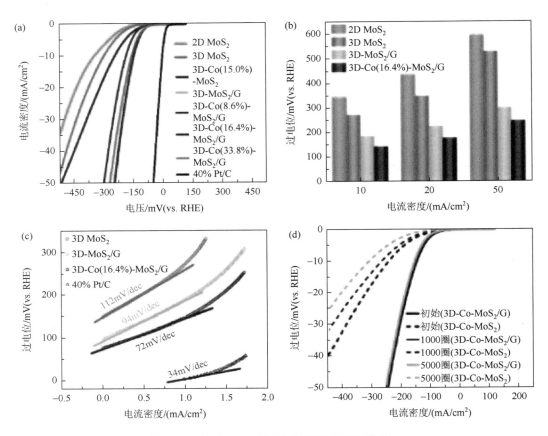

图 10-3　基于 MoS$_2$ 催化剂的析氢反应性能对比

2. 案例 2

研究发现，MoS$_2$ 边缘虽非常有利于氢吸附，但水分子分解的能垒非常高，将不利于其析氢反应活性。因此，研究人员提出一种异质界面工程，构建了一种钴掺杂 MoS$_2$/Ni$_3$S$_2$ 多孔纳米片电极（Co-NMS/CA），利用 Ni$_3$S$_2$ 促进水分子的解离，并采用钴掺杂优化催化剂的电子结构和氢吸附能。首先，研究人员发现不同的硫化温度会对 MoS$_2$/Ni$_3$S$_2$ 异质界面的形成产生影响从而影响其析氢反应，如图 10-4（a）所示，对比不同温度下的极化曲线，发现 350℃下 MoS$_2$/Ni$_3$S$_2$ 电极（NMS/CC）表现出最小的起始过电位。并且，图 10-4（b）表明富有异质界面 Co-NMS/CA 具有接近铂片的优异催化性能。进一步计算 Co-NMS/CA 的塔菲尔斜率后，发现其非常小，接近铂片，如图 10-4（c）所示，表明优化后其析氢反应的反应动力学加快。

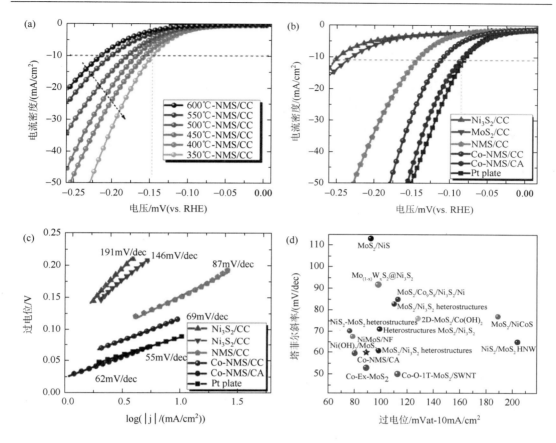

图 10-4　钴掺杂 MoS_2/Ni_3S_2 多孔纳米片的析氢反应活性对比

10.2　电化学循环伏安测试

10.2.1　循环伏安测试简介

1. 循环伏安法定义

循环伏安法（cyclic voltammetry，CV）一般是给电极施加恒定扫描速度的电压并持续地观察电极表面电流和电位的关系，该技术基于在正反两个方向（与参比电极相比）上改变工作电极上施加的电势，同时监视辅助电极和参比电极之间的电流，如图 10-5 所示，由于电子转移反应，在特定电势下会观察到氧化峰或还原峰。循环伏安法（CV）是最常用的技术。几乎所有的电化学研究都始于循环伏安法的应用。使用该方法可以研究电子转移过程和动力学、有机物和金属有机化合物中的氧化还原过程、生物化学和高分子化学中的多电子转移过程、表面上的吸附过程、电子转移和反应机理、溶剂化物质的热力学性质。

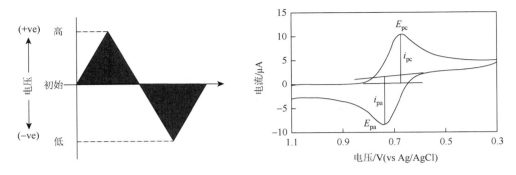

图 10-5　电势扫描信号及循环伏安曲线

从前面给出的循环伏安曲线上可以看出，随着扫描电位的改变，循环伏安曲线在不同的电位出现了响应电流变化的峰，为了理解这些峰是如何产生以及各个峰的具体含义，把电化学体系尽量简化，即假设初始体系中最初只有一种氧化态物质 O，在工作电极上只存在一种氧化还原反应。那么在理想状态下，当工作电极电势降低至反应的标准电极电势时，氧化态物质 O 会在电极上得到电子，发生还原反应，生成 R，于是在测量回路中形成电流。由于电极上反应速率强烈依赖于电极电势，反应电流密度则取决于反应速率和反应物浓度，因此，随着电压不断降低，测量回路中电流增大，继续降低电压，反应物在体系中的浓度降低，反应电流又逐步降低，当 O 完全转换成 R 时，由于 R 不能继续被氧化，即使改变电压也不能迫使 R 发生转化，测量回路中电流又趋近于 0，也就是说，在发生电化学反应的电压区间，电流是先增大后减小的，最终形成了峰。

相应地，当逆向扫描时，电压升高至反应的标准电极电势附近，电极上产生的还原态活性物质又发生氧化反应失去电子，产生氧化峰。因此，循环伏安法测试时不同电压范围产生的氧化/还原峰实质上代表了该电位下电极表面发生的电化学反应。对于某些复杂的电化学反应，其循环伏安曲线上可能存在多个峰，这就表明其电化学过程中反应物可能存在多种相变。

2. 基本实验装置

常规伏安实验是使用三电极配置在静置的溶液中进行的，该溶液承载着高浓度的盐作为电解质。在对电极进行通电极化时，不能使用辅助电极作为参比电极，因为它本身也会发生极化，不能作为电势比较的标准。而且，极化电流在工作电极、辅助电极之间大段溶液上引起的欧姆压降也将附加到被测的电极电势中，造成测量误差。因此，除工作电极、辅助电极用于通过极化电流外，还必须引入第三个电极作为参比电极，构成三电极体系，如图 10-6 所示。三电极分别为工作电极、参比电极、辅助电极。工作电极是实验研究对象；参比电极用来提供固定的参考电势并建立明确定义的电势，以此为基础测量工作电极电势；辅助电极和工作电极组成电路，在该电路上测量的电流为伏安电流。

在电化学测量中采用三电极体系，既可使研究电极的界面上通过极化电流，又不妨碍工作电极的电极电势的控制和测量，可以同时实现对电流和电势的控制与测量。因此在绝大多数情况下，总是要采用三电极体系进行测量。

但是，在某些情况下，可以采用两电极体系。例如，使用超微电极作为工作电极的情况。由于超微电极的表面积很小，只要通过很小的极化电流，就可产生足够大的电流密度，使电极实现一定程度的极化。辅助电极的表面积要大得多，同样的极化电流在辅助电极上只能产生极小的电流密度，因而辅助电极几乎不发生极化，可同时作为参比电极使用。同时，由于极化电流很小，辅助电极和工作电极之间的溶液欧姆压降也非常小，不会导致电极电势的测量和控制误差。因此，在使用超微电极作为工作电极时，可采用两电极体系。

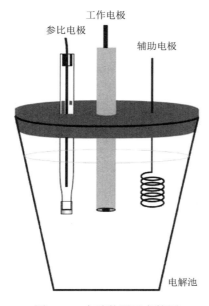

图 10-6　实验装置示意简图

1）工作电极

工作电极作为电化学测量的主体，其选用的材料、结构形式、表面状态对于电极上发生的电化学反应影响很大。这不仅是因为不同的电极材料具有不同的热力学电极电势，更为重要的是电极材料、结构形式和表面状态的变化有可能改变电极反应的历程和电极过程动力学的特点，从而获得丰富的电化学测量信息。工作电极的种类极为丰富，发展日新月异。为了实现不同的测量目的，选择适当的工作电极、探索新的工作电极十分重要，成为电化学测量的一个重要组成部分。

（1）选用标准：电位窗口（电极材料本身不会发生电化学反应的电位范围）；惰性（对电极转移过程无影响）。

（2）材料选择：汞-负极的潜在窗口宽广；铂/金-正面比汞电极宽；玻璃碳-阳极正侧和阳极侧的宽电位窗口（最常用）。

（3）常用形状：球形；半球形；杆形；圆盘形。

2）参比电极

参比电极的性能直接影响着电极电势测量或控制的稳定性、重现性和准确性。不同场合对参比电极的要求不尽相同，应根据具体对象合理选择参比电极。

（1）参比电极的一般性要求如下。

①参比电极应为可逆电极，电化学反应处于平衡状态，可用能斯特方程计算不同浓度时的电势值。

②参比电极应该不易极化，以保证电极电势比较标准的恒定。

③参比电极应具有好的恢复特性。当有电流或温度突然变化时，参比电极的电极电势都会发生变化。当断电或温度恢复原值后，电极电势应能够很快恢复到原电势值，不发生滞后。

④参比电极应具有良好的稳定性。具体而言，温度系数要小，电势随时间的变化要小。

⑤参比电极应具有好的重现性。不同次、不同人制作的电极，其电势应相同。例如，银-氯化银电极和甘汞电极的重现性可达到 0.02mV，它们能适用于热力学体系的研究。

⑥快速的暂态测量时参比电极要具有低电阻，以减少干扰，避免振荡，提高系统的响应速率。

⑦某些参比电极是第二类电极，即由金属和金属难溶盐或金属氧化物组成的电极，如银-氯化银电极和汞-氧化汞电极等。要求这类金属的盐或氧化物在溶液中的溶解度很小，从而保持电极电势的长期稳定性，并减少对被测体系溶液的污染可能性。

⑧在具体选用参比电极时，应考虑使用的溶液体系的影响。例如，是否会引起工作电极体系和参比电极体系间溶液的相互作用与相互污染。

（2）常用参比电极如下。

①标准氢电极（SHE）。在电化学发展的早期，研究人员曾使用一般氢电极作为零电位。这种电极的定义是"铂电极浸在浓度为 1M 的一元强酸中，放出压力约 1atm 的氢气"。可见它能够实现，因而使用很方便。然而，这样的电极-溶液界面并不完全可逆，所以后来零电位的定义有所改变，新的定义是一个氢离子的活度为 1mol/L 的理想电极-溶液界面（即假设氢离子与其他微粒没有任何相互作用，显然无法实现）。为了便于区分，这个新标准称为标准氢电极。即标准氢电极定义为铂电极在氢离子活度为 1mol/L 的理想溶液中所构成的电极（当前零电位的标准）。标准氢电极能实现零电位，这构成了氧化还原电位（相对于真空水平为–4.5eV）的热力学规模的基础，但是很难为日常操作准确设置。

②饱和甘汞电极（SCE）。饱和甘汞电极是基于汞与氯化汞（Hg_2Cl_2，甘汞）之间反应的参比电极。它已被氯化银电极广泛取代，但是甘汞电极的耐用性更高。与汞和氯化汞接触的水相是氯化钾在水中的饱和溶液。电极通常通过多孔玻璃料连接到浸有另一个电极的溶液中。这种多孔玻璃料是盐桥。在 25℃时，饱和甘汞电极的电势为+0.241V。饱和甘汞电极由于含有汞，对健康构成危害。

③银/氯化银电极（Ag/AgCl）。由于 Ag/AgCl 电极在高温高压水溶液体系中具有很小的溶解度、极高的稳定性和可逆性，且即使在有氢存在的情况下电极表面也会得到很好的保护，这些特性都是其他电极无法比拟的。因此，是常用的参比电极。通常有 0.1mol/L

KCl、1mol/L KCl 和饱和 KCl 三种类型。该电极用于含氯离子的溶液时，在酸性溶液中会受含氧量的干扰，在精确工作中可通氮气保护。当溶液中有 HNO_3 或 Br^-、I^-、NH_4^-、CN^-等离子存在时，不能应用。在 25℃时，Ag/AgCl（3mol/L KCl）相对于 SHE 的电极电势为+0.210V。

3）对电极

对电极也称辅助电极，只用来通过电流以实现工作电极的极化。研究阴极过程时，辅助电极作阳极，研究阳极过程时，辅助电极作对电极。有时为了测量简便对电极也可以用与工作电极相同的金属制作。

（1）选用标准：无反应且稳定；大表面积（防止流经电化学的电流限制）。

（2）材料选择：铂金制成的螺旋线或纱布；碳质材料，如网状玻璃碳，如图 10-7 所示。

图 10-7　网状玻璃碳示意图

3. 恒电位仪

恒电位仪整体说是一个负反馈放大-输出系统，与被保护物（如埋地管道）构成闭环调节，通过参比电极测量通电点电位，作为取样信号与控制信号进行比较，实现控制并调节极化电流输出，使通电电位得以保持在设定的控制电位上。该系统在几乎没有电流流过参比电极且电流仅流过工作电极和对电极的条件下，通过控制或扫描工作电极相对于参比电极的电位来进行操作。恒电位仪电路图如图 10-8 所示。

恒电位仪工作原理是当恒电位仪处于"自动"工作的状态时，给定信号（控制信号）和经阻抗变换器隔离后的参比信号一起送入比较放大器，经高精度、高稳定性的比较放大器进行比较放大，然后输出误差控制信号，将这个信号送入移相触发器，移相触发器再根据该信号的大小，自动调节脉冲的移相时间，通过脉冲变压器输出触发脉冲来调整极化回路中可控硅的导通角，改变输出电压、电流的大小，使得保护电位等于设定的给定电位，进一步实现恒电位保护。

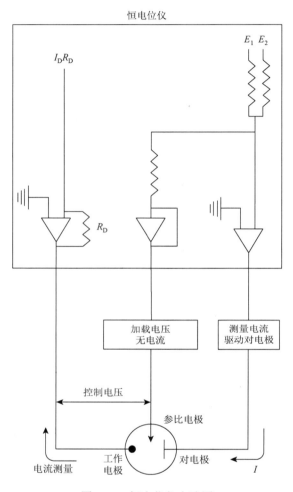

图 10-8　恒电位仪电路图

10.2.2　实验步骤及数据处理

循环伏安法包括扫描电活性物质或目标系统溶液中的工作电极电势。工作电极是固定的，实验在未搅拌的溶液中进行。从起始电势（E_1）到转换电势（E_2）线性地（或阶梯式）扫描电势，然后从 E_2 到 E_3 向后扫描，形成三角波电势。三角波电势扫描信号如图 10-9 所示。

通过定性及定量地对循环伏安曲线进行研究，可以获得一系列的参数，例如，峰电流的相对大小和峰电势之差，以及这些参数与扫描速率的关系等，从而判断反应的类型。

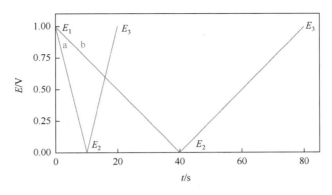

图 10-9　三角波电势扫描信号

其中，循环伏安曲线上有两组重要的测量参数：①阴极峰值电势 E_{pC}、阳极峰值电势 E_{pA}、半波电势 $E_{1/2}$；②阴极峰值电流 I_{pC} 和阳极峰值电流 I_{pA}。如图 10-10 所示，其中，半波电势 $E_{1/2} = (E_{pC} + E_{pA}) \times \dfrac{1}{2}$。测量确定峰值电流 I_p 的方法是：沿基线作切线外推至峰下，从峰顶作垂线至切线，其间高度即为峰值电流 I_p。而 E_p 可直接从横轴与峰顶对应处读取。正向和反向扫描的循环伏安曲线的峰状形状是电活性材料与相邻的扩散层耗尽的结果。通过这两组参数可以定性地分析反应是否可逆以及判断是扩散反应或吸附反应。

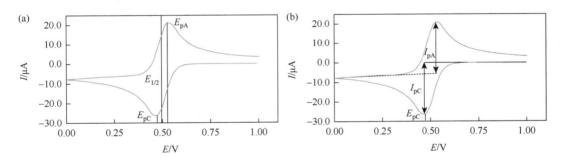

图 10-10　循环伏安测试示意图

（1）根据上述两组参数确定反应是否为可逆反应。

①氧化峰电流与还原峰电流之比的绝对值为 1。有时对同一体系，扫描速率不同也会在一定程度上影响其可逆性。一般而言，扫描速率对峰电位没有影响，但扫描速率越大其电化学反应电流也就越大，如图 10-11 所示。具体分析如下：对于可逆反应，第一个循环正向扫描的峰值电流与分析物的浓度和扫描速率的平方根成正比（即 Randles-Sevcik 表达式）：

$$I = (2.69 \times 10^5) \times n^{\frac{3}{2}} \times A \times C \times D^{\frac{1}{2}} \times v^{\frac{1}{2}} \qquad (10\text{-}36)$$

其中，n 为半反应中转移的电子数；A 为电极面积，cm^2；C 为分析物的浓度，mol/L；

D 为分析物的扩散系数，cm^2/s；n 为扫描速率，V/s。

从该方程式可以得出结论，只要反应是可逆的，峰值电流就随着扫描速率、分析物的浓度和电极面积的增加而增加。

②氧化峰与还原峰电位差约为 $\dfrac{59}{n}$（mV），n 为电子转移量（温度一般为 293K）。但是一般实验时温度不为此温度，故存在实验误差，一般保证其值在 100mV 以下都算合理的误差。

（2）判断是扩散反应或吸附反应：改变扫描速率，看峰电流是与扫描速率或其二次方根成正比。若与扫描速率呈线性关系则为吸附反应，若与扫描速率的二次方根呈线性关系则为扩散反应。

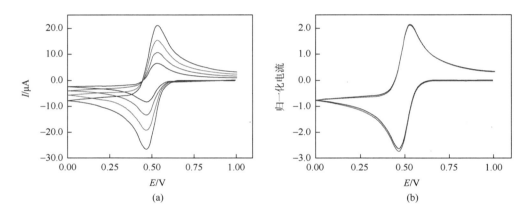

图 10-11　不同扫描速率下可逆反应的循环伏安线图

另外，需要注意电化学循环伏安法中的可逆性与化学反应中的可逆性不同。电化学中的可逆性是指在电极表面的异质电子转移速率（k^0）。有以下三种情况：可逆、不可逆和准可逆。

①可逆的电子转移反应。当电子转移速率（k^0）足够快以至于能将电活性物质的氧化和还原形式的浓度保持在基于能斯特方程所施加的超电势所需的值时，该过程称为可逆的，称为能斯特系统。

同样地，电化学可逆性也可表述为电子传递的速率明显大于质量传递的速率，并且电子传递过程（或电流）仅由质量传递为较慢的步骤来确定。一般，将 k^0 值大于 0.05cm/s 的系统视为可逆电子转移过程。

②不可逆的电子转移反应。对于缓慢的电子转移反应，特别是当 k^0 小于扩散常数的正常值 10^{-5}cm/s 时，电极过程在很大程度上受电子转移速率的控制，这种情况称为不可逆电子转移反应。

换句话说，当电子转移速率小于扩散常数时，正向扫描生成的物质（如还原产物）因快速扩散离开电极表面，反向扫描时因浓度趋近于零，无法发生有效的逆向反应（如再氧化），导致循环伏安图中仅出现单向可观测峰（阴极峰或阳极峰之一）。

③准可逆过程。当 k^0 在 $10^{-5} \sim 0.05\text{cm/s}$ 范围内时，电子转移反应和质量转移过程都决定了电极过程的总速率，电子转移反应称为准可逆过程。

因此，对于可逆和准可逆的电子转移反应，在推导循环伏安方程时还应包括 k^0。这些电子转移过程由巴特勒-福尔默方程描述。

$$I = -nFAk^0 \left\{ C_{\text{Red}}^S \text{e}^{\left[(1-\alpha)(E-E^{0'}) \frac{nF}{RT} \right]} - C_{\text{Ox}}^S \text{e}^{\left[-\alpha(E-E^{0'}) \frac{nF}{RT} \right]} \right\} \tag{10-37}$$

其中，k^0 为标准的异质速率常数；α 为传输系数是一个无量纲参数，表示电子转移反应中氧化还原的能垒的对称性指标。如果改变电势对氧化和还原反应的影响相同，则 α 和 $1-\alpha$ 均为 0.5。

④不可逆电子转移反应的判断标准。第一个判断标准是基于峰值电势，随着扫描速率的增加，其阴极或阳极峰值分别移向更负的负电势或更正的正电势。

另一个判断标准是峰值电流，如不可逆的电子转移反应的 Randles-Sevcik 方程所示：

$$I_p = -269An(\alpha n_\alpha)^{1/2} C_{\text{Ox}} D_{\text{Ox}}^{1/2} v^{1/2} \tag{10-38}$$

电流仍然与扫描速率的平方根成正比，但是峰值的高度较低，并且电流与扫描速率的平方根的线性图的斜率小于可逆电子转移反应的斜率。如图 10-12 所示。正向和反向扫描中峰不对称，甚至在反向扫描中都没有峰值；归一化后，峰不重叠；在更高的扫描速率下，峰移动到更大的值。

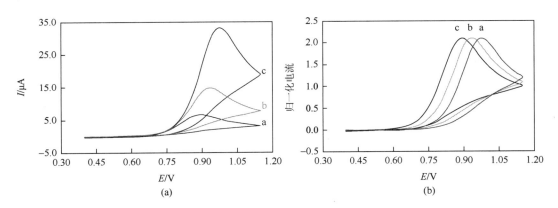

图 10-12　不可逆电子转移反应循环伏安曲线图

扫描速率 a 为 10mV/s，b 为 25mV/s，c 为 50mV/s

10.2.3　案例分析

1. 案例 1

在能量存储领域，超级电容器因其功率密度高而脱颖而出。然而，与二次电池技术相比，它们的能量密度仍然较低，限制了它们在能量需求高峰期的小环境中的应用。通

过将活性氧化还原物质溶解在电解质中，或吸附在电极上，可以一定程度上解决这个问题。研究人员采用循环伏安法（CV）等测试手段对预吸附亚甲蓝（MB）氧化还原梭的活性玻璃碳（AGC）电极进行了研究。图 10-13 显示了在 100mV/s 条件下获得的 AGC 和 MB-AGC 电极的电流贡献。AGC 电极显示表面贡献具有盒状 CV，具有对称的阴极和阳极电荷。同时观察到扩散控制电流，约占总电流的 25.4%。对于 MB-AGC 电极，表面电流密度在 –0.5～–0.1V（vs. Ag| AgCl| KCl$_{sat}$）范围内有较大的贡献，这与 MB 吸附在 AGC 表面的氧化还原过程有关。从 –0.1～0.4V（vs. Ag| AgCl| KCl$_{sat}$），电流的表面贡献与 AGC 电极几乎相同。

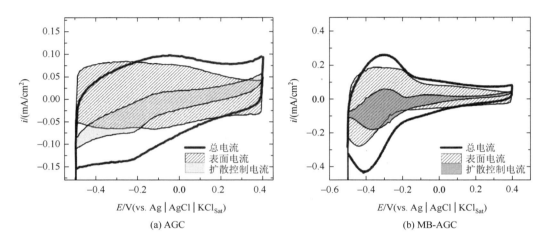

图 10-13　在 100mV/s 时的循环伏安图及其表面和扩散电流的贡献

2. 案例 2

目前，锂离子电池（LIBs）广泛应用于电动车辆和便携式设备领域。LIBs 中的常用的阳极材料是 MnO。但是，和其他纯过渡金属氧化物类似，反复循环过程中的剧烈体积膨胀和相对低的电导率阻碍了 MnO 阳极材料的应用。研究人员将水热法与原位界面聚合及后续碳化工艺相结合，制备了具有分级结构的多孔氮掺杂碳包覆 MnO 微球（简称 MnO@NC）。结果表明，与原 MnO 相比，MnO@NC 阳极材料具有优良的电化学性能。如图 10-14 所示，研究人员采用循环伏安法（CV）初步测定了 MnO 和 MnO@NC 的电化学行为，在大约 0.1V 处的一个尖锐的阴极峰可归因于 Mn^{2+} 完全还原为 Mn，以 0.6V 为中心的弱阴极峰主要对应于第一次阴极扫描固体电解质界面（SEI）膜的形成。第一次阳极扫描中，在 1.3V 处观察到一个明显的阳极峰，这可能是由于金属 Mn 的氧化伴随着 Li$_2$O 的分解。由于第一次锂化反应后反应动力学的改善和 SEI 膜的稳定性，纯 MnO 和 MnO@NC 复合材料的阴极峰分别向 0.38V 和 0.35V 移动，在随后的循环中，峰出现在较高的电位。然而，随着循环次数的增加，MnO 和 MnO@NC 阳极材料的循环伏安曲线上的弱阴极峰消失了。此外，第二和第三循环的循环伏安曲线重叠良好，表明 MnO 和 MnO@nc 阳极材料具有优良的可逆性和循环稳定性。

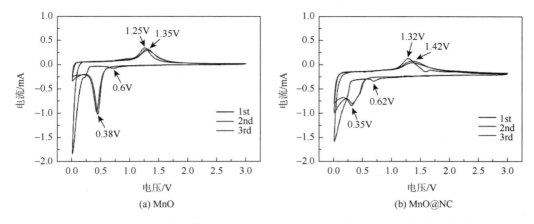

图 10-14　在 0.1mV/s 的扫描速率下 MnO 和 MnO@NC 复合材料的循环伏安法曲线

10.3　电化学阻抗谱分析技术

电化学阻抗谱（electrochemical impedance spectroscopy，EIS）分析技术，又称为交流阻抗谱（A. C. Impedance），是研究电极反应动力学和表面现象的重要技术手段。通过将测试获得的电化学阻抗谱进行等效电路拟合，并利用不同电学元件（如电阻、电容和电感等）的阻抗特性来简化电化学动力学参数的求解，从而探究器件的电化学特性[3, 4]。本章主要阐述了电化学阻抗谱的工作原理及组成部分、器件类型、测量技术、数据处理以及不同电化学过程中的应用。

10.3.1　电化学阻抗谱工作机理及组成部分

1. EIS 的工作原理及特点

近年来，随着频率响应分析仪的快速发展和计算机技术的进步，电化学阻抗谱分析技术广泛地应用于能源、生命科学和腐蚀科学领域。作为一种典型的频率域测量方法，EIS 的工作原理是：电化学系统施加一个不同频率的小振幅正弦波电位或者感应电流作为扰动信号，研究交流电势与电流信号的比值（系统的阻抗）随正弦波频率 ω 的变化，或者是阻抗的相位角 f 随 ω 的变化。因为可以在不同的频率范围内研究电极体系，所以 EIS 技术可以获得独特的动力学和电极界面结构信息。通常，作为扰动信号的电势正弦波的幅度在 5～10mV。

EIS 技术就是测定不同频率 ω 的扰动信号 X 和响应信号 Y 的比值，得到不同频率下阻抗的实部 Z'、虚部 Z''、模值 $|Z|$ 和相位角 f，然后将这些量绘成各种形式的曲线，便是 EIS 图。目前，常用的电化学阻抗谱主要有两类：奈奎斯特图（Nyquist plot）和波特图（Bode plot）（图 10-15）。一般情况下，EIS 技术具有体系干扰小，能提供多角度的界面状态与过程的信息，便于分析电化学行为的作用机理，数据分析过程相对简单和结果可靠等优点。但是，它也存在阻抗谱分析复杂等缺点。

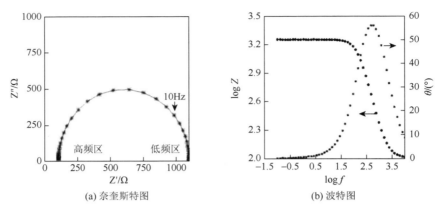

(a) 奈奎斯特图　　　　　　　　(b) 波特图

图 10-15　不同类型的电化学阻抗谱

2. 等效电路及元件

在电极系统中，可将一个电极反应分为若干个独立过程，如电子在固相的传输、电荷在界面迁移以及离子在溶液中扩散等。在电极动力学过程中，在小幅度交流电压信号下，这些子过程的电流与电极电势的关系和电子元器件电流与电压的关系相同，即它们拥有相同的阻抗表达式。因此可以用电子元器件形象地表示一个电化学反应的子过程，并且可以利用电子元器件的阻抗特性来简化电化学动力学参数的求解。此外，若将这些电学元件构成一个闭合电路，那么该电路便能表示电极系统中的电极反应。因此，这一电路便称为该电极系统的等效电路。其中，构成等效电路的元件便是等效元件。目前，常见的等效元件主要包含以下四种。

1）等效电阻（R）

电子在固体相中的传导电阻和带电离子在电解液中相转移的阻抗都满足欧姆定律的纯电阻，即溶液相的欧姆电阻的大小与离子的电导率和离子浓度相关。与电学元件电阻一样，也用 R 来表示等效电阻，同时用 R 表示等效电阻的参数值。从本质上来看，如果施加扰动信号 X 为角频率为 ω 的正弦波电流信号，则输出响应信号 Y 即为角频率也为 ω 的正弦电势信号，此时的传输函数也是频率的函数，称为频率响应函数（频响函数），那么这个频响函数就称为系统 M 的阻抗，用 Z 表示。如果施加扰动信号 X 为角频率为 ω 的正弦波电势信号，则输出响应信号 Y 即为角频率也为 ω 的正弦电流信号。此时，频响函数就称为系统 M 的导纳，用 Y 表示。因此，电阻的阻抗与导纳分别表示为

$$Z_R = R = Z_R' Z_R'' = 0 \tag{10-39}$$

$$Y_R = \frac{1}{R} = Y_R' Y_R'' = 0 \tag{10-40}$$

式中，R 为电阻；Z_R' 为阻抗的实部；Z_R'' 为阻抗的虚部；Y_R' 为导纳的实部；Y_R'' 为导纳的虚部。其中，阻抗和导纳统称为阻纳，用 G 表示，阻抗和导纳互为倒数关系。

2）等效电容（C）

在电化学反应过程中，由于在电极-电解液界面处易形成双电层微分电容结构，这与电学中的纯电容相同。因此，常用 C 作为等效电容的标志，同时用 C 代表等效电容的参

数值，其单位为 F/cm^2，该等效元件的阻抗和导纳分别是

$$Z_C = -j\frac{1}{\omega C} , \quad Z_C' = 0 , \quad Z_C'' = \frac{1}{\omega C} \tag{10-41}$$

$$Y_C = j\omega C , \quad Y_C' = 0 , \quad Y_C'' = \omega C \tag{10-42}$$

3）等效电感（L）

在电极腐蚀体系研究中，还经常出现电感的性能，这与电学中的纯电感相同，用 L 作为等效电感的标志，即电感值，单位为 $H \cdot cm^2$。此外，在电化学阻抗谱中，若电感值为负值，则电化学阻抗谱的测量中没有满足电极过程的稳态条件。这表明：在满足阻纳的基本条件时，若电化学阻抗谱中包含等效电感 L，则电感值 L 总保持在正值。

等效电感的阻抗与导纳分别为

$$Z_L = j\omega L , \quad Z_L' = 0 , \quad Z_L'' = \omega L \tag{10-43}$$

$$Y_L = -j\frac{1}{\omega L} , \quad Y_L' = 0 , \quad Y_L'' = -\frac{1}{\omega L} \tag{10-44}$$

$$|Z_L| = \omega L , \quad |Y_L| = \frac{1}{\omega L} \tag{10-45}$$

4）常相位角元件（Q）

电极和溶液界面的双电层一般可以等效为电容，称为双电层电容。但是，事实上的双电层电容与传统意义上的纯电容存在一定的差异，从而导致半圆弧压扁的情况，这一现象称为弥散效应。目前，这种现象的产生原因有待研究。为了缓解这一现象的影响，需要在电路中引入等效元件 Q，即常相位元件（constant phase element，CPE），其阻抗和导纳为

$$Z_Q = \frac{1}{Y_0} \cdot (j\omega^{-n}) , \quad Z_Q' = \frac{\omega^{-n}}{Y_0}\cos\left(\frac{n\pi}{2}\right) , \quad Z_Q'' = \frac{\omega^{-n}}{Y_0}\sin\left(\frac{n\pi}{2}\right) , \quad 0 < n < 1 \tag{10-46}$$

其中，Y_0 是导纳，当 $n = 1$ 时，CPE 为纯电容；当 $n = 0$ 时，CPE 为纯电阻；当 $n = -1$ 时，CPE 为电感；当 $n = 0.5$ 时，CPE 为瓦博格（Warburg）阻抗，常用 ω 表示；$0.5 < n < 1$，CPE 主要表现为电容性质。

迄今为止，等效电路法仍然是分析电化学阻抗谱的主要研究方法，这主要是因为利用等效电路来研究电化学阻抗谱和电极动力学模型的方法比较具体直观，尤其是在一些简单的电化学阻抗谱的分析中，可以用一个电阻参数 R_s 表示从参比电极的鲁金毛细管口到工作电极之间的溶液电阻，用一个电容参数 C_{dl} 代表电极与电解液两相的双电层电容，用另一个电阻参数 R_t 代表电极过程电荷转移遇到的阻力。此时，这些元件的物理意义也是很明确的。通过元件之间的串并联，可以得到各种复合元件，再通过各元件的不同取值，也可以获得各类频响曲线。在大多数情况下，都可以为电极过程的电化学阻抗谱找到一个对应的等效电路。

但是，等效电路法也存在一些不可避免的缺陷。首先，等效电路与电极反应的动力学模型之间一般不存完全相匹配的关系。例如，对于同一个反应过程，在不同的电极电

位下，可以呈现出完全不同的电化学阻抗谱。而且，在特殊情况下，由等效元件组成的等效电路和阻抗谱图类型之间也不存在一一对应的关系。此外，等效电路方法的另一个缺陷就是等效元件的物理意义不明确，有些复杂电极过程的电化学阻抗谱又无法只用四个等效元件来描述。例如，对于等效电感元件的物理意义，则一直存在争议，人们很难在电极中找到一个真实存在的电感元件，直到今天，仍有部分科研学者认为电化学阻抗谱中电感成分的贡献是由于体系不稳定造成的。因此，要克服传统等效电路法的缺陷，必须根据电极系统与电极过程的特点，依据阻纳的物理意义和动力学行为规律，来建立更加客观的数学模型。

10.3.2　电化学阻抗谱测量技术简介、数据处理及应用

1. 电化学阻抗谱的测量技术

电化学阻抗谱的测量技术可以分为两大类：频率域的测量技术和时间域的测量技术。这两类测量技术均广泛应用于测试仪器和软件中。

1）频率域测量技术

频率域测量技术的基本原理是：在每个选定频率的正弦激励信号作用下分别测量该频率的电化学阻抗，即逐个测量电极阻抗。迄今为止，常见的频率域测量技术主要包含交流电桥、选相调辉和相敏检测技术等。

目前，常用的测试仪器主要是锁相放大器和频响分析仪，它们均是利用相关分析原理，应用相关器对正弦交流电流信号和电势信号进行比较，检测出两信号的同相和 90° 相移成分，从而输出电化学阻抗的虚部和实部。一般情况下，商品化的锁相放大器和频响分析仪能够实现频率测量范围是 $10\mu Hz\sim1.0MHz$。

但是，用阻抗方法完整表征一个电化学过程时，测量的频率范围需要几个数量级。特别地，在溶液中的扩散或电极表面的吸附行为的阻抗往往需要在很低的频率下才能在阻抗图谱上反映出来。采用频率域测量技术往往需要很长时间，从而造成被测电极系统的情况很难保持前后一致。因此，建立能够在短时间内测出不同频率范围内的电化学阻抗谱的方法，对于电化学研究更有意义。

2）时间域测量技术

任意周期波形都可以表示为多个正弦矢量的叠加，这些正弦矢量包括一个频率为基频 $f_0 = \dfrac{1}{T_0}$ 的正弦波以及多个 f_0 的谐波，即

$$y_{(t)} = A_0 + \sum_{n=1}^{\infty} A_n \sin(2\pi n f_0 t + \varphi_n) \tag{10-47}$$

其中，A_n 为频率为 nf_0 的正弦矢量的幅值；φ_n 为其相位角；A_0 为直流偏置。这一级数称为傅里叶级数，信号 $y(t)$ 就是各正弦量的傅里叶合成。

利用傅里叶级数，可以把一个信号在时间域内用信号幅值和时间的关系来表示，也可以用一组正弦矢量的幅值和相角来表示。换言之，该信号可以在时间域和频率域内进

行转换，称为傅里叶变换。利用这一原理，可以把所有需要的频率下的正弦信号施加到电化学体系上，产生暂态电流响应信号。然后，对这两个暂态激励、响应信号分别测量后，利用傅里叶变换，同时获得某一直流极化电势下多个频率的电化学阻抗谱。

综上所述，由于阻抗测试必须满足稳定性条件，且需要在直流极化下稳定一段时间后再进行阻抗测量。因此，选择同时具备傅里叶变换的时间域测量方法和频率域测量方法，可以有效降低误差，获得更为精确的电化学阻抗谱。

2. 电化学阻抗谱的数据处理

类似于大多的测量方法，进行电化学阻抗谱测量的最终目的是根据测量结果得到的 EIS 图，确定等效电路或数学模型，并与其他电化学方法相结合，探究电极体系中存在的动力过程及其反应原理。因此，对 EIS 图曲线拟合是阻抗谱数据处理的核心问题。

曲线拟合就是确定数学模型中待定参数的数值，使得由此确定的模型理论曲线误差最小，尽可能地逼近实验测试数据。由于阻纳属于非线性函数，一般采用非线性最小二乘法进行曲线拟合。下面对阻纳的非线性最小二乘法拟合原理进行介绍。

在进行阻抗测试时，获得的数据是一系列不同频率下的复数阻抗：

$$g_i = g_i' + \mathrm{j}g_i'' \tag{10-48}$$

当确定阻抗谱对应的数学模型后，便可以写出这一模型的阻抗表达式：

$$G = G'(\omega, C_1, C_2, \cdots, C_m) + \mathrm{j}G''(\omega, C_1, C_2, \cdots, C_m) \tag{10-49}$$

式中，$C_1, C_2, \cdots, C_m$ 为数学模型中的待定参数。对于特定频率 ω_i，可以通过数学模型计算其理论阻抗值。

$$G_m = G_m'(\omega_m, C_1, C_2, \cdots, C_m) + \mathrm{j}G_m''(\omega_m, C_1, C_2, \cdots, C_m) \tag{10-50}$$

实际阻抗数据和理论计算阻抗的差值为

$$D_i = g_i - G_i = (g_i' - G_i') + \mathrm{j}(g_i'' - G_i'') \tag{10-51}$$

g_i 和 G_i 在复平面上各代表一个矢量，因此 D_i 是这两个矢量之差，这个矢量的模，即其长度为

$$|D_i| = \sqrt{(g_i' - G_i') + (g_i'' - G_i'')^2} \tag{10-52}$$

在电化学阻抗谱的非线性最小二乘法拟合中，就是求各不同频率数据点权重的方差值，即

$$S = \sum W_i |D_i|^2 = \sum_{i=1}^{n} W_i (g_i' - G_2')^2 + \sum_{i=1}^{n} W_i (g_i'' - G_2'')^2 \tag{10-53}$$

式中，W_i 就是各不同频率数据点的权重。

阻抗数据拟合过程就是通过迭代，逐步调整并最终确定数学模型中各特定参数的最佳数值，使得目标函数值 S 最小。在进行曲线拟合前，先构建等效电路模型，然后测定

等效电路中各元件参数的合理初始估计值，最后选择合适的阻抗解析软件，利用非线性最小二乘法求取目标函数值。拟合后的目标函数通常用 X^2 表示，代表了拟合的质量，该值越小，则拟合效果越好，其合理值应在 10^{-4} 数量级或者更低。但是，前边已经提到过阻抗谱和等效电路并不是一一对应的关系，同一个阻抗谱可能存在多个匹配的等效电路进行拟合，这便给等效电路模型的选定以及等效电路的求解带来了困难。因此，在这种情况下，便需要使用数学模型的数据处理方法。

例如，在电极系统的法拉第阻抗仅来自系统的双电层电容情况下，整个体系的阻抗可以表示为

$$Z = R_s + \frac{1}{j\omega C_{dl} + Y_F} \qquad (10\text{-}54)$$

式中，Y_F 为电极系统的导纳；C_{dl} 为双电层电容；R_s 为溶液电阻。由于任何电极系统的阻抗谱都与其一般数学表达式存在唯一的对应关系。所以，其法拉第阻纳的表达式为

$$Y_F^0 = \frac{1}{R_{ct}} + \frac{B}{a + j\omega} \qquad (10\text{-}55)$$

因此，只要将式（10-55）代入式（10-54）便可以得到这种阻抗谱对应的数学模型。用该数学模型处理不同的参数值，便能得到与给定阻抗谱有唯一对应关系的参数值。

3. 电化学阻抗谱的应用

随着电子信息技术的发展，电化学阻抗谱的应用也日益广泛。下面将分别介绍利用电化学阻抗测量技术研究电极-电解液界面间反应动力学、双电层和扩散行为等问题，并应用于固体电解质、金属腐蚀和锂离子电池等领域[5, 6]。

1）固体电解质离子扩散行为问题

过去几十年间，绝大部分电池的研究关注的都是液态电解质系统，虽然其具有高导电性和优秀的电极表面润湿性，但是其电化学性能和热稳定性不好，离子选择性低，安全性差。因此，固态电解质替代液态电解质不仅克服了液态电解质持久的问题，也为开发新的化学电池提供了可能性。基于这些优点，固态电解质电池的研究使用已经出现迅速增长的趋势。固体电解质，又名超离子导体，是指少量离子化合物在室温或者低于熔点的高温下，呈现出固体形式，具有较高的离子电导率。不同于液态的离子导体，固体电解质中两种带相反电荷的离子通常只有一种离子可以移动，而另一种则组成晶体的骨架。可移动离子在固体电解质中的移动往往是由于它与反电荷离子的离子键，从而造成其在晶格内部移动时具有较大的振幅。

利用电化学阻抗技术研究固体电解质的主要目的是：①研究固体电解质的离子电导，导电离子的导电机理，不同载流子对其电导率的影响，不同结构和制备工艺对固体电解质性能的影响；②研究固态电解质的电化学行为。目前，研究电导率的大多数工作在阻抗频段（$0.01 \sim 10^4$Hz）进行。当几种固态电解质是几种离子的混合导体时，总的电导率 σ 等于各种导电离子或电子的电导率总和，即

$$\sigma = \sum_k \sigma_k \tag{10-56}$$

一种带电粒子对电导的相对贡献称为迁移数，用 t_k 表示：

$$t_k = \frac{\sigma_k}{\sigma} \tag{10-57}$$

一般情况下，需要对正负极进行化学分析才能确定某种荷电粒子的迁移数。对于电子-离子混合导体，除电子外，只需测定该导电离子的迁移数即可。

2）金属腐蚀防护机理问题

电化学腐蚀包含同一电极电位下在溶液和金属之间至少两个同时发生的反应。以金属铁在酸中的阳极溶解为例：

$$Fe \rightarrow Fe^{2+} + 2e^- \tag{10-58}$$

表面上看，以上反应非常简单，但是这一反应是由多个步骤完成的。

$$Fe + H_2O \leftrightarrow (FeOH)_{ads} + H^+ + e^- \tag{10-59}$$

$$(FeOH)_{ads} \rightarrow FeOH^+ + e^- \tag{10-60}$$

$$FeOH^+ + H^+ \leftrightarrow Fe^{2+} + H_2O \tag{10-61}$$

因此，整个反应过程可以近似地看作处于平衡态，反应式（10-60）是速度控制步骤，反应式（10-61）也近似地处于平衡状态。因此，对于金属而言，当其处于腐蚀过程时，其阳极的氧化过程和介质的还原过程处于动态平衡。在稳态下，氧化电流的大小 I_a 等于还原电流 I_c，净电流总和为 0。此时的电位便是腐蚀电位，腐蚀速率（I_{corr}）用腐蚀电流的面密度表示。

电化学阻抗可以用来测定腐蚀速率。在腐蚀电位下，腐蚀电流密度是电位和金属离子浓度的函数，一般满足线性方程：

$$i_a = -n_a F(k_{f,a} c_{M^{n+}} - k_{b,a}) \tag{10-62}$$

$$i_c = -n_c F(k_{f,c} c_o - k_{b,c} c_R) \tag{10-63}$$

式中，i_a 和 i_c 分别为体系的氧化和还原反应的电流密度；n_a 和 n_c 分别为氧化和还原反应中的转移电子数；$c_{M^{n+}}$ 为浓度；c_o 和 c_R 分别为介质的还原反应中的氧化物和还原物的浓度；$k_{f,a}$ 和 $k_{b,a}$ 分别为氧化反应的正、逆反应速率常数；$k_{f,c}$ 和 $k_{b,c}$ 分别为还原反应的正、逆反应速率常数；F 为法拉第常数。

如果两个反应的平衡电位相差很大，可以近似忽略两个反应的方向，因此在腐蚀电位下，腐蚀速率可以表示为

$$i_{corr} = n_c F k_{f,c}^* c_O' \tag{10-64}$$

式中，c_O' 为腐蚀活性物质在稳态下的表面浓度；$k_{f,c}^*$ 表示 $E = E_{corr}$ 时的速率常数。然后，利用电流密度-过电位的塔菲尔关系，腐蚀速率表示为

$$i_{corr} = \frac{1}{R_p} \frac{\beta_a \beta_c}{2.303(\beta_a + \beta_c)} \tag{10-65}$$

式中，R_p 为极化电阻，是评估腐蚀速率的重要参数。

3）锂离子电池离子传输动力学问题

在锂离子电池中，Li^+ 在电极中的脱/嵌过程主要包含以下几个步骤：①电子通过活性材料颗粒间的输运、锂离子在活性材料颗粒空隙间电解液的输运；②锂离子通过活性电极表面的固体电解质界面（SEI）膜；③电子/离子在电极-电解液界面的电荷转移；④锂离子在活性材料颗粒内部的固体扩散过程。所以，在这些过程中也产生了额外的电阻和电容。例如，电解质和电池部分产生的电阻（R_e）、SEI 膜表面的双电层（C_{sf}）和与其相关的阻抗（R_{sf}）、电荷转移阻抗（R_{ct}）和双电层电容（C_{dl}）以及锂离子扩散的瓦博格阻抗（W）。如图 10-16 所示，锂离子电池的奈奎斯特图由一个高频区的半圆和低频区的斜线部分组成。其中，半圆部分的面积与电池中界面的电荷转移阻抗呈正相关。一般情况下，电荷转移阻抗越大，半圆部分的面积越大。斜线部分的斜率与其瓦博格阻抗呈负相关。通常，斜线部分的斜率越大，越利于锂离子的扩散行为。

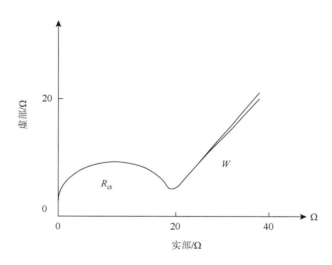

图 10-16 典型的锂离子电池的奈奎斯特图模型

10.3.3 案例分析

1. 案例 1

如图 10-17（a）所示，电化学阻抗谱（EIS）分别测试了纯 MnO 和 MnO@NC 复合电极在 200 次循环前后的阻抗变化值。由图可知，每条 EIS 曲线都是由在高频部分的半圆区域和低频部分的斜线区域组成的。一般来说，电解质与活性物质之间的电荷转移电阻（R_{ct}）可以用半圆形区域的面积来描述，斜线部分的斜率则与锂离子在电极中扩散产生的瓦博格阻抗（W）有关。结合图 10-17（b）的阻抗数值可知，在循环前，MnO 和 MnO@NC 电极的 R_{ct} 分别为 56.5Ω 和 35.6Ω。这表明氮掺杂碳层可以有效降低 MnO 电极的电荷转移电阻，从而加快反应动力学。经过 200 次循环后，MnO@NC 复合电极的半圆部分面积与其循环前的半圆面积仅有轻微的变化。然后，循环过后的 MnO 电极的半圆面积比未循环的 MnO 电极的半圆面积发生明显的增加趋势。这一结果与循环前后 MnO 和 MnO@NC 电极的电荷转移电阻的拟合值一致。这一现象表明：氮掺杂碳层有效地提升了 MnO 基负极的稳定性。

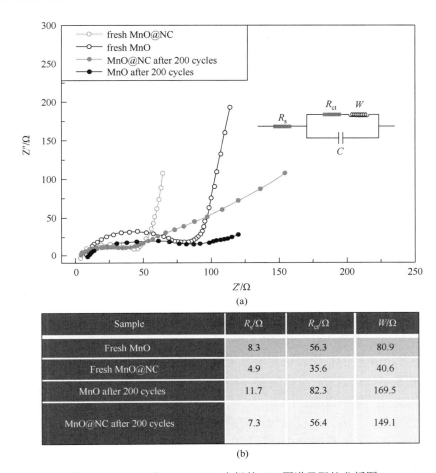

(a)

Sample	R_s/Ω	R_{ct}/Ω	W/Ω
Fresh MnO	8.3	56.3	80.9
Fresh MnO@NC	4.9	35.6	40.6
MnO after 200 cycles	11.7	82.3	169.5
MnO@NC after 200 cycles	7.3	56.4	149.1

(b)

图 10-17 MnO 和 MnO@NC 电极的 EIS 图谱及阻抗分析图

2. 案例 2

超级电容器的实际测试中，往往得到如图 10-18 所示的 EIS 图。

简单来说，一个超级电容器可以视作很多微小电容和电阻组成的集合电路，随着测试频率升高，电阻 R 作用增大；频率降低，电容 C 作用加大。因此，可以抽象出一个具有代表性的 EIS 图，如图 10-19 所示。

在这个结果中，可以获得许多有用的信息：高频区域（HF），阻抗 Z 表现为电阻 R 的特征；低频区域（LF），阻抗 Z 表现为 R 与 C 的串联特征。此外，在高频区域，对应内阻 R，整个高频区域反映的是电极离子电阻，这段弧形反映了电解质与微观界面处的特征。而低频区，通过近似线性区域中的数据，可以计算电极的近似容量。

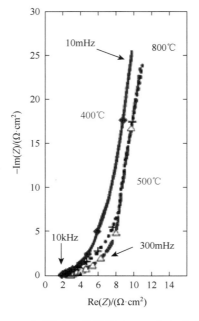

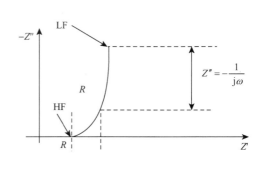

图 10-18　不同温度煅烧样品在 60℃超级电容器电 　　　　　图 10-19　EIS 图的简化示意图
　　　　　　解液中的 EIS 图

习　　题

10-1　电极过程中各个单元步骤的速度是否均可用电流密度来表示？

10-2　什么是电极的极化？研究单个电极的极化有何意义？

10-3　塔菲尔公式是否在任何条件下均适用？

10-4　过电位受哪些因素影响？

10-5　交换电流密度与电极反应有何联系？

10-6　请简述电化学阻抗谱的测试原理和参数设置原则。

10-7　请对阻纳和导纳等物理名词进行解释。

10-8　请简述 EIS 测量的前提条件。

10-9　请简述 EIS 图的基本特征以及各个部分所代表的具体含义。

10-10　请比较 EIS 图与波特图的异同点，并阐述两者所应用范围的不同。

参 考 文 献

[1]　周伟舫. 电化学测量. 上海：上海科技出版社，1985.

[2]　覃海错. 应用电化学. 桂林：广西师范大学出版社，1994.

[3]　张祖训，汪尔康. 电化学原理和方法. 北京：科学出版社，2000.

[4]　贾铮，戴长松，陈玲. 电化学测量方法. 北京：化学工业出版社，2006.

[5]　李荻. 电化学原理. 北京：北京航空航天大学出版社，2008.

[6]　郭鹤桐，姚素薇. 基础电化学及其测量. 北京：化学工业出版社，2009.

第 11 章　溶液性质测试

本章主要介绍溶液性质的基本测试手段，总共为 3 节内容，分别为黏度测试、Zeta 分散液稳定性测试和激光散射测试。黏度是流体滞留性的一种量度，是溶液重要的基础性质之一。通过 Zeta 分散液稳定性测试可以判断胶体溶液的分散稳定性，激光散射测试可以探究聚合物和胶体在溶液中的动态变化过程。通过本章的学习，可以了解表征溶液的基础性质、测试手段和测试原理。

11.1　黏　度　测　试

黏度是液体的一种非常重要的性质，在工业应用和科学研究领域中，黏度的准确测量具有极为重要的意义。黏度通常是指单相液体流动时所产生的内摩擦，与液体的表面黏度不同，是流体滞留性的一种量度。

黏度测量的传统方法主要有毛细管法、振动测量法、落球法和旋转法等。其中，毛细管法适用于水、醇等黏度较小的流体的测定，落球法常用来测定如甘油等黏度较高的透明或半透明流体，但这些方法稳定性不高，测定过程中易受干扰，测试精度不理想。近年来，由于计算机技术、超声波技术、光学技术、传感器技术等的引入和发展，黏度测定方法得到了改进和完善，使得黏度测定操作方便快捷，样品用量极大地降低，结果也更加稳定和精确。

11.1.1　牛顿内摩擦定律

黏度是液体流动时所表现出来的内摩擦。为定量表示某种液体的黏度，作如下假设：若在两平行板之间盛以一种液体，一块是静止的，另一块以速度 v 向 x 方向做匀速运动，如果将液体沿 y 方向分成许多薄层，那么各液层向 x 方向的流动速度随 y 方向变化，如图 11-1 所示，用长短不同、带有箭头、相互平行的线段表示各层流体的速度，这样的示意线段称为流线，液体的这种形变称为切变。若用速度梯度 $\dfrac{\mathrm{d}v}{\mathrm{d}y}$ 来表示切变，这种切变也称为切速率，简称切速。它表示每层液体的流速 v 与距离 y 有关。为了维持某切速率，则要对上面平行板施加一定的恒力 F，此力称为切力。若板的面积是 A，则切力与切速率应服从以下公式[1]：

$$F = A\eta \frac{\mathrm{d}v}{\mathrm{d}y} \tag{11-1}$$

令 D 表示切速率，τ 表示单位面积上的切向力，则

$$\tau = \eta \frac{\mathrm{d}v}{\mathrm{d}y} = \eta D \qquad\qquad (11\text{-}2)$$

式中，η 为切力与切速率之间的比例系数，称为该液体的黏度。式（11-2）称为牛顿内摩擦定律（牛顿黏性定律），黏性流体做直线层状流动时，流层之间的剪切应力与速度梯度成正比。凡是服从这种简单比例关系的液体均为牛顿流体，这种黏度称为牛顿黏度。

当距离为 1m 的流速变量是 1m/s 时，即 $D = 1s^{-1}$ 的速率梯度时，作用在 $1m^2$ 面积上的力为 1N 的流体，它的黏度为 $1N \cdot s/m^2$，或 $1Pa \cdot s$。在室温下，水的黏度为 $1mPa \cdot s$。

对于大多数纯液体或者低分子的稀溶液，在一定温度下，η 是一个定值，不因 τ 或 D 的不同而发生变化，因此切力与切速率的比例不变，η 只与温度有关，这是牛顿流体的特点。

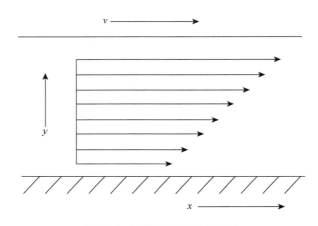

图 11-1　两平板间的黏性流动

11.1.2　黏度分类

黏度测定有动力黏度、运动黏度和条件黏度三种方法。

动力黏度是使用单位距离的单位面积液层，产生单位流速所需之力，表示流体受到一定剪切应力而流动时分子间产生的内摩擦力的量度，其值为流体受到的剪切应力和剪切速率的比值，用符号 η 表示，在国际单位制中以 $Pa \cdot s$ 表示，习惯用 cP 表示，$1cP = 10^{-3} Pa \cdot s$。平时所说的黏度一般是指动力黏度。

运动黏度表示流体受到重力作用而流动时分子间产生的内摩擦力的量度，其值为流体的动力黏度与同温同压下该流体的密度的比值，用符号 ν 表示，在国际单位制中以 mm^2/s 表示。运动黏度没有具体的物理意义，在理论分析和计算时，经常遇到动力黏度与密度的比值，用运动黏度代替 η/ρ。其量纲中只存在运动学中的时间和长度的要素，所以称为运动黏度。

$$\nu = \eta/\rho \qquad\qquad (11\text{-}3)$$

条件黏度是指在特定的条件下采用特定的黏度计测出来的流体黏度。不同国家的条件黏度采用的单位不同，美国的赛氏黏度、英国和日本的雷氏黏度等，我国的国家标准为《石油产品恩氏粘度测定法》(GB 266—1988)，利用经验公式，将恩氏黏度换算成运动黏度，从而可求得动力黏度。

11.1.3　流变测量的边界条件

对剪切造成的流体运动形变问题进行数学处理，将会导出极为复杂的微分方程，其中的大多数都是难以求解的。只有当测量条件被严格限制在某一范围内时，这一问题才能得到一个可以接受的数学答案，这一条件称为边界条件。

（1）层流与样品均匀。层流可以防止层与层之间的流体体积元交换，因此在测量时，剪切力必须只能产生层流，这就要求在测量开始前，被测流体样本必须是均匀的。然而在实际的流变测量中，真正完全均匀的样品是极为罕见的，这一影响因素或多或少地对实际测量结果产生了不利影响。

（2）稳态流。这要求测量时样本的流动速率必须是稳态的，为加快或者减慢流动速率所提供的额外能量是不能计算在黏度公式中的。

（3）无滑移。测量过程中，移动板的剪切应力应始终处于液体内部，而不能仅仅停留在液体边界。第二种情况可能导致剪切力传递不足的问题，即移动板与被测样液间的黏合力无法满足剪切力的传递，导致移动板和样液层出现相对滑动，此时测量的结果毫无意义。

（4）无物理或化学变化。某些聚合物材料在测量过程中可能产生非预期的物理或化学变化，这些变化将会影响样品黏度的测定，通常的流变实验会尽力避免这些现象的发生，除非这些现象就是实验的研究目标。

（5）无弹性。液体有黏性液体和弹性液体之分。在快速搅拌下，黏性液体会在离心力作用下远离搅拌杆，向容器壁散去；弹性液体的搅拌现象恰恰相反，搅拌过程中产生的法向应力大于离心力，液体因而向搅拌棒聚集，出现沿棒向上的爬杆现象，这一现象称为魏森贝格（Weissenberg）效应，又称为包轴现象。这是由于弹性流体在旋转流动时，具有弹性的大分子链会沿圆周方向取向，并伴随产生拉伸变形，从而产生与离心力作用方向完全相反的指向轴心的力，当这一向心力大于离心力时，液体便会向杆聚集，被迫爬升。为了通过现有理论分析出测量结果，要求被测样品只能具有黏性，这种条件下的能量将会变为热能最终散失掉。

11.1.4　黏度测量传统方法

1. 毛细管法

毛细管法测定液体黏度的理论基础是 Poiseuille 定律[2]，即

$$\eta = \frac{\pi r^4 (p_1 - p_2) t}{8 L V_t} \tag{11-4}$$

式中，r 为毛细管半径；t 为液体流经毛细管的时间；L 为毛细管长度；V_t 为 t 时间内液

体所流过的体积；p_1、p_2 分别为流体单元所受的压力。

　　假设黏滞液体在内径为 r 的管内以一定速度流动，如图 11-2 所示，则该部分液体的动能增加要消耗外力，因此在公式中需引入动能修正项，式（11-4）变为

$$\eta = \frac{\pi r^4 (p_1 - p_2)t}{8LV_t} - \frac{m\rho V_t}{8\pi Lt} \tag{11-5}$$

式中，m 为常数。

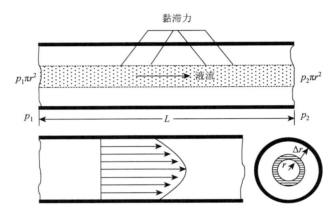

图 11-2　黏滞流体在管中流动所受的阻力及速度分布图

　　液体在毛细管流动时，不可能完全保持层流条件，要有径向流动，于是还须引入附加管长修正项 nr，则公式变为

$$\eta = \frac{\pi r^4 (p_1 - p_2)t}{8(L + nr)V_t} - \frac{m\rho V_t}{8\pi(L + nr)t} \tag{11-6}$$

　　根据上述原理制成的典型装置是水平毛细管黏度计，如图 11-3 所示，该装置用石英玻璃制成，毛细管内径 $r = 0.1\text{mm}$，长 $L = 175\text{mm}$。既可测量常温液体黏度，还可测高温液态金属黏度。当测高温液态金属黏度时，首先由加样磨口管将金属试样加到样品容器内，打开真空活塞将体系抽成真空，然后将装置伸入高温炉的恒温箱中，倾斜炉体，使金属熔体流经已知容器和毛细管进入储存容器。向相反方向倾斜炉体，使金属熔体

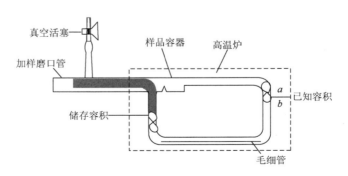

图 11-3　水平毛细管黏度计

重新流回已知体积 V 的容器中，通过炉子另一端石英窗观察，使液面略高于容器的上部刻线 a 后，立即将炉子恢复水平，此时金属熔体靠自身重力而流入毛细管，用秒表准确记录熔体液面流经容器上、下刻线 a、b 所需的时间 t，代入式（11-6）即可求得被测金属液黏度值。

水平毛细管黏度计也可以作为相对黏度计使用[3]，即令

$$A = \frac{\pi r^4 (p_1 - p_2)}{8(L + nr)V_t}, \quad B = \frac{mV_t}{8\pi(L + nr)} \tag{11-7}$$

于是可得

$$\eta = At - B\frac{\rho}{t} \tag{11-8}$$

对某一水平毛细管黏度计，A、B 为仪器常数，可用两种已知黏度的液体进行标定。该装置即为典型的 Spell 装置，它的突出优点是测量范围广，从 $10^{-4} \mathrm{Pa \cdot s}$ 的低黏度液体到 $10^5 \mathrm{Pa \cdot s}$ 的高黏度液体都可测定；但是它操作烦琐，而且用秒表记录时间会带来主观性误差，大大降低测量精度，不适合在线快速检测。

2. 扭摆振动法

对于低黏度液体的测定大多采用扭摆振动法，其原理是基于阻尼振动的对数衰减率与阻尼介质黏度的定量关系[2]。阻尼振动服从以下规律[1]：

$$A = k \cdot \exp\left(-\lambda \frac{t}{\tau}\right) \cos\left(2\pi \frac{t}{\tau}\right) \tag{11-9}$$

式中，A 为振幅；t 为时间；τ 为振动周期；λ 为对数衰减率；k 为常数。

对某一确定的振动系统，τ 与 λ 为一定值，可见阻尼的振幅是随时间衰减的，且呈指数关系。对数衰减率 λ 定义为

$$\lambda = \frac{\ln A_{n'} - \ln A_{n'+m'}}{m'} \tag{11-10}$$

式（11-10）表明，对数衰减率等于两次振幅的对数差与振动次数 m' 的比值。此值对确定的阻尼振动系统是不变的。

对于扭摆振动法来说，造成振幅衰减的主要原因是液体介质的黏滞性，故一般可以认为对数衰减率 λ 是液体黏度和密度的函数。通过测量振幅来计算对数衰减率 λ 是扭摆振动法测量液体黏度的基础。但在扭摆振动法中，液体黏度与其对数衰减率 λ 的关系是很复杂的，实际应用时，大多采用经验或半经验公式。

常用方法是柱体扭摆振动法，如图 11-4 所示[4]。柱体插入被测液体中，用外力给悬吊的系统以外力矩，使吊丝发生扭转，达某一角度后，去掉外力矩，柱体便在吊丝扭力、系统转动惯量和液体对柱体的黏滞阻力作用下，做阻尼衰减振动，其对数衰减率 λ 与液体黏度的经验关系式可表示为

$$\eta = K'\lambda \tag{11-11}$$

式中，K' 为仪器常数，须用已知黏度的液体标定。

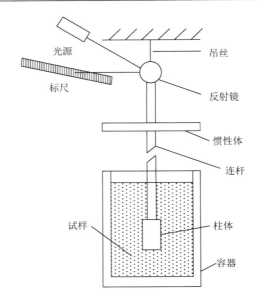

图 11-4　柱体扭摆振动法示意图

　　通过实验测出扭摆振动的振幅变化及振动次数，用式（11-10）计算出对数衰减率 λ，加之事先测定的 F，便可以计算出被测液体在实验温度下的黏度值。

　　该法的测量范围为 0.005～180Pa·s。它具有结构简单、使用方便的优点，但由于吊丝本身的扭转变形量大，容易引起残留的塑性变形和较大的内摩擦，导致测量误差。

　　扭摆振动法测定液体黏度时，振动周期对黏度测定影响很大，若振动周期很短，由于液体发生紊流，使衰减振动异常，即对数衰减率不为定值，随装置和液体的不同而不同，应通过实验来确定。一般来讲，液体黏度小时，容易产生紊流，故振动周期应该大一些。

3. 落球法

　　落球法是常温下测定液体黏度常用的方法。常温下，当固体圆球在静止液体中垂直下落时，小球受三个力的作用，即重力 f_1、浮力 f_2 和阻力 f_3，当 $f_1 = f_2 + f_3$ 时，小球以速度 v_0 做匀速运动。

　　对于半径为 r、密度为 ρ_S 的光滑小球在密度为 ρ_L 的液体中匀速下降时，在层流域内的黏度计算公式为[5]

$$\eta = \frac{2}{9} g r^2 \frac{\rho_S - \rho_L}{v_0} \tag{11-12}$$

　　式（11-12）是小球在无限广阔的介质中进行沉降时导出的，而实际黏度计的尺寸是有限的，在有限量介质中，必须考虑容器半径 R 与高度 h 的影响。对于半径为 r 的小球，常用如下的修正式计算：

$$\eta = \frac{2}{9} g r^2 \frac{\rho_S - \rho_L}{\left(1 + 2.4 \dfrac{r}{R}\right)\left(1 + 3.3 \dfrac{r}{h}\right) v_0} \tag{11-13}$$

　　根据式（11-13），只要知道容器半径 R、小球半径 r 以及小球与液体的密度 ρ_S 和 ρ_L，便可由小球匀速下落的速度 v_0 计算出液体在测定温度下的黏度值。可见，准确测定小球匀速下落的速度 v_0 是至关重要的。对于非透明液体，必须采用特殊的装置才能准确测定其速度 v_0，进而得其黏度值。

　　光电落球黏度计就是基于落球法的典型仪器[6]。工作时，仪器通过磁电转换控制电磁铁自动释放小球，同时给出脉冲，自动启动计时系统，小球沿中心轴线垂直下落，当小球挡住光源时，由光电传感器给出信号，自动关闭计时系统。由于小球的下落长度（液面与光电传感器之间的距离）固定不变，因此将测得的时间 t 代入式（11-13）即可求得被测液体黏度值。该装置的优点在于，采用了磁电和光电装置，不但可以精确测量小球下落的时间，而且解决了传统落球黏度计中小球易偏心下降的问题。当选择适当波长的光源和与之匹配的光电传感器时，即可测量不透明液体的黏度。

　　落球法一般适用于测定黏度较大的液体或聚合物，小球下落能较客观地反映大分子之间的相互作用状态，即可获得聚合物静态黏度值，这也是落球法能有别于旋转法而成为浓溶液黏度测定的方法的原因[7]。

4. 旋转法

　　旋转流变仪根据选用的测量夹具的不同分为同轴圆筒式、锥板式和平行平板式三种。

1）同轴圆筒式流变仪

　　柱体旋转法是适用范围最广的液体黏度测量方法，特别适用于粗分散体系的黏度测量，其原理如图 11-5 所示[8]。内外液体之间充以待测液体，当外力使二圆柱体之一匀速转动，另一圆柱体静止不动时，在二圆柱体之间的径向距离上的液体内部将出现速度梯度，于是在液体中产生了内摩擦。由于内摩擦的作用，在旋转柱体上施加一个切应力，测量此切应力即可计算液体黏度值。

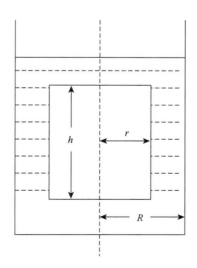

图 11-5　柱体旋转法结构示意图

若同轴内外的半径分别为 r 和 R，内筒的浸没深度为 h，转动柱体的角速度为 ω，同时假设流体为层流流动，液体与柱体接触面间无滑动，则通过液体的内摩擦作用在静止柱体面的转动力矩为

$$M = \frac{4\pi\eta h\omega}{\dfrac{1}{r^2} - \dfrac{1}{R^2}} \tag{11-14}$$

或

$$\eta = \frac{M}{4\pi h\omega}\left(\frac{1}{r^2} - \frac{1}{R^2}\right) \tag{11-15}$$

由此可见，若能测定力矩 M、浸没深度 h、角速度 ω、内外柱体的半径 r 和 R，便可计算出液体黏度值。不难看出，准确测定力矩 M 和角速度 ω 的大小是柱体旋转法测量液体黏度的关键技术。同时，用柱体旋转法测定黏度，需注意以下两个条件。

（1）液体成分分布均匀且处于层流状态。测量时，要求液体对剪切应力所做出的反应必须始终一致，层流能防止层间成分的交换，所以从测量开始，液体就必须保证成分均匀，并适当降低内外柱体间的相对转动速度。

（2）无滑动。柱体旋转法所测摩擦力矩应为液体内摩擦力造成的，要求液体与内外柱体间无滑动摩擦，否则所测力矩为内摩擦力矩和滑动摩擦力矩之和。因此，要求被测液体与内外筒材质间润湿性好。

柱体旋转法测量快速方便，适用范畴广，且容易获得大量的数据，但也有测量不够精确等缺点，检测出来的黏度值大都为相对值。若特性随时间改变的被测液体需要连续测量，旋转式黏度仪可以在不同的运行速度下对同种被测液体进行检测，所以牛顿型液体的绝对黏度、非牛顿型液体的表观黏度和流变特性普遍须用旋转法来检测。

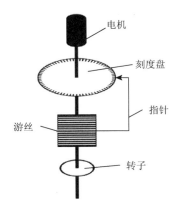

图 11-6　圆盘式旋转黏度计示意图

美国 Brookfield 公司研制的圆盘式旋转黏度计得到了很广泛的应用，其测试原理如图 11-6 所示[9]。同步电机以一定的角速度匀速旋转，电机连接刻度盘，再通过游丝和转轴带动转子旋转。当转子未受到液体的黏滞阻力时，游丝指针与刻度盘同速旋转，指针指向刻度盘上的零位置；当转子受到液体的黏滞阻力时，游丝产生扭矩，与液体的黏滞阻力相抗衡，最后达到平衡，此时与游丝连接的指针在刻度盘上指示出游丝的扭转角。将此扭转角经过一定的数学运算后，代入式（11-15）即可求得液体的黏度值。该仪器配有多种型号的转子，而且电机的转速可调，根据被测液体性质的不同，可选择不同型号的转子和不同的电机转速。其缺点在于，该类仪器采用指针式读数，其稳定性及读数精度受到一定的限制。而且当游丝产生的扭矩过大时，容易产生蠕变，损伤游丝，因此在测量范围和转子转速上也有所限制。

国内研制成功的单圆筒旋转式黏度计，在扭转角的测量上，以数据采集系统替代了圆盘式旋转黏度计的指针式读数，使得测试精度提高了一个台阶。

2）锥板式流变仪

锥板式流变仪的夹具锥板的顶角一般都很小，大部分结构都设计在 3°以内，可以认为测量过程中的剪切速率是常数。

锥板式流变仪测量原理如图 11-7 所示，锥板以角速度 ω 旋转，锥与板的夹角为 θ_c，转子半径为 R。以流体运动方向为 φ 方向，速度梯度方向为 θ 方向，中性方向为 r 方向建立球坐标系，则板间流速分布为

$$v_\varphi = \omega r \frac{r\left(\dfrac{\pi}{2}-\theta\right)}{r\left(\dfrac{\pi}{2}-\theta_0\right)} = \omega r \frac{\dfrac{\pi}{2}-\theta}{\theta_c} \tag{11-16}$$

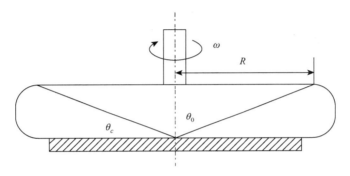

图 11-7　锥板式流变仪测量原理

根据速度梯度定义可以求得形变率张量的剪切分量为

$$\gamma_{\theta\varphi} = \frac{\partial v_\varphi}{\partial\left[r\left(\dfrac{\pi}{2}-\theta\right)\right]} = \frac{\omega}{\theta_c} \tag{11-17}$$

由式（11-17）可知，在角速度一定的情况下，锥板流场中任意一点的剪切速率为一常数。剪切应力对转轴的扭矩为

$$M = \int_0^{2\pi}\!\!\int_0^{R} \tau_{\theta\varphi}\,\big|_{\theta=\frac{\pi}{2}} \cdot r^2 \mathrm{d}r\mathrm{d}\varphi \tag{11-18}$$

由于剪切速率为常数，则剪切应力也为常数，式（11-18）可以变形为

$$M = \tau_{\theta\varphi}\,\big|_{\theta=\frac{\pi}{2}} \int_0^{2\pi}\!\!\int_0^{R} r^2 \mathrm{d}r\mathrm{d}\varphi = \frac{2}{3}\pi R^3 \tau_{\theta\varphi}\,\big|_{\theta=\frac{\pi}{2}} \tag{11-19}$$

又由于流场中各点的剪切应力处处相等，因此可以得到

$$\tau_{\theta\varphi}\,\big|_{\theta=\frac{\pi}{2}} = \tau_{\theta\varphi} = \frac{3M}{2\pi R^3} \tag{11-20}$$

将式（11-17）和式（11-20）代入牛顿黏度公式可得锥板测量黏度表达式：

$$\eta = \frac{\tau_{\theta\varphi}}{\gamma_{\theta\varphi}} = \frac{3M\theta_c}{2\pi R^3 \omega} \tag{11-21}$$

该黏度表达式对牛顿流体和黏弹性流体均适用。锥板结构是一种比较理想的测量流变特性的结构，有诸多优点：测试时样品需求量极小，仅需填充满锥板和底板之间的缝隙即可进行测量；可以有效地进行温度和热传递控制；剪切速率恒定；在低速和小量样品实验条件下，末端效应可以忽略。但它也有一些应用局限，主要在于：难以测量易挥发的溶剂，溶剂的挥发和自由边界会使测量结果产生较大误差；测量过程中的剪切速率不能过高，严格地说最好限定在一个比较低的速率下进行实验，由于锥板存在顶角，高转速会将样品向外推挤，甚至甩出夹具；当测量的样品中含有较大的分子团或者颗粒，且这些粒子的大小与两板间距接近时，会产生很大的测量误差。

3）平行平板式流变仪

平行平板式流变仪测量原理如图 11-8 所示。平行平板由两个同心圆盘构成，板间距为 h，采用柱坐标系分析。剪切应力分量 $\tau_{z\theta}$ 作用在垂直于 z 轴的转盘平面上，是半径 r 的函数，其他方向受力为 0。周向速度 $v_{\theta}(z)$ 随 z 坐标变化：

$$dv_{\theta}(z) = rd\Omega(z) = \gamma dz = r\frac{\omega}{h}dz \qquad (11\text{-}22)$$

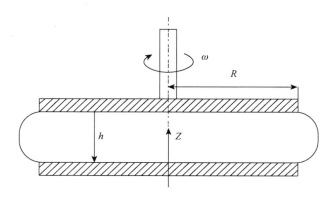

图 11-8　平行平板式流变仪测量原理

由此可以得到剪切速率 γ 为

$$\gamma_{z\theta} = r\frac{\omega}{h} \qquad (11\text{-}23)$$

根据牛顿黏度公式，可以得到剪切应力 $\tau_{z\theta}$ 为

$$\tau_{z\theta} = \eta\gamma_{z\theta} = \frac{\eta\omega r}{h} \qquad (11\text{-}24)$$

在圆盘上，从 r 到 $r + dr$ 的扭矩微量为

$$dM(r) = \tau_{z\theta}2\pi r^2 dr = \frac{2\pi\eta\omega}{h}r^3 dr \qquad (11\text{-}25)$$

积分得到

$$M = \frac{\pi R^4 \eta\omega}{2h} \qquad (11\text{-}26)$$

将式（11-26）改写即可得到黏度与扭矩的关系式：

$$\eta = \frac{2hM}{\pi R^4 \omega} \qquad (11\text{-}27)$$

对于非牛顿流体，其剪切速率是半径的函数，扭矩 M 不再与黏度成正比[10]，因此需要进行 Rabinowitsch 型推导，扭矩可表示为

$$M = 2\pi \int_0^R -\tau_{z\theta}(r) r^2 \mathrm{d}r = 2\pi \int_0^R \frac{\eta(r)\omega r^3}{h} \mathrm{d}r \qquad (11\text{-}28)$$

由式（11-23）可以得到

$$\gamma_R = R \frac{\omega}{h} \qquad (11\text{-}29)$$

$$r = \frac{h}{\omega} \gamma_{z\theta} \qquad (11\text{-}30)$$

$$\mathrm{d}r = \frac{h}{\omega} \mathrm{d}\gamma_{z\theta} \qquad (11\text{-}31)$$

将式（11-29）～式（11-31）代入式（11-28），整理可得

$$\frac{\mathrm{d}\left(\dfrac{M}{2\pi R^3}\right)}{\mathrm{d}\gamma_R} = \eta(\gamma_R) - 3\gamma_R^{-4} \int_0^{\gamma_R} \eta(\gamma)\gamma^3 \mathrm{d}\gamma \qquad (11\text{-}32)$$

求解式（11-32）可得平行平板式流变仪的非牛顿流体黏度表达式：

$$\eta(\gamma_R) = \frac{M}{2\pi R^3 \gamma_R} \left[3 + \frac{\mathrm{dln}\dfrac{M}{2\pi R^3}}{\mathrm{dln}\gamma_R} \right] \qquad (11\text{-}33)$$

虽然平行平板结构产生的流场具有不均匀性，但它还有很多其他的优点：平行平板结构便于安装光学设备，从而开展光流变实验；板间距易于调整，而且可以调节到一个很小的值，有利于抑制二次流动，减少惯性校正及热效应，因此非常有利于在更高的剪切速率下进行流变实验；精度相比于锥度表面精度可以做得更高，方便进行精度检查，易清洁。

11.1.5　黏度测量新型技术

近年来，光电技术、图像处理、超声波、电磁及计算机等技术的快速发展，为各领域提供了新的研究方法，同时推动了液体黏度测量技术的革新。随着测量手段的日益成熟，涌现出多种基于先进原理的新型黏度测量装置与技术。

1. 微结构式黏度仪

微结构式黏度仪采用微型结构可用于检测特别微量的液体的黏度，大大减少被测液体的用量。近年来有不少学者提出不同测量方法的微结构式黏度仪，其中 Lin 等[11]设计了一种微型黏度仪，利用一种微结构推动被测液体在微平面运动，将这种微结构通电，液体受到通电电极的作用，液体的运动使得液体与电极间作用角度改变，因而呈现亲电和厌电两种极性，通过测量液体在微平面运动的速率梯度变化得到液体的黏度；Sparks 等[12]采用微机械谐振管运用振动检测原理研制出一种微型传感器，将其与检测电路集成在一块可用于黏度检测，还可以检测液体的密度，这种黏度仪体积小、使用方便。

2. 激光法黏度仪

激光法黏度仪基于激光干涉的方法，在被测液体的上方施加一定的力，用激光束照射液体，检测液体在负载作用下产生的变形，利用形变大小计算液体黏度。Liu 等[13]采用高精度的平行板设计了一种流变激光黏度仪，用以检测金属玻璃的成型质量，在两块高精度的平行板中加入待测试样，在上方加一定的负载，下方的支撑结构连接热电偶用以调整测量时的温度，通过激光检测试样在负载压力下的变形，此黏度仪可以设置不同的温度，测量不同温度下的黏度，激光黏度仪结构示意图如图 11-9 所示。

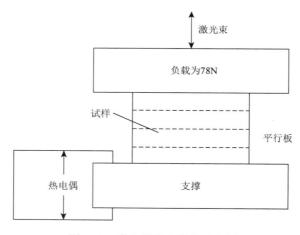

图 11-9　激光黏度仪结构示意图

3. 电磁感应法黏度仪

电磁感应法黏度仪的测量原理是基于电磁感应定律，是一种非接触测量方法，通过建立电磁力与流体黏度的关系来测量流体的黏度。例如，利用电磁感应测量液体黏度，通过电磁驱动柔性铰链探头在试液中来回运动，通过振动特性，得到运动的阻尼因数从而推算黏度[14]；利用电磁感应检测流体的方法，可设计一种电磁感应黏度仪，这种黏度仪有一个测量室，在测量室中放入一个圆柱形永磁铁，两端的测量室各装有一个电磁线圈，结构如图 11-10 所示[15]，当线圈 A 通电时，通电产生的电磁力会吸引永磁铁，永磁铁就作为一个活塞在测量室内运动，最终到达线圈 A 所在测量室端，此时线圈 B 通电，永磁铁则向线圈 B 运动，如此反复，永磁铁在测量室内不断做往复运动，当把被测液体放入测量室时，由于被测液体具有黏性会导致永磁铁的来回运动速度减慢，通过测量永磁铁的来回运动所用的时间，建立此时间与流体黏度的数学模型并得出液体的黏度。

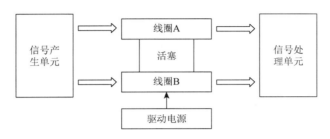

图 11-10　电磁感应黏度仪基本结构图

4. 基于传感器测量的黏度仪

在传感器技术的进步与发展下，一些传感器开始应用于液体黏度的测量，这在很大程度上简化了黏度仪装置，并提高测量效率。基于传感器测量的黏度仪通过传感器采集液体相关信号来分析计算黏度。如采用压电陶瓷自激振荡式传感器设计液体黏度自动测量仪，通过对弹性振子两侧的压电陶瓷片加以激振电路信号，使得弹性振子发生形变，进而带动压电陶瓷片振动，从而输出电压信号，电压信号反过来作用于激振电路，形成的振荡器输出正弦信号，测量输出电压与振荡频率可计算得到黏度值，实现液体黏度的自动测量[4]；利用光栅传感器设计新型旋转黏度仪，由光栅传感器测量得到内筒的旋转角度和外筒的转速，由此计算液体的黏度，提高测量精度，简化仪器操作，其测量原理如图 11-11 所示[16]，圆光栅 1 用于测量内筒转角的大小，圆光栅 2 用于测量外筒转速。

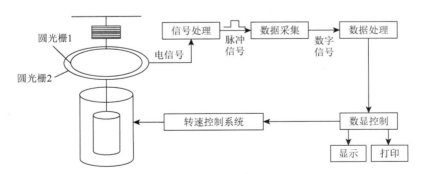

图 11-11　光栅传感器旋转黏度仪测量结构图

11.1.6　案例分析

黏度是流动内在阻力的表征，反映了液体中存在的分子内相互作用的强度。由一定化学计量比的氢键受体（如季铵盐）和氢键供体（如酰胺、羧酸和多元醇等化合物）组合可以形成低共熔混合物，其凝固点显著低于各个组分纯物质的熔点，图 11-12 为氯化胆碱和多元醇形成低共熔溶剂的机理及物理性质。在形成低共熔溶剂的过程中，由于溶剂内部分子间相互作用力会发生变化，最终导致溶剂黏度的变化。研究人员通过分别向乙二醇、甘油（丙三醇）和 1,4-丁二醇中添加氯化胆碱发现，在乙二醇和 1,4-丁二醇中，添加氯化胆碱后，由于溶液中氢键网络的形成，溶液黏度随氯化胆碱的增加而增加。但是对于甘油，溶液黏度却随着氯化胆碱的增加而降低。这是因为乙二醇和 1,4-丁二醇会与氯化胆碱因为氢键作用形成分子的线性聚集，而带有三个—OH 基团的甘油是一种具有三维氢键结构的液体，比其他二元醇具有更大的有序度、密度和更高的表面张力。把氯化胆碱加到甘油中，—OH 与阴离子 Cl⁻ 的结合会破坏这个结构，导致表面张力显著降低，扩大液体的自由体积，导致密度降低，并允许离子物种的更大的移动，即黏度降低。

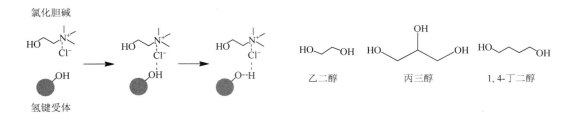

各种氯化胆碱(ChCl)：多元醇混合物在20.0℃的物理性质

ChCl：乙二醇						
ChCl/%　　5	10	15	20	25	30	33
密度/(g/cm³)　1.114	1.115	1.115	1.117	1.118	1.118	1.12
黏度/cP　　10	12	15	19	19	29	36
电导率/(mS/cm)　3.74	7.52	8.14	8.53	8.74	7.92	7.61
表面张力/(mN/m)　48.1	47.3	45.3	47	45.4	47.2	49
ChCl：丙三醇						
密度/(g/cm³)　1.242	1.234	1.219	1.21	1.203	1.192	1.181
黏度/cP　　998	790	548	503	450	401	376
电导率/(mS/cm)　106.4	243	470	580	850	964	1047
表面张力/(mN/m)　63.7	60.2	60.8	57.4	50.8	48.5	55.8
ChCl：1,4-丁二醇						
密度/(g/cm³)　1.021	1.026	1.036	1.046	1.052		
黏度/cP　　78	84	78	88	140		
电导率/(mS/cm)　593	923	1271	1606	1654		
表面张力/(mN/m)　46.4	46.8	46.9	474	47.6		

图 11-12　氯化胆碱与多元醇形成低共熔溶剂的机理及物理性质

11.2　Zeta 分散液稳定性测试

在胶体体系中双电层的结构特征以及带电胶体颗粒在一定电场作用下表现出的动电性质与体系稳定性密切相关，它是影响胶体体系物理、化学性质及稳定性的重要因素。所以几乎在所有胶体体系稳定性的研究与应用领域中，都要涉及动电性质的测定。Zeta 电势（ζ 电势）为悬浮在液体中的颗粒的剪切表面的静电势，在胶体悬浮液和乳液的稳定性中起重要作用。Zeta 电位的性质与大小可以反映体系中扩散双电层的结构与特征，是表征分散系稳定性的重要指标。

11.2.1　Zeta 电位的定义

分散质粒子在 1～100nm 的分散系称为胶体，胶体系统的稳定性在造纸、油墨、染料、制药、化妆品、润滑和废水处理等许多领域非常重要。Zeta 电位是带电微粒表面剪切层的电位，由微粒表面电荷和周围溶液环境条件共同决定，比表面电势更适合于描述带电微粒在溶液中的相互作用，可以作为带电微粒在溶液中的带电状况的参数，广泛用于描述胶体微粒微观之间的静电相互作用，是表征胶体体系稳定性的重要指标。Zeta 电位越高，能量势垒就越高，胶体系统就越稳定；反之，Zeta 电位越低，胶体系统稳定性就越差。

11.2.2　双电层理论

1. 亥姆霍兹双电层平板模型

双电层理论经历了几十年的发展历史[17]。1879 年，亥姆霍兹（Helmholtz）最早提出了双电层平板模型，如图 11-13 所示[17]，电极表面上和溶液中的剩余电荷都紧密地排列在界面两侧，形成类似于平板电容器的双层结构。根据如下假设：

（1）双电层由于静电引力形成类似于平行板电容器；

（2）两板间距离即双电层厚度 δ 约等于水化离子半径（约 $10^{-10}\mathrm{m}$）；

（3）两板间电位差为 ψ_0，即带电粒子表面与液体的电位差为 ψ_0，得出对于均匀电场，两点间电位差 ψ_0 等于场强 E 与距离 δ 的乘积，即

$$\psi_0 = E \cdot \delta \qquad (11\text{-}34)$$

因为电场强度 $E = \sigma / \varepsilon$，所以有

$$\sigma = \varepsilon \cdot \frac{\psi_0}{\delta} \qquad (11\text{-}35)$$

其中，σ 为表面电荷密度；ε 为介电常数。

亥姆霍兹提出的双电层平板模型解释了界面张力随电极电位变化的规律，有助于理解早期的电动现象。但是该模型只考虑了反离子受到的静电力，忽略了带电粒子自身的热运动，并且无法解释带电颗粒的表面电势与颗粒运动时固液两相之间的电势差（Zeta 电位）的区别以及电解质对 Zeta 电位的影响，不能真实地反映界面情况。

2. 古依-查普曼扩散双电层模型

1913 年，古依（Gouy）和查普曼（Chapman）修正了双电层平板模型，提出了扩散双电层模型，如图 11-14 所示[17]，溶液中的离子电荷在静电和热运动作用下，溶液一侧的剩余电荷不可能紧密地排列在界面上，而是趋于均匀分布，形成电荷的扩散层 AB。假设：

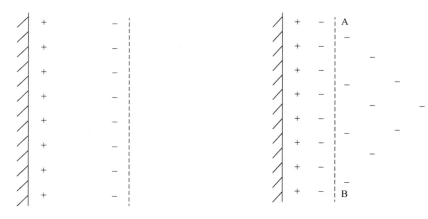

图 11-13　双电层平板模型　　　　图 11-14　扩散双电层模型

（1）粒子表面为无限大平板，电荷均匀分布；

（2）扩散层中反离子是服从玻尔兹曼分布的点电荷；

（3）溶液中介电常数处处相等；

（4）只有一种对称电解质，则有

$$\sigma = \varepsilon \cdot \frac{\psi_0}{\kappa^{-1}} \qquad (11\text{-}36)$$

其中，κ^{-1} 是德拜-休克尔（Debye-Hückel）参数的倒数，称为扩散双电层等效厚度，当 ψ_0 很小时，κ^{-1} 等效于平板双电层的厚度。当离子种类增多或离子化合价增大时，离子强度 I 增大，导致双电层变薄，即压缩了双电层。

古依-查普曼扩散双电层模型考虑到了界面上粒子之间静电力和粒子自身的热运动的平衡，克服了亥姆霍兹双电层平板模型的不足，解释了颗粒表面电位与 Zeta 电位的区别，但是忽略了颗粒表面范德瓦耳斯力的吸附作用，范德瓦耳斯力的存在足以克服热运动，使离子吸附于颗粒表面，与颗粒一起运动。

3. Stern 模型

1924 年，Stern 在古依-查普曼扩散双电层模型基础上，同时结合了亥姆霍兹双电层平板模型的合理部分，提出了一种改进后的双电层模型——Stern 双电层模型，如图 11-15 所示[18]。离子与颗粒表面除静电作用外，还有范德瓦耳斯力作用，因此颗粒表面吸附反离子形成一紧密吸附层，称为 Stern 层，并确定在 Stern 层外侧的滑移面上的电势即为 ζ 电位。Stern 双电层模型首次将 Zeta 电位值定义为滑移面处的电势，通过测试 Zeta 电位简便、有效地获得体相界面电荷分布情况。Stern 双电层模型中，固体表面电势为 ψ_0，吸附在固体表面的紧密层有 1~2 个分子层的厚度，由被吸附反离子的大小决定，吸附反离子的中心构成的平面 AB 称为 Stern 面，固体表面到 Stern 平面的电势呈直线下降，在 Stern 平面处降为 ψ_s，称为 Stern 电势，定义为 Stern 面到液体内部的电位差；Stern 层外，反离子呈扩散状态分布，称为扩散层，Stern 层到扩散层的电势呈曲线下降，直至降为 0。

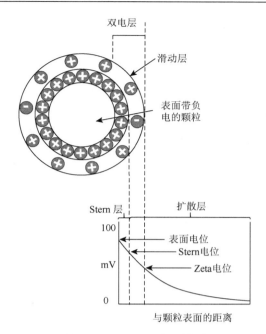

图 11-15 Stern 双电层模型

11.2.3 DLVO 理论

胶体溶液，从本质上讲，是一个热力学不稳定的溶液系统。这是因为胶体溶液本身是一个高度分散的溶液系统，表面的自由势能很大，因此其在存在的过程中，胶体溶液的表面自由能有自发减少的倾向，通过改变自身的物理及化学状况以达到总自由能最小的稳定状态。如果胶体溶液的存在条件发生改变，就会对其的稳定性有显著的影响，甚至使其发生沉降和凝聚，从而变得不稳定。因此，稳定性是胶体溶液的一个值得研究的性质。其中胶体稳定性（Derjaguin Landau Verwey Overbeek，DLVO）理论是胶体理论中较为完善的理论基础。

DLVO 理论所阐述的是胶体溶液中粒子之间的相互作用势能随着粒子间距的变化曲线关系[19]。稳定存在的胶体溶液中的粒子之间主要由以下两个作用力相互制约：范德瓦耳斯引力和静电斥力。范德瓦耳斯引力趋向使胶体粒子吸引靠近并最终聚沉；静电斥力是驱使胶体溶液稳定的最主要因素。两种相互作用力的相对大小决定分散液的稳定性。

1. 范德瓦耳斯引力势能

胶体溶液中，胶粒之间的范德瓦耳斯引力指的是两个相互作用的胶粒上任意两个分子之间的引力势能之和。其表达式如下：

$$V_A = -\frac{Ar}{12H} \tag{11-37}$$

范德瓦耳斯引力势能表达式只适用于 $H \ll r$ 的情况，其中，H 为两个胶粒之间的最短距离，r 为胶体溶液中粒子的半径。

式中，A 称为哈马克（Hamaker）常数，在胶体溶液中，其数值的确定要相应地考虑分散介质对其的影响。假设 B 为溶胶的分散介质，C 为胶体溶液中的粒子，则其聚沉的发生过程可用以下通式表达：

$$BC + BC \rightarrow BB + CC \qquad (11\text{-}38)$$

在这个聚沉的过程中，势能也同时发生了相应的变化：

$$V = V_{11} + V_{22} - 2V_{12} \qquad (11\text{-}39)$$

假设胶体溶液中的胶体粒子和分散介质自身相互之间的几何大小及物理条件是一致的，即 H 和 r 的值是相同的，则式（11-39）也可写作：

$$A_{212} = A_{11} + A_{22} - 2A_{12} \qquad (11\text{-}40)$$

式中，A_{212} 是考虑了分散介质影响后的常数，即有效哈马克常数，其中下标中的 2 代表溶液中的胶体粒子，1 代表胶体溶液所使用的分散介质，212 代表两个胶体粒子被分散介质隔开。这时令

$$A_{12} = \sqrt{A_{11} A_{22}} \qquad (11\text{-}41)$$

则有效哈马克常数可以表示为

$$A_{212} = \left(\sqrt{A_{11}} - \sqrt{A_{22}} \right)^2 \qquad (11\text{-}42)$$

由式（11-42）可知，当胶体溶液处于稳定状态，即 $A_{11} = A_{22}$ 时，有效哈马克常数为零，只有溶剂化非常充分的胶体粒子能够达到这种状态。

2. 静电斥力势能

在胶体溶液中，胶体粒子以其特有的双电层结构存在，其最外层的扩散层离子会将胶体粒子里层所带的电荷中和，以保持整个粒子呈中性。因此，粒子的扩散层就如同一个具有屏蔽作用的"屏蔽层"。但是如果两个粒子不断靠近，其自身的扩散层就会接近并发生重叠现象，电荷分布受到了影响和破坏，产生了静电斥力，打破了原有的稳定存在状态。

3. 粒子的总势能——引力势能与斥力势能的叠加

对胶体溶液中的粒子所受作用力进行综合考虑，即将范德瓦耳斯引力势能（V_A）和静电斥力势能（V_R）相互叠加，即总势能 $V = V_A + V_R$，就得到了胶体粒子的总势能随粒子间距离变化的势能曲线，如图 11-16 所示。

分析图 11-16 可知，当两个胶体粒子之间的距离非常大时，总势能 $V = 0$，表明两个粒子之间没有任何的相互作用。随着两个胶体粒子的不断接近，范德瓦耳斯引力势能首先开始起作用，即 $V < 0$。当靠近到一定距离时，静电斥力开始起作用，总势能曲线开始向正方向偏移，使得其在引力负方向出现一个顶点，这个点称为第二极小值。之后，随着距离的减小，V_R 的数值迅速增加，并远远超过 V_A 对胶体溶液中粒子的影响，总势能曲线迅速向正方向偏离 X 轴并不断增大。当 V 逐渐增大到一定程度时，会在正方向出现一个最大值——势垒。跨过势垒后，强烈的电子云斥力导致势能急剧上升，达到第一极小值。

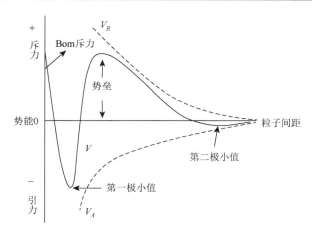

图 11-16 胶体势能曲线图

在整个胶体粒子靠近并相互影响的过程中，势垒是一个极其重要的关键因素，它的大小直接决定了胶体溶液的稳定性。因为若势垒的值较小，胶体溶液中胶粒的热运动产生的势能即可大过势垒值，从而使胶体溶液不稳定并发生聚沉现象。另外，总势能曲线的两个极小值都有其各自的物理意义：当溶液中的胶体粒子处于第二极小值的位置时，粒子之间的稳定性较差，会发生一种可逆的团聚现象，但是如果还能跨过这个值，溶液还是可以在第一极小值和第二极小值之间继续稳定地存在；若溶胶粒子继续靠近达到第一极小值，粒子之间强大的吸引力作用会将粒子之间吸引到一起成为紧实而稳定的沉淀，则原先均匀分散的胶体溶液的稳定性会被彻底破坏。

4. Zeta 电位与分散体系稳定性的关系

DLVO 理论是 1941 年由苏联学者德亚金（Derjaguin）和朗道（Landau）以及 1948 年由荷兰学者费尔韦（Verwey）和奥弗贝克（Overbeek）分别独立地提出来的，取其名字首字母命名为 DLVO 理论[1]。由以上分析可知这一理论认为带电胶粒之间存在着两种相互作用力：双电层重叠时的静电斥力和粒子间的长程范德瓦耳斯引力。它们相互作用决定了胶体的稳定性。当排斥力占优势，并大到足以阻碍胶粒由于布朗运动而发生碰撞聚沉时，胶粒处于稳定状态。带电胶粒吸引它周围在分散介质中的相反电荷的离子而形成扩散双电层结构。在固定层与扩散层中，所有过剩的相反电荷离子的电量等于固体表面所带的电量，在固定层及扩散层内相反电荷离子的浓度大于溶液体相中的浓度，在扩散层以外的任何一点将不受胶体电荷的影响，因为胶体电荷对它的作用被扩散层相反电荷离子作用所抵消。所以当两个胶粒趋近而离子氛尚未接触时，胶粒间并无排斥作用。当接近到离子氛发生重叠时，胶粒对于重叠区内离子的作用力就不能被扩散层的相反电荷离子氛完全屏蔽，且电荷将重新分布，使得胶粒受到斥力而相互脱离。

静电斥力和范德瓦耳斯引力这两种相反的作用力间存在一个平衡，这就是有的胶体系统结团成块而有的没有的原因。两个微粒相互靠近，双电层相互干涉，静电斥力显得很重要，要克服这个斥力就需要能量。Zeta 电位是液体中悬浮的粒子很接近表面位置的静电势, 当两个微粒几乎接触时, 静电斥力有一个最大值, 这个最大值与表面电势和 Zeta 电位有关。因此, Zeta 电位可以很好地描述溶液中带电微粒之间的静电相互作用。

一般来说, 微粒表面带正电荷, 其 Zeta 电位为正值; 反之, 微粒表面带负电荷时, 其 Zeta 电位为负值。值得注意的是, Zeta 电位和表面电势有一定的关联, 但不能等同。Zeta 电位和表面电势的比率取决于双电层的厚度。在低离子强度的液体中, 由双电层理论可知, 微粒周围的扩散层较厚, 此时 Zeta 电位绝对值较大, 与表面电荷绝对值近似相等, 因此微粒间的静电相互作用比较强。随着溶液离子强度增大, Zeta 电位绝对值比表面电势小得多, 从而微粒间的静电相互作用也减弱。Zeta 电位可以通过简单的方法测量, 然而表面电势不能。因此, Zeta 电位比表面电势更适合用来描述带电微粒的电荷特性和带电微粒间的相互作用。Zeta 电位与分散体系稳定性的关系如表 11-1 所示[20]。

表 11-1 Zeta 电位与分散体系稳定性关系

|Zeta 电位|/mV	分散液稳定性
<10	快速絮凝
10~30	开始变得不稳定
30~40	稳定性一般
40~60	稳定性较好
>60	稳定性极好

11.2.4 电动现象

电动现象是指溶胶粒子的运动与电性能之间的关系[1]。通常有四种电动现象。

（1）电泳。在电场作用下, 溶胶粒子和它所负载电荷的离子向着与自己电荷相反的电极方向迁移, 对液相做相对运动, 这种现象称为电泳。

（2）电渗。在电场作用下, 液体对固定的固体表面电荷做相对运动, 固体可以是毛细管, 或多孔性滤板, 这种现象称为电渗; 如果外加压力能阻止液体的相对移动, 此压力称为电渗透压力。

（3）流动电位。与电渗现象正好相反, 在外力作用下, 使液体沿着固体表面流动, 由此而产生的电位称为流动电位。

（4）沉降电位。在外力作用下, 使带电粒子做相对于液相的运动, 所产生的电位称为沉降电位。沉降电位产生的现象与电泳现象相反。

严格地讲, 上述前两种现象是由于电场作用产生固-液两相的相对运动现象, 可称为电动现象。后两种现象是在外力场作用下, 使固-液两相做相对运动而产生电场, 称为动电现象。但是习惯上均统称为电动现象。

产生电动现象的根本原因是在外力作用下, 液-固相界面内的双电层沿着移动界面分离开, 而产生电位差。电动现象是在电场作用下, 使固体与液体向相反方向做相对的移动。固体移动必然携带着吸附的离子和溶剂化层的液体。所以由电动现象所出现的电位差

不可能是 ψ_0，电位差的大小将取决于固-液之间的移动位置，这种界面称为切面，通常用 Zeta 电位（ζ 电位）来表示电动电位。Zeta 电位显然不会是恒定的，它的数值取决于切面位置，切面位置与测定条件、方法有关。如果固相所固定的液层较厚，或扩散层的厚度 κ^{-1} 较小，则 ζ 电位就较低。如果固相所固定的液层较薄，或者 κ^{-1} 较大，则 ζ 电位就较高。因此电动电位不仅与实验条件有关，还取决于胶体粒子的性质。ζ 电位不同于 Stern 电位，但是如果扩散层分布范围较宽，固体表面所携带液体又是薄薄一层，把 ψ_s 与 ζ 电位同等看待，不会有较大误差，所以 ζ 电位与 ψ_s 在合适的条件下是近似等同，不是相等。如果 ψ_0 很高，电解质浓度很高，扩散层受到了压缩，在很短距离内 ψ 就达到零，移动界面的位置有微小变动，就能引起 ζ 电位的很大改变。同样 ψ_s 和 ζ 电位的差别也就比较显著。

从电动现象所测得的电位是 ζ 电位，不是 Stern 电位。Stern 电位是无法直接测定的，可是两者常常容易混淆。如果条件适当，在大多数情况下，两者数值相差不大，而且 ζ 电位比较直观、测定方法比较简便，把 ζ 电位作为 ψ_s，用它作为讨论胶体稳定性的依据，似乎不会有很大偏差。

在这四种电动现象中，应用最广泛的是电泳，测定的方法和仪器类型也是多种多样的，流动电位和电渗的应用较少，方法也不多。由于实验条件的限制，沉降电位比较常见。因此下面仅就电泳现象作比较深入的讨论。

11.2.5　Zeta 电位测量方法

1. Zeta 电位与电泳迁移率的关系

带电胶粒表面吸引相邻液相的反号离子构成了扩散双电层，当在外加电场作用下发生动电现象时，固相及邻近滑动面内的液体部分与滑动面以外的液相发生相对移动，滑动面上的电位称为 Zeta 电位。目前测量 Zeta 电位的方法主要有电泳法、电渗法、流动电位法和超声波法，其中以电泳法应用最广。电泳是指胶体分散体系在电场的作用下，带电颗粒向带相反电荷的电极运动的现象。Zeta 电位是通过测量颗粒在某一特定电场中的泳动速度进行的[21]。

胶体粒子在电场作用下做电泳运动，设胶体粒子半径为 r，所带电荷为 q，电泳速度为 v，外电场强度为 E，则电场作用于粒子的力为

$$F = q \cdot E \tag{11-43}$$

粒子运动受到周围介质的阻力为

$$F_v = f \cdot v \tag{11-44}$$

粒子经过一定时间之后达到匀速运动，此时粒子受到的电场力与阻力相等，即

$$q \cdot E = f \cdot v \tag{11-45}$$

电泳速度取决于电场强度、介质介电常数、介质黏度和 Zeta 电位。对于球形粒子，阻力为 $f = 6\pi \eta r$，电泳速度可表示为

$$v = \frac{qE}{6\pi\eta r} \tag{11-46}$$

因此电泳迁移率可表示为

$$\mu = \frac{v}{E} = \frac{q}{6\pi\eta r} \tag{11-47}$$

式中，η 为电解质溶液黏度；μ 为电泳迁移率，定义为单位场强下颗粒的电泳速度，$m^2/(V\cdot s)$。

基于电渗与电泳现象的动力学相似性，冯·斯莫鲁霍夫斯基（Von Smoluchowski）提出以下核心假设：

（1）黏性流体的流体动力学方程在液相和双电层中都适用；

（2）忽略惯性项；

（3）电场是均匀的，并且平行于颗粒表面；

（4）双电层厚度远远小于颗粒半径，得到表达式：

$$\mu_0 = -\frac{\varepsilon_r \varepsilon_0 \zeta}{\eta} \tag{11-48}$$

式中，ζ 为颗粒的 Zeta 电位；μ_0 为液体电渗迁移率；ε_0 为真空中介电常数；ε_r 为电解质溶液的相对介电常数。

由电动现象可知，电泳迁移率与电渗迁移率大小相等，方向相反，故电泳迁移率与 Zeta 电位的关系为

$$\mu = \frac{\varepsilon_r \varepsilon_0 \zeta}{\eta} \tag{11-49}$$

休克尔（Hückel）对 Von Smoluchowski 电泳迁移率方程进行修正，推导出了当双电层厚度远远大于颗粒半径时，电泳迁移率和 Zeta 电位的关系为

$$\mu = \frac{\varepsilon_r \varepsilon_0 \zeta}{\eta}\kappa' \tag{11-50}$$

式中，κ' 为常数，取决于颗粒的形状，可通过流体动力学分析得到，对于球形颗粒，有

$$\mu = \frac{2}{3}\frac{\varepsilon_r \varepsilon_0 \zeta}{\eta} \tag{11-51}$$

1931 年，亨利（Henry）重新分析了 Von Smoluchowski 和休克尔所推导的电泳迁移率表达式，发现其第二项假设只有在颗粒和媒介的电导相同的情况下才是正确的，当颗粒和媒介电导不同时，电场将会失真。亨利解决了这一问题，并首次推导出颗粒的 Zeta 电位与其电泳迁移率之间的关系，对于刚性球体颗粒，其电泳迁移率与 Zeta 电位的关系可表示为

$$\mu = \frac{2\varepsilon_r \varepsilon_0 \zeta}{3\eta}f(\kappa a) \tag{11-52}$$

式中，$f(\kappa a)$ 为亨利函数，与粒子形状有关，κa 表示颗粒半径 a 与双电层厚度 κ^{-1} 之比。因此亨利函数的准确确定是通过颗粒电泳迁移率计算 Zeta 电位的关键。较大的值表示相

对较薄的双电层，反之亦然。通常 $f(\kappa a)$ 近似取 1.5 或 1.0。在高电解质浓度的分散体系中，当无量纲参数 $\kappa a \gg 1$ 时（通常 $\kappa a > 200$），适用 Smoluchowski 近似理论，此时 Henry 函数 $f(\kappa a)$ 趋近于极限值 1.5。在介电常数低的非水分散体中，$f(\kappa a)$ 可以等于 1（休克尔近似，它忽略了粒子附近电场的变形，$\kappa a < 0.3$ 时适用）。中间范围内的值可以通过亨利函数计算得出。

2. Zeta 电位测试方法

在外电场作用下，胶体粒子在分散介质中定向移动的现象，即带电粒子相对于静止液体运动的现象，称为电泳。电泳法是应用最广泛的一种颗粒 Zeta 电位测量方法，并根据不同测量需求扩展了多种测量方法，20 世纪 90 年代以前，测试仪器以显微镜电泳仪为主，但是测量精度较低，只适用于测量浓度非常低的胶体溶液中颗粒的 Zeta 电位；90 年代以后随着社会的发展和科技的进步，以及各行业对颗粒 Zeta 电位测量的精度要求越来越高，电泳光散射（electrophoresis light scattering，ELS）法，又称为激光多普勒电泳（laser Doppler electrophoresis，LDE）法或激光多普勒测速（laser Doppler velocimetry，LDV）法，逐步发展起来，是近年来 Zeta 电位测量技术发展史上的一次飞跃与创新，因其具有测量速度快、统计精度高、重现性好的优点，得到了广泛应用。

1）显微镜电泳仪

显微镜电泳仪是用显微镜直接观测单个胶粒在直流电场作用下在电泳池中的移动，直接求出胶体颗粒的电泳迁移率。因此，只要胶体颗粒的大小在显微镜可见的范围之内，都可以应用此法。仪器的优点是：测试方法简单，可以直接观测到颗粒的形状和大小，并适用于离子强度较低的情况，而且仪器造价较低。其缺点是：人为误差影响较大，试验的重现性较低，胶体颗粒大小的适用性受显微镜观察倍数的限制，不适于较浓胶体悬液的测量。

2）电泳光散射法

基于电泳光散射原理的 Zeta 电位分析仪也是基于电泳法，不同的是它利用多普勒电泳光散射原理，通过测量光的频率或相位的变化间接测出颗粒的电泳速度。多普勒效应是由奥地利物理学家多普勒在 1842 年发现的。他认为：当波源和观察者相对静止时，观察到的频率等于波源振动频率；当波源和观察者做相对运动时，观察到的波的频率就会发生变化。同理，带电颗粒在外加电场作用下发生定向移动，当光束照到颗粒上时，就会引起光束频率或相位的变化，且颗粒运动速度越快，光的频率和相位变化得也越快。因此可以通过测量光的频率或相位变化来间接测出颗粒的电泳速度，从而求出 Zeta 电位[22]。

激光多普勒电泳法 Zeta 电位仪主要由激光源、衰减器、样品室、检测器、数字信号处理器、相关器和计算机等组成，其基本工作原理见图 11-17。首先，激光通过电子束分裂器分成基准光束和入射光束，其中基准光束为多普勒效应提供参考光束，入射光束则通过衰减器进入样品室。当光束照到运动的颗粒时，就会引起光束频率或相位的变化，检测器将此信号传送到数字信号处理器和相关器，进而传送到计算机，通过软件计算出电泳迁移率和 Zeta 电位。激光多普勒电泳技术测量的电泳迁移率下限为 $10^{-8}\,\text{m}^2/(\text{V}\cdot\text{s})$。

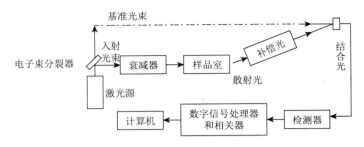

图 11-17　激光多普勒电泳法 Zeta 电位仪测试原理

激光多普勒电泳测试原理如图 11-18 所示。颗粒在电场作用下运动，产生的散射信号发生了多普勒频移，频移大小取决于颗粒速度的大小，方向取决于散射矢量的方向，记为 Δf：

$$\Delta f = \frac{qu}{2\pi} = \frac{qv\cos\varphi}{2\pi} \tag{11-53}$$

式中，u 为速度矢量；v 为颗粒电泳速度；q 为散射矢量，$q = 2\pi n \times 2\sin(\theta/2)/\lambda_0$，如图 11-18（b）所示，$n$ 为分散剂的折射率，θ 为散射角，λ_0 为光在真空中的波长；φ 为电场与散射矢量的夹角，当电场与入射光束垂直时，$\varphi = \theta/2$，则有

$$\Delta f = \frac{4\pi n \sin(\theta/2)}{\lambda_0} \cdot \frac{v\cos\left(\dfrac{\theta}{2}\right)}{2\pi} = \frac{nv}{\lambda_0}\sin(\theta) \tag{11-54}$$

结合公式 $\mu = \dfrac{v}{E}$，电泳迁移率可表示为

$$\mu = \frac{\lambda_0}{n\sin(\theta)} \cdot \frac{1}{E} \cdot \Delta f \tag{11-55}$$

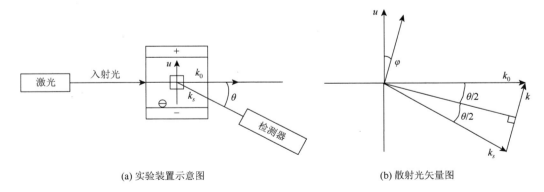

(a) 实验装置示意图　　　　　　　　　　　(b) 散射光矢量图

图 11-18　电泳光散射测试原理图

激光多普勒电泳技术通过观察散射光信号关于参考信号的多普勒频移来获得有关颗粒电泳迁移率的信息，测量颗粒频移时，颗粒电泳速度越小，探测多普勒频移所需的时间就越长，从而导致电极的极化，同时，为了得到足够的多普勒频移，往往需要增大电

场强度，电场强度的增大会导致液体产生焦耳热，主要影响包括：

（1）溶液的黏度下降，从而加速了布朗运动和电泳运动；

（2）黏度下降导致了溶液电导率增大，导电性变化约为 2%/℃；

（3）样品池内部温度变得不均匀；

（4）过度的焦耳热会产生对流等。

在高强度电场下，当颗粒和介质的介电常数相差很大时，电场变得不均匀，会出现介电泳现象。另外，布朗运动加入到电泳运动中降低了小电泳迁移率的测量精度，因为布朗运动的随机性展宽了迁移率谱的峰值，所以迁移率难以准确测量。

3）相位分析光散射法

相位分析光散射（phase analysis light scattering，PALS）法是一项测量颗粒 Zeta 电位的新技术，基于电泳原理，是电泳光散射技术的改进。经典相位分析光散射技术采用的是交叉光束光路装置，测量原理示意如图 11-19 所示。

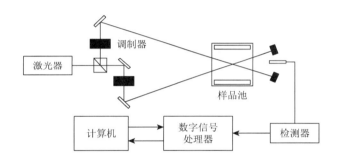

图 11-19　经典相位分析光散射法测量原理示意图

激光器发出光束，通过分束器分成两束激光，两束激光分别经布拉格盒调制后，通过反射镜和小孔交叉入射到样品池中，在样品池中心产生干涉条纹。布拉格盒是一种声光调制器，由单边带调制器驱动，可以调节光束的频率，使两束光产生频差，从而形成干涉条纹，干涉条纹的频率与布拉格盒调制频率有关。样品中颗粒在电场作用下做电泳运动，穿越干涉条纹，产生散射光，光纤探头接收散射光信号，输送给光电倍增管做放大处理，然后输送到数字信号处理器，由数字信号处理器进行信号处理，将处理后的结果发送给计算机进行数据反演，得到颗粒的 Zeta 电位等信息。

颗粒在电场作用下做电泳运动，由于多普勒效应，当颗粒从初始位置 $x(0)$ 运动到位置 $x(t)$ 时，散射光相对于参考光会产生相位差，因此

$$\phi(t) - \phi(0) = q(x_j(t) - x_j(0)) = qx_j(t) \tag{11-56}$$

式中，$x_j(t)$ 表示颗粒 j 在 t 时刻的位移，图 11-19 揭示了当颗粒在干涉条纹中移动时散射光相位与颗粒位移的关系。

从图 11-20 可以发现，当颗粒移动距离等于干涉条纹间距的一半时，散射光相对于参考光的相位将变化 π rad，当颗粒穿过整个干涉条纹间距时，相位将变化 2π rad。

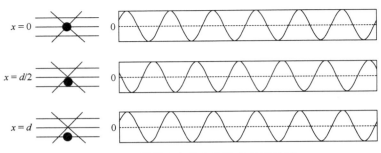

图 11-20　散射光相位与颗粒位移的关系

施加电场过程中，颗粒不会从初始位置突然移动到新的位置，在理想状态下，颗粒在电场极性翻转之前做匀速运动，因此，如果颗粒在 q 方向上以速度 v 移动，相位的变化可表示为

$$\frac{\mathrm{d}\phi(t)}{\mathrm{d}t} = q \cdot \frac{\mathrm{d}x}{\mathrm{d}t} = q \cdot u = q \cdot v\cos\left(\frac{\theta}{2}\right) \qquad (11\text{-}57)$$

结合公式

$$\Delta f = \frac{qu}{2\pi} = \frac{qv\cos\varphi}{2\pi} \qquad (11\text{-}58)$$

得到相位的时间微分等于多普勒频移，即

$$\frac{\mathrm{d}\phi(t)}{\mathrm{d}t} = 2\pi\Delta f = \Delta\omega_s \qquad (11\text{-}59)$$

因此，结合式（11-55）和式（11-59），电泳迁移率与相位的关系可表示为

$$\mu = \frac{\lambda_0}{2\pi n} \cdot \frac{1}{\sin\theta} \cdot \frac{1}{E} \cdot \frac{\mathrm{d}\phi(t)}{\mathrm{d}t} \qquad (11\text{-}60)$$

由于颗粒在溶液中的布朗运动，相位信息不仅包含电泳分量 $\phi^c(t)$，还包含了由布朗运动导致的扩散分量 $\phi^d(t)$，则有

$$\phi(t) = \phi^c(t) + \phi^d(t) \qquad (11\text{-}61)$$

因为电泳迁移率的确定只与电泳分量的相位信息有关，所以扩散分量 $\phi^d(t)$ 的存在导致了电泳迁移率的测量精度降低，进而导致了 Zeta 电位的计算精度降低。布朗运动的随机扩散特性可以使得扩散分量在时间 t 内的平均值等于零，即

$$\langle \phi^d(t) \rangle = 0 \qquad (11\text{-}62)$$

因此，取相位变化的平均值即可消除扩散分量对相位的影响，只保留电泳分量的相位信息。故电泳迁移率与相位的关系可以表示为

$$\mu = \frac{\lambda_0}{2\pi n} \cdot \frac{1}{\sin\theta} \cdot \frac{1}{E} \cdot \left\langle \frac{\mathrm{d}\phi(t)}{\mathrm{d}t} \right\rangle \qquad (11\text{-}63)$$

相位分析光散射技术是电泳光散射技术的改进，通过测量散射光信号关于参考光信号的相位移来测量颗粒 Zeta 电位等信息。PALS 技术和 ELS 技术的关键区别是：PALS 技术测量的是多普勒信号的相位信息，ELS 技术测量的是多普勒信号的频率信息。由于相位分析光散射法在短时间内即可探测到足够的散射光信号相位差，分辨率远远高于激光多普勒电泳技术，无须通过施加高强度电场来测量小电泳迁移率，因此具有广阔的应用前景。

11.2.6　案例分析

为了得到原子级分散 Pd_1/TiO_2 纳米催化剂，研究人员研究了超薄 TiO_2 纳米片在不同 pH 水溶液中的 Zeta 电位。结果表明（图 11-21），在酸性和中性条件下，TiO_2 纳米片表面带正电荷。根据这一认识，研究人员在 TiO_2 纳米片水溶液中加入 H_2PdCl_4，溶液 pH 降低，$[PdCl_4]^{2-}$ 通过静电作用很容易就吸附到了带正电荷的 TiO_2 纳米片表面，从而实现了原子级分散的 Pd_1/TiO_2 纳米催化剂。

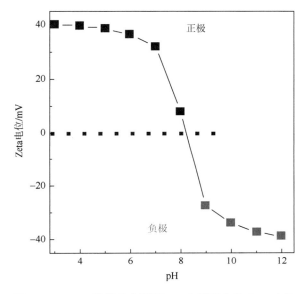

图 11-21　TiO_2 纳米片在不同 pH 水溶液中的 Zeta 电位

PEDOT 不溶于任何溶剂，与聚阴离子 PSS 通过静电力结合，PSS 同时充当抗衡离子和分散剂的作用，使得 PEDOT：PSS 能分散于水中（图 11-22）。研究人员在水中合成了 PEDOT：PSS 分散液，并研究了不同[PSS]/[PEDOT]条件下分散液的 Zeta 电位，发

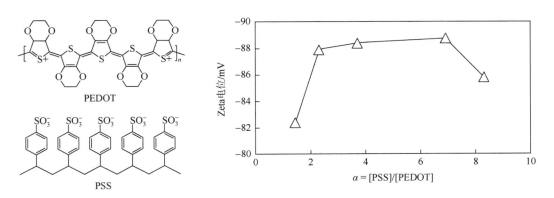

图 11-22　PEDOT：PSS 结构与其分散液不同[PSS]/[PEDOT]条件下的 Zeta 电位

现当[PSS]/[PEDOT]的值在 2.3～8.3 时，分散液 Zeta 电位在–89～–86mV。一方面说明 PEDOT：PSS 在水中是由带负电的 PSS 包裹中间带正电的 PEDOT 的核壳结构，另一方面说明所合成的 PEDOT：PSS 分散液处于比较稳定的状态。

11.3　激光散射测试

光的散射是自然界中一种常见的物理现象，我们所见的蓝天便是太阳光穿透大气层所发生的散射现象。光散射技术应用于许多领域的科学研究和工业实践，1944 年 Debye 将光散射技术用于研究聚合物溶液性质，求得稀溶液中高分子聚合物的重均相对分子质量；1948 年，齐姆（Zimm）提出在一张图上同时将角度和浓度外推到零，从而准确计算高分子聚合物分子量的方法，即齐姆图法。近年来，随着对激光光散射技术研究的日益深入以及计算机技术的飞速发展，激光散射技术已经成为研究高分子性质的重要检测手段，通过检测散射光和溶液浓度的关系，可以得到高分子聚合物的重均分子量、均方根回转半径以及第二维利系数等特性参数，以及探究聚合物和胶体在溶液中的动态变化过程。

11.3.1　光散射原理

光作为一种电磁波，具有相互垂直的磁场和电场。当一束光照射到在物体上时，物体内部的带电粒子在入射光作用下被极化为偶极子从而发生振荡，受到电磁波加速的带电粒子便成为新的辐射源向各个方向发射电磁波，这种受到光照后物质的再辐射现象便是光散射。按散射前后能量变化与否可将光散射分为弹性光散射和非弹性光散射，其中入射光频率等于散射光频率称为弹性光散射，入射光频率与散射光频率不等则称为非弹性光散射。为了得到溶液-溶质系统的光散射图谱，一般会运用静态光散射（static light scattering，SLS）和动态光散射（dynamic light scattering，DLS）两种不同的技术方法互为补充。

1. 静态光散射

静态光散射的入射光和散射光频率相同，属弹性散射，将溶液中的高分子看作各向同性且静止不动的，通过测量散射光强和散射角的变化关系，便可得出溶质分子的重均分子量 $\bar{M}_w$、回转半径 R_g 及第二维利系数 A_2。

溶液的散射光强和溶质浓度间的关系由如下公式表示：

$$\frac{Kc}{R_\theta} = \frac{1}{MP(\theta)} + 2A_2c \tag{11-64}$$

式中，c 为溶液中溶质的浓度；I 为一定频率下散射光强度；M 为溶质分子的相对分子质量；A_2 为第二维利系数；常数 K 的定义如下：

$$K = 4\pi^2 n^2 \left(\frac{\mathrm{d}n}{\mathrm{d}c}\right)^2 N_A^{-1} \lambda^{-4} \tag{11-65}$$

其中，n 为溶液的折射率；$\mathrm{d}n/\mathrm{d}c$ 为溶液折射率与浓度变化的比值；N_A 为阿伏伽德罗常数，λ_0 为入射光波长。再定义：

$$R_\theta = \frac{I}{I_0} r^2 \tag{11-66}$$

式中，R_θ 为瑞利比，表示在 θ 方向上单位强度光散射的强度分数；I_0 为入射光强度；r 为观测点与散射点间的距离。在聚合物溶液中，每个大分子在入射光作用下向周围辐射电磁波时，不同位置的散射光会发生干涉，造成散射光强变小，因此引用 $P(\theta)$ 来描述这种散射光强由于干涉而减弱的现象，$P(\theta)$ 也称为散射函数，与溶质分子的形状、链的构型和散射角度有关，对于无规则线团形状的分子，其定义为

$$\frac{1}{P_{(\theta)}} = 1 + \frac{16\pi^2 n_0^2}{3\lambda^2} R_g^2 \sin^2\left(\frac{\theta}{2}\right) + \cdots \tag{11-67}$$

将式（11-67）代入式（11-64）可得对于无规则线团形状的分子的光散射公式：

$$\frac{Kc}{R_\theta} = \frac{1}{M}\left[1 + \frac{16\pi^2 n_0^2}{3\lambda^2} R_g^2 \sin^2\left(\frac{\theta}{2}\right) + \cdots\right] + 2A_2 c \tag{11-68}$$

由式（11-68）可以看出：

①当 $\theta \to 0$ 时，式（11-68）简化为

$$\frac{Kc}{R_0} = \frac{1}{M} + 2A_2 c \tag{11-69}$$

②当 $c \to 0$ 时，式（11-68）简化为

$$\frac{Kc}{R_\theta} = \frac{1}{M}\left[1 + \frac{16\pi^2 n_0^2}{3\lambda^2} R_g^2 \sin^2\left(\frac{\theta}{2}\right) + \cdots\right] \tag{11-70}$$

③当 $\theta \to 0$ 且 $c \to 0$ 时，式（11-68）简化为

$$\lim_{\substack{c \to 0 \\ \theta \to 0}} \frac{Kc}{R_\theta} = \frac{1}{\bar{M}_w} \tag{11-71}$$

由以上结论可知，若 Kc/R_θ 对 $\sin^2(\theta/2) + Kc$ 作图，再外推至 $\theta \to 0$ 和 $c \to 0$，其图上截距为 $1/\bar{M}_w$，即可求得溶质高分子的重均相对分子质量。这一思想为著名的齐姆图法，典型的齐姆图如图 11-23 所示。

2. 动态光散射

静态光散射将溶质看作静止不动的，但实际上，溶液中的高分子一直在做布朗运动，会导致各个方向的散射光发生干涉造成散射光强和频率发生变化，因此属于光的非弹性散射，散射光强随频率的变化规律可用洛伦兹（Lorentz）分布来表示，定义如下：

$$I(\omega) = I_0(\omega_0) \frac{c\Gamma}{(\omega - \omega_0)^2 + \Gamma^2} \tag{11-72}$$

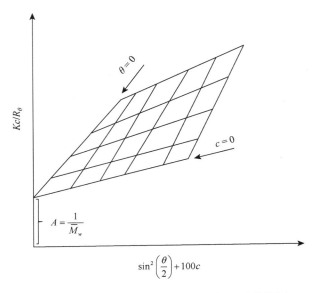

图 11-23　高分子溶液光散射典型齐姆双重外推图

其中，$I_0(\omega_0)$ 为频率为 ω_0 的入射光强；c 是溶质分子浓度；2Γ 为频率谱函数的半高宽（线宽），显然，线宽的大小是同溶质分子运动快慢相联系的，若溶质分子运动快，则 Γ 值大，反之 Γ 值就小。但由于 $\Gamma \ll \omega_0$，很难直接测得其频率分布谱，所以只能通过光强的时间自相关函数来求得 Γ。采用光子相关器即动态光散射仪可测得散射光强的时间自相关函数。光强的时间自相关函数可通过 Siegert 关系转化为电场的时间自相关函数，如下所示：

$$C(\tau) = A(1 + \beta \cdot |g_1(\tau)|^2) \tag{11-73}$$

式中，$C(\tau)$ 为散射光强的时间自相关函数；$g_1(\tau)$ 为电场的时间自相关函数；A 为基线，由测量得出；β 为时间相关因子。对于一个多分散体系，时间相关函数包含所有散射粒子的贡献，即

$$g_1(\tau) = \int_0^\infty G(\Gamma) \mathrm{e}^{-\Gamma} \mathrm{d}\Gamma \tag{11-74}$$

式中，$G(\Gamma)$ 为线宽分布。由于频谱增宽主要为粒子的布朗运动的贡献，半高宽 2Γ 与扩散系数满足如下关系：

$$\Gamma = Dq^2 \tag{11-75}$$

其中，q 为散射矢量。

　　实际测量中，动态光散射仪测得的散射光强时间相关函数通过计算机拟合，求出 Γ，再应用相关关系式，求出 D。对流体力学半径 R_h，当为球形分子时，可由斯托克斯-爱因斯坦（Stokes-Einstein）方程求出：

$$D_0 = \frac{kT}{6\pi\eta R_h} \tag{11-76}$$

其中，D_0 为无限稀释时的扩散系数；k 为玻尔兹曼常量；T 为热力学温度；η 为溶剂黏度。D_0 可通过设置不同浓度的溶液并求出不同浓度下的 D 值，再由式（11-77）外推得到。

$$D = D_0(1 + k_D c + \cdots) \tag{11-77}$$

式中，k_D 为常数，与溶质高分子和溶剂的性质及溶液温度有关。

11.3.2　激光光散射仪简介

激光光散射仪大致可归纳为四部分：光源、光路系统、光散射池和散射光检测系统。

光源要求激光具有单色性、准直性好和光强稳定等优点，入射光经会聚、切割、滤色后成为满足条件的单色平行光。经典的光散射仪采用汞灯做光源，但存在入射光的单色性、准直性和光强稳定性差的缺点。而后人们采用氦-氖激光光源和氩离子，改进了汞灯光源的缺点，且散射光在很小的角度都能被测定，促进了小角激光光散射（small angle laser light scattering，SALLS）技术的发展。

光散射池是用于盛放待检测的高分子溶液的器皿，一般由光学玻璃制成。一般来说，对于小尺寸溶质分子（最大尺寸<λ/20），所产生的散射光各向同性或关于 90°对称，因此只需测定 90°的散射光；但对于较大尺寸的高分子溶质，应采用可测定多个角度的散射池。多角度激光光散射仪器样品池和检测器均为固定的，检测器为固定在不同角度的光电二极管，依光电二极管的个数将激光散射仪分为三角、八角和十八角度等类型。图 11-24 为美国 Wyatt 公司生产的 DAWN EOS 型十八角度激光光散射仪，该仪器的激光光源为半导体激光器，波长和功率固定，并将其中一个角度与动态光散射仪相连，可测定聚合物的静态光散射和动态光散射，该类仪器可单独使用，还可与折光仪、凝胶渗透色谱仪等联用，从而可得到高分子混合物的分子量和分布信息。

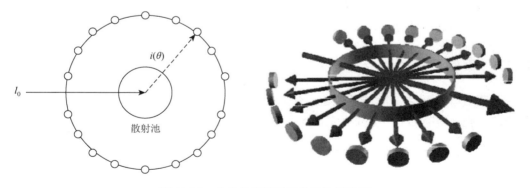

图 11-24　十八角度激光光散射仪示意图

另一种为广角激光光散射仪，仪器的激光光源可根据需要选择配置，波长和功率均有一定可调幅度。检测器装在一个转臂上，通过转臂旋转调整检测器角度，可检测 8°～160°任意角度的散射光强和时间相关函数。转臂平稳性要求极高，即在所测角度范围内，上下位置波动不超过±5μm，故仪器一般需放置在光学平台上，且每次只能检测一个角度，较适于研究聚合物散射光强与角度的关系。

11.3.3　激光光散射法的应用

1. 聚合物分子量的测定

单独利用静态光散射仪可以测定聚合物重均分子量，但通常将其与 GPC 仪联机使用，可方便地测定聚合物的数均分子量、重均分子量、Z 均分子量和分子量分布指数，而不依赖任何假设条件和校正曲线。激光光散射法测定分子量具有独特的优点。与 GPC 相比，该法不需要对分子形状进行假定，也不需要标样校准，测定结果为真实分子量。至于蒸汽压渗透法、膜渗透法虽能测定聚合物准确数均分子量，但应用范围不如激光光散射法宽。当然，上述各种测定聚合物分子的仪器方法均有其各自特点和适用范围，彼此之间应是互补的。

2. R_g 与分子形状研究

激光光散射法给出的分子均方根旋转半径 R_g 是研究聚合物分子结构的重要参数。对高分子来说，不同形状的分子，如球形、棒形和无规线团等，其 R_g 有明显的数量级差异。研究者给出 R_g 与分子量及分子形状表征参数（如球形分子半径、棒状分子长度、柔形线团分子均方根旋转半径等）之间的相关计算模型，粗略地说，球形分子的 R_g 很小，无规线团的 R_g 大几倍，而棒状分子的 R_g 则大百倍。由此可见，R_g 与高聚物分子形状直接相关并可以相互推算。可通过 $\lg R_g$ 对 $\lg \overline{M}_w$ 作图推断分子形状。由 R_g 初步判定分子形状后，再采用其他方法加以验证。

3. 其他应用

将静态和动态光散射有机地结合在一起，可用来研究高聚物以及胶体粒子在溶液中的许多涉及质量和流体力学体积变化的过程，如聚集与分散、结晶与溶解、吸附与解吸、高分子链的伸展与蜷缩等过程。此外还可用于聚合反应动力学、聚合物团聚现象等研究。

11.3.4　案例分析

谭利敏等[23]采用凝胶渗透色谱（GPC）-激光光散射（LLS）联用测定甲基-乙烯基-苯基硅橡胶（MPVQ）分子量及其分布，如图 11-25 所示。

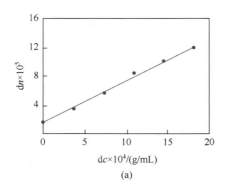
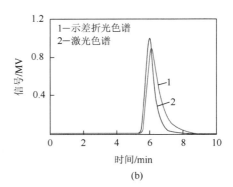

(a)　　　　　　　　　　　　　　　　(b)

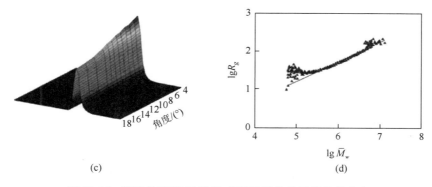

图 11-25 测定的甲基-乙烯基-苯基硅橡胶分子量及其分布

图 11-25（a）为 MPVQ 的 dn/dc 测定曲线；图 11-25（b）为 MPVQ 的激光色谱和示差折光色谱；图 11-25（c）为 MPVQ 不同角度的激光色谱和示差折光色谱三维图；图 11-25（d）为 MPVQ 的 lgR_g-lg$\bar{M}_w$ 曲线。聚合物的 dn/dc 并不是定值，对于分子量较低的化合物，其 dn/dc 随着分子量的增大而增大，当分子量增大到一定值时，dn/dc 值趋于平衡。25℃时测得 MPVQ 在甲苯溶液中的 dn/dc 为(0.0589±0.0025)mL/g，测定曲线如图 11-25（a）所示。由图 11-25（b）可见，色谱的峰形对称，说明 MPVQ 不同分子量组分分离较好。由图 11-25（c）可见，GPC 柱各个角度采样信号均较好。分子量宽分布或多峰分布的试样均可通过测量其 $\bar{M}_w$ 及分子旋转半径（R_g）得到分子构象。由 lgR_g-lg$\bar{M}_w$ 曲线的斜率可以获知分子的形状：斜率为 1 时是棒状，斜率为 0.5～0.6 时是无规线团状，斜率为 1/3 时是球状。MPVQ 的 lgR_g-lg$\bar{M}_w$ 曲线如图 11-25（d）所示。曲线斜率为 0.50±0.00，由此判定 MPVQ 是具有无规线团构象的聚合物。

习　题

11-1　什么是黏度？

11-2　Zeta 电位的影响因素有哪些？

11-3　简述激光光散射法的原理及分类。

11-4　简述常见的激光光散射仪的组成及应用。

11-5　应用激光光散射法可以得到分子的哪些信息？

11-6　简述齐姆双重外推图中表示的各物理参数及意义。

11-7　简述静态光散射及动态光散射法的各自应用。

参 考 文 献

[1]　陈宗琪，王光信，徐桂英. 胶体与界面化学. 北京：高等教育出版社，2001.

[2]　王常珍. 冶金物理化学研究方法. 4 版. 北京：冶金工业出版社，2013.

[3]　朱震钧，王明时. 新型全自动毛细管式粘度测量系统的设计. 化工自动化及仪表，2001，28（3）：54-57.

[4]　王永洪，范世福. 新型液体粘度自动测量仪的研制. 仪器仪表学报，1994，15（2）：214-216.

[5]　杨定中. 液体粘度的关联式计算. 化工设计，1996，6（1）：40-44.

[6] 赵北君, 朱世富, 李正辉, 等. 光电落球粘度计的研制. 四川大学学报 (自然科学版), 1994, 31 (2): 280-282.

[7] 沙振舜, 贺强强, 刘苏, 等. 用落针粘度计研究液体粘度与温度的关系. 南京大学学报 (自然科学版), 1999, 35 (6): 108-111.

[8] 盖同祥, 吴今哲, 车洪波, 等. 旋转粘度计检测机理的进一步分析. 延边大学理工学报, 1999, 25 (2): 83-86.

[9] Assael M J, et al. Prediction of the viscosity of liquid mixtures: An improved approach1. International Journal of Thermophysics, 2000, 21 (2): 357-365.

[10] 辜婷, 朱大勇, 刘典新, 等. 旋转流变仪及其在塑料中的研究应用. 塑料工业, 2017, 45 (2): 97-100.

[11] Lin Y Y, Lin C W, Yang L J, et al. Micro-viscometer based on electrowetting on dielectric[J]. Electrochimica Acta, 2007, 52 (8): 2876-2883.

[12] Sparks D, Smith R, Cruz V, et al. Dynamic and kinematic viscosity measurements with a resonating microtube[J]. Sensors and Actuators A Physical, 2009, 149 (1): 38-41.

[13] Liu B B, et al. Viscosity of Zr55Cu30Al10Ni5 bulk metallic glass measured by laser viscometer. Journal of Alloys and Compounds, 2010, 504: S208-S210.

[14] 刘聪, 赵美蓉, 马金玉. 基于柔性铰链的液体粘度测量方法研究. 传感技术学报, 2015, 28 (3): 310-314.

[15] 郭绍兵, 赵美蓉, 陈舟圣, 等. 基于电磁学的液体粘度测量方法研究. 传感器与微系统, 2010, 29 (11): 70-71.

[16] 邹思亮, 徐力生. 一种基于光栅传感器的新型旋转粘度计的研究. 传感器与微系统, 2011, 30 (9): 47-49.

[17] Hunter R J. Zeta potential in colloid science: Principles and applications. New paperback ed. London; San Diego: Academic Press, 1988.

[18] Kaszuba M, et al. High-concentration zeta potential measurements using light-scattering techniques. Philosophical Transactions of the Royal Society a-Mathematical Physical and Engineering Sciences, 2010, 368 (1927): 4439-4451.

[19] 朱妍婷. 胶体溶液稳定存在的 DLVO 理论. 石油石化物资采购, 2020 (22): 69-69.

[20] Prazak G, 杨联璧. Zeta 电位测定—检验分散体的实用技术[J]. 染料工业, 1985 (2): 28-36.

[21] 邓彤. 界面电现象: 原理、测量和应用. 北京: 北京大学出版社, 1992.

[22] 刘伟, 张珊珊, John, 等. 基于频谱细化算法的电泳光散射 Zeta 电位测量方法. 光学学报, 2017, 37 (2): 292-298.

[23] 谭利敏, 李胜华, 王敏, 等. 凝胶渗透色谱-激光光散射法测定甲基-乙烯基-苯基硅橡胶相对分子质量及其分布. 橡胶工业, 2019, 66 (3): 230-233.

第 12 章　其他常见测试仪器

本章介绍一系列其他常用的测试仪器的原理和应用，包括对比表面积的测定以及利用等离子体测定元素含量和分布。通过这些表征手段，可以对材料从宏观到微观层面有更加深刻的理解。

12.1　比表面积测试

12.1.1　气体吸附法

气体吸附法是用来表征多孔材料孔结构特征参数的一种常用测试方法。要了解气体吸附法，首先需要明确吸附的概念。吸附是气体或者液体分子在固体表面积聚的现象。积聚的原因是固体表面剩余的表面自由能（原子的不均匀性，内部和表面原子的受力不对称性），使得某些气体或者液体分子碰撞固体表面时受到不平衡力吸引从而停留。因此，吸附过程通过吸附质（某些气体或者液体）在吸附剂（固体）表面或者孔内积聚，会造成吸附剂的表面自由能下降。吸附根据吸附剂与吸附质的分子间作用力不同，可分为两大类。一类是化学吸附，这类吸附是由于吸附剂表面发生化学反应，造成吸附质与吸附剂以化学键相结合，其分子间有电子交换、转移或者共有。因此，化学吸附是具有选择性且不可逆的过程，常用于测定表面浓度、吸附和脱附的速率以及研究表面反应动力学。另一类是物理吸附，不同于化学吸附，它选择性较差，仅靠分子间的弥散作用和静电作用，即利用的是范德瓦耳斯力，又可称为范德瓦耳斯吸附。当吸附剂表面分子与吸附质分子间的引力大于吸附质分子间的引力时，吸附质则被吸附。一旦温度升高，吸附质分子的动能增加，便不再积聚在吸附剂表面，发生脱附。因此，吸附量与吸附质的温度、压力或者浓度相关。这样一个吸附-脱附的过程由于不发生任何化学反应，各相之间的平衡可瞬间达到，所以与化学吸附相比，物理吸附是非常快速的可逆过程，常用于测定固体材料的比表面积、孔容和孔径分布等[1-4]。

气体吸附法的原理基于固体表面的吸附特性，在一定的压力下，对被测样品在一定温度下进行吸附质气体分子的可逆物理吸附，测定出一定压力下的平衡吸附量，得到压力与吸附量的关系曲线即吸附等温线，进一步利用理论模型求出被测样品的比表面积和孔径分布等物理量。对于气体吸附法中使用的吸附质气体，要求其化学性质稳定，且对于样品是可逆的物理吸附。氮气由于价格低廉、制备简单、纯度高，气-固之间作用力较强，被用作绝大多数物质的吸附质。对于微孔和中孔的测试，一般采用的是低温氮气吸附法，测定过程一般是先将样品进行加热和抽真空脱气以去除表面吸附的杂质气体，再称重放置于液氮中，在液氮温度下，在预先设定的不同压力点测量样品的氮气吸附量，从而得到吸附等温线[5-8]。

气体吸附法所利用的物理吸附理论模型有很多，常用的是朗缪尔（Langmuir）单分子层吸附理论以及 BET 多分子层吸附理论。朗缪尔单分子层吸附理论建立在吸附剂表面均匀、吸附质分子间无相互作用以及吸附仅为单分子层等基本假设上，利用吸附平衡时，吸附速率 R_a 和脱附速率 R_d 相等，吸附速度与气体的压力成正比，脱附速度与已吸附的表面积占总面积的百分数成正比，得到朗缪尔方程，并可进一步处理得到吸附剂的比表面积。一般在吸附质气体的临界温度以上，固体表面常常发生单分子层吸附，其吸附等温线即Ⅰ型等温线。其推导过程为

$$R_a = ap(1-\theta) \tag{12-1}$$

$$R_d = a'\theta\exp\left(-\frac{E}{RT}\right) \tag{12-2}$$

$$\theta = \frac{n}{n_m} = \frac{bp}{1+bp} \tag{12-3}$$

式中，θ 为固体表面的被吸附分子的覆盖率；n 为吸附气体分子的量；n_m 为单分子层饱和气体的吸附量；p 为吸附平衡时的气体压力；b 为吸附常数，$b=\frac{a}{a'}\exp\frac{E}{RT}$。$a$ 为单位时间内气体分子碰撞吸附位点并发生吸附的分子数量；a' 为单位时间内气体分子碰撞吸附位点的分子数量；E 为脱附活化能，即分子从表面脱附所需克服的能量势垒。

进一步整理，可得

$$\frac{p}{n} = \frac{p}{n_m} + \frac{1}{bn_m} \tag{12-4}$$

以 $\frac{p}{n}$ 为横坐标，p 为纵坐标作图，得到的斜率和截距可分别求出 n_m 和 b，从而求出吸附剂的比表面积：

$$S = A_m N_A n_m \tag{12-5}$$

式中，A_m 为每个吸附质分子在吸附表面上所占面积，如氮气分子 A_m 为 0.162nm^2。

当吸附质温度低于正常沸点时，往往发生的是多分子层吸附，由于朗缪尔方程基于的假设与真实情况不符，且多分子层吸附更加普遍，因此，布鲁尼尔（Brunauer）、埃密特（Emmett）和特勒（Teller）在朗缪尔单分子层吸附理论的基础上提出了多分子吸附模型，即 BET 多分子层吸附模型，并建立了相应的吸附等温方程，即 BET 等温方程，用以描述除Ⅰ型吸附等温线外的其他吸附等温线。

BET 多分子层吸附模型建立的基本假设包括：①吸附为多层吸附，且每一层吸附都可用朗缪尔方程描述；②第一层吸附是由于吸附质与吸附剂之间的范德瓦耳斯力引起的，第二层及第二层以上靠的是吸附质分子间引力，且第二层以上的吸附与脱附速率常数之比为定值；③第一层与其他层吸附热不同，其他层吸附热为吸附质的凝聚热；④总的吸附量为各个吸附层量之和，且当压力达到饱和气压时吸附层数为无穷多。其推导过程如下。

根据假设①，可得第 i 层的吸附-脱附速率相等，即

$$a_i p\theta_{i-1} = a_i'\theta_i\exp\left(-\frac{E_i}{RT}\right) \tag{12-6}$$

根据假设②，第二层以上的吸附与脱附速率常数之比为定值，即

$$\frac{a_2'}{a_2} = \frac{a_3'}{a_3} = \cdots = \frac{a_i'}{a_i} = g \tag{12-7}$$

根据假设③，第二层以上吸附层的吸附热都等于体积摩尔凝聚热，即

$$E_2 = E_3 = \cdots = E_i \tag{12-8}$$

根据假设④，总的吸附量为各个吸附层量之和，即

$$n = n_{\mathrm{m}} \sum_{i=0}^{\infty} i\theta_i \tag{12-9}$$

综上可得到 BET 方程为

$$\frac{n}{n_{\mathrm{m}}} = \frac{Cx}{(1-x)(1-x+Cx)} \tag{12-10}$$

式中，C 为与吸附焓相关的常数，其值为 $C = \dfrac{a_1 g}{a_1'} \exp\left(\dfrac{E_1 - E_i}{RT}\right)$。

又由于

$$\begin{cases} x = \dfrac{p}{g} \exp\left(\dfrac{-E_i}{RT}\right) \\[2mm] 1 = \dfrac{p_0}{g} \exp\left(\dfrac{-E_i}{RT}\right) \end{cases} \tag{12-11}$$

可得

$$x = \frac{p}{p_0} \tag{12-12}$$

因此，BET 方程可以改写为

$$\frac{\dfrac{p}{p_0}}{V\left(1 - \dfrac{p}{p_0}\right)} = \frac{1}{V_{\mathrm{m}}C} + \frac{C-1}{V_{\mathrm{m}}C} \cdot \frac{p}{p_0} \tag{12-13}$$

式中，p 为吸附平衡时的压力；V 为在平衡压力下的吸附量；V_m 为在吸附剂表面铺满单分子层时所需气体的体积；E_1 为第一层吸附层的吸附热；p_0 为在实验温度下气体的饱和蒸汽压。

根据 BET 方程，以 $\dfrac{p}{p_0}$ 为横坐标，$\dfrac{p/p_0}{V(1-p/p_0)}$ 为纵坐标绘图，得到斜率和截距，便可求出 V_{m}。因此，样品的比表面积为

$$S_g = \frac{nN_A A_{\mathrm{m}}}{m} = \frac{V_m}{V_{\mathrm{mol}} m} \cdot N_A \cdot A_{\mathrm{m}} \tag{12-14}$$

气体吸附法测得的吸附等温线可以分为六类，如图 12-1 所示。①Ⅰ型吸附等温线，又称为朗缪尔吸附等温线，吸附质在吸附剂表面发生单分子层物理吸附。气体在微孔材料（如活性炭、分子筛沸石和某些多孔氧化物等）上会呈现这类吸附等温线，因为在微孔内气体分子与固体表面的作用势能相互叠加会导致吸附作用增强，在较低的相对压力下吸附量迅速升高，当孔内被吸附质分子完全占满时，压力继续升高而吸附量维持不变。

②Ⅱ型吸附等温线，呈现出 S 形，气体一般在微孔非多孔或者大孔材料上会呈现这类吸附等温线，在较低的相对压力下，首先进行单分子层物理吸附，吸附量达到单分子层饱和量时，随着相对压力继续增加，开始进行第二层以上的多分子层吸附。随着平衡压力达到饱和蒸汽压，气体在吸附剂表面会发生凝聚。③Ⅲ型吸附等温线，在微孔非多孔或者大孔材料上发生弱的气-固相互作用时出现，其与Ⅱ型等温线的区别是在较低的相对压力下，吸附量较少，没有出现拐点，这是由于吸附质与吸附剂之间的相互作用力很小，气体分子在低压下仅吸附于固体表面的少数活性位点，随着压力升高，气体分子会吸附在已经吸附的分子附近，即单层分子吸附没有形成完整便在局部形成多层分子吸附。④Ⅳ型吸附等温线，一般呈现于介孔材料，在较低的相对压力下，趋势与Ⅱ型相同，吸附机理也相同，相对压力继续升高到介孔内吸附质发生毛细凝聚，造成吸附量的急剧上升，当毛细凝聚结束时，吸附仅发生于外表面，吸附量很少，因此在高相对压力下出现平台。毛细凝聚作用是指在毛细孔内，若由于吸附造成一个凹液面，则与该凹液面平衡的蒸汽压小于同一温度下的饱和蒸汽压，且毛细半径越小，平衡蒸汽压越小，即形成毛细凝聚的压力越小。因此，在脱附时，由于压力由高到低，凝聚液会先从大孔中脱附出来，造成脱附和吸附不重合，称为滞后回线。⑤Ⅴ型吸附等温线，在相对压力较低时，与Ⅲ型吸附等温线相似，原理也相同，而相对压力较高后，又与Ⅳ型相似。⑥Ⅵ型等温线，呈现阶梯型，这主要是固体表面十分均匀，吸附分子之间相互作用，导致一定压力下发生二次凝聚，每一台阶代表吸附满一层分子层。综上所述，BET 多分子层吸附模型由于基于表面均匀性且多层分子吸附的基本假设，对于Ⅰ型和Ⅵ型吸附等温线都不适用，即便是对于其他几类吸附等温线，由于毛细凝聚现象的存在，会破坏多层物理吸附的平衡，因此采用 BET 多分子层吸附模型需要选择一定的压力范围，与实验结果相比，会有一定的偏离，即便不是很完美，也能半定量或定性地描述物理吸附等温曲线[9-12]。

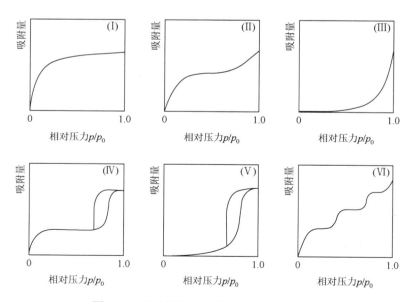

图 12-1 六种气体吸附法测得的吸附等温线

除了 I 型吸附等温线不会出现滞后回线，其他几种类型的等温线都会出现滞后回线，滞后回线的形状可以反映一定的孔结构状况，因此，除了利用吸附等温线对孔大小进行判断，还可以对孔形状进行分析。滞后回线可以分为五种类型，如图 12-2 所示。对于 A 类滞后回线，其吸附和脱附分支分离在中等大小的相对压力下，且两分支都很陡峭。该类曲线反映了两端都是开放的管状毛细孔。对于 B 类滞后回线，其吸附分支在饱和蒸汽压附近很陡峭，而脱附分支在中等压力附近很陡峭。该类曲线反映了具有平行壁的狭缝状毛细孔。在平行壁间形成的毛细孔在达到饱和蒸汽压前不能形成凹液面产生毛细凝聚，因此，只有在临近饱和蒸汽压时，吸附分支才陡然上升。对于 C 类滞后回线，其吸附分支在中等相对压力附近很陡峭，而脱附分支与之相比很平缓。该类曲线反映了具有锥形或者双锥形管状毛细孔。当相对压力达到小孔端发生毛细凝聚的对应值时，吸附分支陡然上升，脱附时达到大孔端的相对压力才会再解凝，终止于小孔端的相对压力值。对于 D 类滞后回线，其吸附分支在饱和蒸汽压附近很陡峭，而脱附分支变化平缓。该类曲线反映了具有四面开放的尖劈形毛细孔，孔是由相互倾斜的片或者膜堆积成的毛细孔。产生此类曲线的机理与 B 类滞后回线的机理相似，只是板间不平行，在脱附分支上没有陡峭的一段。对于 E 类滞后回线，其吸附分支变化缓慢，而脱附分支变化在中等相对压力下很陡峭。该类曲线反映了具有细颈的墨水瓶状孔。当相对压力增加到细颈部分产生毛细凝聚的压力时，开始逐渐凝聚直至充满整个瓶体，因此吸附是逐渐变化的，脱附是由于细颈上的液体将瓶体中液体封住了，只有降到细颈对应的相对压力，才会迅速脱附。

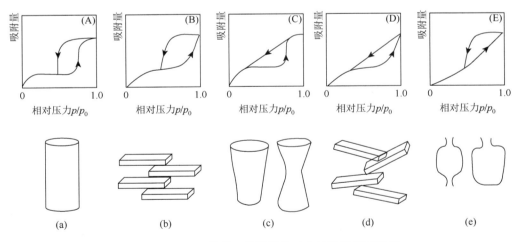

图 12-2　滞后回线的五种类型及对应的孔形状示意图

此外，根据 IUPAC 规定，滞后回线（回滞环）可以分为四种类型，如图 12-3 所示。H1、H2 型回滞环等温线上有饱和吸附平台，表明孔结构均匀。H1 型回滞环通常由团块或由排列相当规则的近似均匀球体组成的致密物组成，因此孔隙大小分布较窄。H2 型回滞环反映的孔结构复杂，可能包括典型的墨水瓶状孔、孔径分布不均的管形孔和密集堆积的球形颗粒间隙孔等。其中孔径分布和孔形状可能不好确定，孔径分布比 H1 型回滞环更

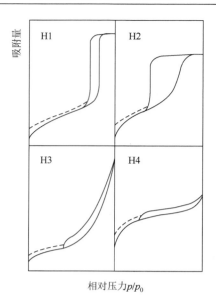

图 12-3　回滞环的四种类型示意图

宽。H3 和 H4 型回滞环等温线没有明显的饱和吸附平台，表明孔结构很不规整。H3 型回滞环反映的孔包括平板狭缝结构、裂缝和楔形结构等。H3 型回滞环由片状颗粒材料或由裂隙孔材料给出，可以认为是片状粒子堆积形成的狭缝孔，在较高相对压力区域没有表现出吸附饱和。H4 型回滞环也是狭缝孔，常出现在微孔和中孔混合的吸附剂上，和含有狭窄的裂隙孔的固体中。

　　2015 年，IUPAC 在其报告中对回滞环进行了重新分类，将原来的四类增加为五类。如图 12-4 所示。

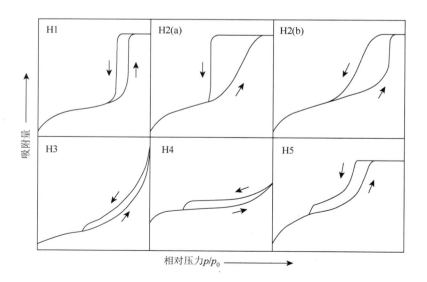

图 12-4　回滞环的五种类型示意图

H1 型回滞环：孔径分布较窄的圆柱形均匀介孔材料具有 H1 型回滞环。例如，在模板化二氧化硅（MCM-41，MCM-48，SBA-15）、可控孔的玻璃和具有有序介孔的碳材料中都能看到 H1 型回滞环。通常在这种情况下，由于孔网效应最小，其最明显标志就是回滞环陡峭狭窄，这是吸附分支延迟凝聚的结果。但是，H1 型回滞环也会出现在墨水瓶状孔的网孔结构中，其中孔颈的尺寸分布宽度类似于孔道/空腔的尺寸分布的宽度（如 3DOM 碳材料）。

H2 型回滞环是由更复杂的孔隙结构产生的，网孔效应在这里起了重要作用。

（1）H2（a）是孔颈相对较窄的墨水瓶形介孔材料。H2（a）型回滞环的特征是具有非常陡峭的脱附分支，这是由于孔颈在一个狭窄的范围内发生气穴控制的蒸发，也许还存在着孔道阻塞或渗流。许多硅胶，一些多孔玻璃（如耐热耐蚀玻璃）以及一些有序介孔材料（如 SBA-16 和 KIT-5 二氧化硅）都具有 H2（a）型回滞环。

（2）H2（b）是孔颈相对较宽的墨水瓶形介孔材料。H2（b）型回滞环也与孔道堵塞相关，但孔颈宽度的尺寸分布比 H2（a）型大得多。在介孔硅石泡沫材料和某些水热处理后的有序介孔二氧化硅中，可以看到这种类型的回滞环实例。

H3 型回滞环见于层状结构的聚集体，产生狭缝的介孔或大孔材料。

H3 型回滞环有两个不同的特征：①吸附分支类似于 II 型等温吸附线；②脱附分支的下限通常位于气穴引起的 p/p_0 压力点。这种类型的回滞环是片状颗粒的非刚性聚集体的典型特征（如某些黏土）。另外，这些孔网都是由大孔组成的，并且它们没有被孔凝聚物完全填充。

H4 型回滞环与 H3 型回滞环有些类似，但吸附分支是由 I 型和 II 型等温线复合组成的，在 p/p_0 的低端有非常明显的吸附量，与微孔填充有关。H4 型回滞环通常发现于沸石分子筛的聚集晶体、一些介孔沸石分子筛和微-介孔碳材料，是活性炭类型含有狭窄裂隙孔固体的典型曲线。

H5 型回滞环很少见，发现于部分孔道被堵塞的介孔材料。虽然 H5 型回滞环很少见，但它有与一定孔隙结构相关的明确形式，即同时具有开放和阻塞的两种介孔结构（如插入六边形模板的二氧化硅）。

通常，对于特定的吸附气体和吸附温度，H3、H4 和 H5 型回滞环的脱附分支在一个非常窄的 p/p_0 范围内急剧下降。例如，在液氮下的氮吸附中，这个范围是 $p/p_0 = 0.4 \sim 0.5$。这是 H3、H4 和 H5 型回滞环的共同特征。

12.1.2　案例分析

1. 案例 1[13]

图 12-5 为通过两种不同前驱体作为碳源制备的多孔碳材料的氮气吸附等温线，根据图 12-5（a）中的氮气吸附等温线可以看到，两种多孔碳材料的等温线在相对压力较低时迅速升高再趋于平缓，在相对压力较高时吸附量剧增并最后趋于饱和，且吸附和脱附分支不重合出现回滞环。因此，这两种多孔碳材料均符合 IV 型吸附等温线。两种多孔碳的

回滞环结构均出现饱和平台，说明两种多孔碳的孔结构比较均匀，且在中等相对压力下吸附和脱附分支都很陡峭，属于 A 类滞后回线，孔结构为圆柱孔。不同的是，M900 材料的回滞环发生在相对压力为 0.5～0.65，相比之下，P900 材料的回滞环发生在更宽的相对压力范围内（0.45～0.95），因此，M900 材料的孔径比较集中。与图 12-5（b）所示的孔径分布结果相符，M900 材料的孔径分布集中于 4.3nm，而 P900 材料的孔径分布集中于 3.8nm 和 5.6nm。

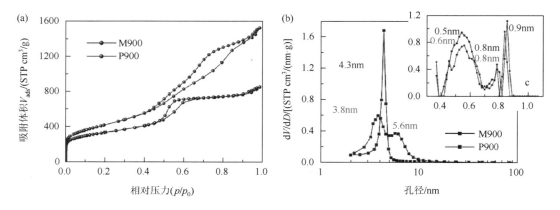

图 12-5　M900 和 P900 多孔碳材料的氮气吸附等温线以及孔径分布图

2. 案例 2[14]

图 12-6 为通过介孔硅模板 SBA-15 制备介孔和盐模板 $ZnCl_2$ 制备微孔，得到的四种多孔碳材料的氮气吸附等温线。STC 为仅用 $ZnCl_2$ 制的多孔碳，图 12-6（a）中其等温线为 I 型吸附等温线，表明其孔为微孔，结合图 12-6（b）的孔径分布，可知其微孔孔径集中分布在 1nm。OM-HSTC 为同时使用了 SBA-15 和 $ZnCl_2$ 制的多孔碳，并且 SBA-15 的使用量不变，增加 $ZnCl_2$ 的含量，分别为 OM-HTC_0_2.05，OM-HSTC_1_2.05 和

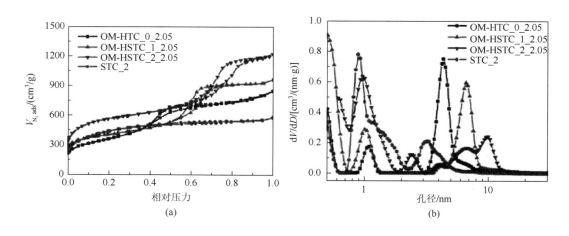

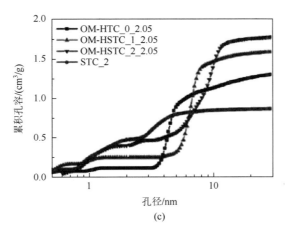

图 12-6　四种多孔碳材料的氮气吸附等温线、孔径分布以及累积孔容图

OM-HSTC_2_2.05。用该种方法制得的三种多孔碳材料在图 12-6（a）中的等温线均为Ⅳ型吸附等温线，表明其孔主要为介孔，回滞环的类型为 A 类，表明孔结构主要为管状孔，且为 H1 型，表明孔的分布均匀。对比三种材料，其回滞环的宽度随着 ZnCl$_2$ 含量的增加而增加，这主要是由于材料中的微孔成分增加，如图 12-6（b）所示，1nm 附近的孔径随着 ZnCl$_2$ 含量的增加而增大。对于四种多孔碳材料 STC_2、OM-HTC_0_2.05、OM-HSTC_1_2.05 和 OM-HSTC_2_2.05 根据氮气吸附等温线计算得到的 BET 比表面积分别为 1557m^2/g、1263m^2/g、1439m^2/g 和 2649m^2/g。

12.2　电感耦合等离子体测试

12.2.1　技术简述

　　电感耦合等离子体（inductively coupled plasma，ICP）测试技术是 20 世纪 80 年代逐步发展起来的无机元素和同位素分析测试技术。由于该技术的特殊性质，适合解决许多化学分析中的难题，而广泛应用于环境安全、食品安全以及生物和医学等领域。根据不同的工作机理和装置结构，该技术主要分为电感耦合等离子体-原子发射光谱（inductively coupled plasma-atomic emission spectrometry，ICP-AES）和电感耦合等离子体-质谱（inductively coupled plasma-mass spectrometry，ICP-MS）。鉴于此，本节将从以上两种技术的基本结构、工作原理、试样处理和基础应用等方面进行简单介绍[15-17]。

12.2.2　电感耦合等离子体测试技术工作原理

　　1. ICP 技术简介

　　等离子体（plasma）是一种在一定程度上被电离的（电离度大于 0.1%）的气体，这种气体不仅含有中性原子和分子，而且含有大量的电子和离子，且电子和阳离子的浓度处于平衡状态，呈现出电中性。电感耦合等离子体（ICP）是由高频电流流经感应线圈产生高频电磁场，使工作气体形成等离子体，外观类似火焰放电。因此，ICP 具有良好的蒸发—原子化—激发—电离性能的原子光谱发射光源。因其拥有环形结构、温度高、电子密度高、惰性气氛等特点，用作激发光源具有检出限低、线性范围广、电离和化学干扰少、准确度和精密度高等优点。在测试过程中，样品由载气进入雾化室雾化后，以气溶胶的形式进入等离子体的中心通道，在高温惰性气氛中被充分蒸发、原子化、电离和激发，使得所含原子发射各自的特征谱线。根据各元素特征谱线的存在与否，定性分析样品中元素的存在与否，并根据特征谱线的强度，定量分析相应元素的含量。ICP 电离源一般配有 AES 或者 MS 检测器。因此，电感耦合等离子体测试技术主要分为 ICP-AES 和 ICP-MS 两类。这两类技术可以同时分析多个样品，具有精度高和应用范围广等优点（图 12-7）。

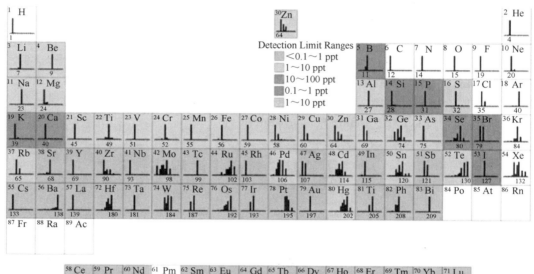

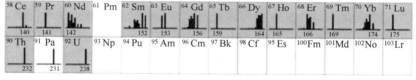

图 12-7　ICP 应用范围示意图

2. ICP-AES 应用背景和工作原理

ICP-AES 全称为电感耦合等离子体-原子发射光谱。它主要用于样品中元素的定性和定量分析，甚至可以分析元素周期表中 70 多种元素。因此，ICP-AES 强大的定量功能使其在样品分析中应用得非常广泛，涉及领域包括纳米、催化、能源、化工、生物、环保和医药等领域[18]。

ICP 的仪器原理如下：利用等离子体激发光源使试样蒸发汽化，离解或分解为原子状态，原子可以进一步电离成离子状态，原子及离子在光源中激发发光。利用分光系统将光源发射的光分解为按波长排列的光谱，之后利用光电器件检测光谱。根据测定所得到的光谱波长对试样进行定性分析，按照发射光强度进行定量分析。其工作方式如下：待测试样经喷雾器形成气溶胶进入石英炬管等离子体中心通道，经过光源加热激发所辐射出光，经光栅衍射分光，通过步进电机转动光栅，将元素的特征谱线精准定位于出口狭缝处，光电倍增管将该谱线光强转变为光电流，再经电路处理，由计算机附带的测试软件来分析元素的含量（图 12-8）。

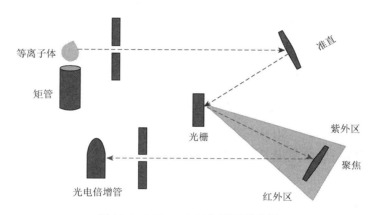

图 12-8　ICP-AES 工作原理示意图

ICP-AES 技术具有以下优点。①高效稳定：可以连续快速多元素测定，精确度高；②中心汽化温度高达 10000K 可以使样品充分汽化，有很高的准确度；③工作曲线具有很好的线性关系，且线性范围广；④可以与计算机软件结合全谱直读结果，方便快捷。

3. ICP-MS 应用背景和工作原理

ICP-MS 是以电感耦合等离子体作为离子源，以质谱进行检测的无机多元素分析技术。它以独特的接口技术将 ICP 高温电离特性与质谱仪灵敏快速扫描的优点相结合，是元素定性定量分析和同位素分析最灵敏的分析方法之一。

ICP-MS 由进样系统、ICP 离子源、接口室（采样锥、截取锥）、离子透镜、四极杆质滤器、真空系统、检测器及数据处理系统和软件控制系统组成（图 12-9）。它的工作原理与 ICP-AES 的工作原理类似，它的测试过程分为四步：①分析样品通常以水溶液的气溶胶形式引入氩气气流中，然后进入由射频能量激发的处于大气压下的氩等离子体中心区；②等离子体的高温样品去溶剂化、汽化解离和电离；③部分等离子体经过不同压力区进入真空系统，在真空系统内，正离子被拉出并按其质荷比分离；④检测器将离子转化为电子脉冲，然后由积分测量线路计数，从而得到质谱图。其中，电子脉冲的大小与样品中分析离子的浓度有关。通过与已知的标准或参比物质比较，实现未知样品的痕量元素定量分析。

　　ICP-MS 技术具有以下优势：①元素覆盖范围宽：包括碱金属、碱土金属、过渡金属和其他金属元素、稀土元素、大部分卤素和一些非金属元素。②性能好：灵敏度高，背景信号低，检出限极低。③分析速度快：由于四极杆质滤器的扫描速度快，每个样品全元素测定只需大约 4min。④线性范围宽：一次测量线性范围能覆盖 9 个数量级。⑤能够提供同位素的信息。

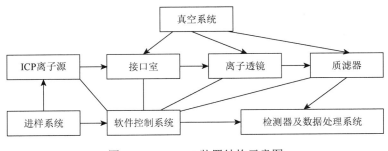

图 12-9　ICP-MS 装置结构示意图

12.2.3　ICP 测试操作流程及应用

1. ICP 测试前样品要求及预处理步骤

　　一般情况下，ICP 测试的都是液体样品，因此测试时需要将样品溶解在特定的溶剂中（一般是水溶液）。测试的样品必须保证澄清，且溶液样品中不能含有对仪器有损坏的成分（如氢氟酸和强碱等）。此外，样品在进行 ICP-AES 或 ICP-MS 测试前往往需要进行前处理，常见的样品试样分解方法如下。

　　（1）稀释法：用高纯去离子水或者无机酸（HNO_3）稀释到合适的浓度进行测试。

　　（2）湿分解法：用单一酸（HF、HNO_3、HCl 等）或者混酸强氧化体系（$HNO_3/HClO_4/HF$ 等）处理样品。

　　（3）高压分解法：可以提高难分解体系的分解效率，污染少，酸分解效率高，操作简单。

　　（4）微波消解：HNO_3 微波消解；HNO_3/H_2O_2 微波消解；$HNO_3/H_2O_2/HF$ 微波消解，污染小，元素损失少且快速。

　　（5）熔融消解法：可以分为碱金属熔法（使用碳酸盐、氢氧化物、过氧化物或硼酸盐等）、酸熔法（使用硫氰酸盐和焦硫酸盐）以及还原熔法（适用于贵金属试金法）。

2. ICP-AES 和 ICP-MS 的区别对比

　　对于 ICP-AES 和 ICP-MS 两种测试技术而言，它们的用途是一致的，主要的区别在于不同的分析系统。其中，AES 利用的是原子发射光谱进行定性定量分析，而 MS 利用的是离子质谱，采用质荷比不同而进行分离检测，两者可分析的元素种类基本一致。此外，由于分析检测系统的差异，两者的检出限有差异：ICP-MS 的检出限最低，最好的可以达到 ng/L（ppt）的水平；而 ICP-AES 一般是 μg/L（ppb）的级别（图 12-10）。

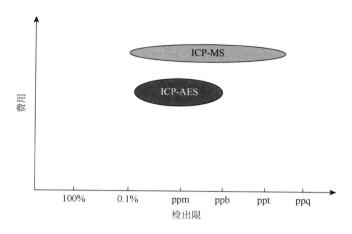

图 12-10　ICP-AES 和 ICP-MS 的检出限区别

简言之，两种测试技术的主要区别如图表 12-1 所示。

表 12-1　ICP-MS 和 ICP-AES 的测试特性对比

项目	ICP-MS	ICP-AES
检出限	绝大部分元素非常杰出	绝大部分元素很好
样品分析能力	每个样品的所有元素 2～6min	每分钟每个样品的 5～30 个单元
线性动态范围	10^8	10^5
固体溶解量	0.1%～0.4%	2%～25%
可测元素	＞75	＞73
样品用量	少	多
同位素分析	能	不能
无人控制操作	能	能
基本费用	很高	高

3. ICP 的应用领域

ICP 测试技术由于其灵敏度高、便捷快速等优点而广泛应用于化工冶金、水质分析、农业产品及食品、环境监测等领域。下面将列举几个实例，阐述 ICP 技术的应用领域。

1）环境水样分析

环境水样分析包括淡水、海水和废水元素分析，用以规定人类用水指标、监控环境和研究微量元素在天然水中的地球化学循环（表 12-2）。ICP 技术作为测定水中元素含量的常规方法已得到了迅速发展，对水分析领域至关重要。在我国，为了确保人们日常饮用水处于健康水平，水中监控的元素含量必须小于特定的限值。

表 12-2　水质常规金属指标及限值

毒理指标	限值/(mg/L)	毒理指标	限值/(mg/L)
铝	0.2	铁	0.3
砷	0.01	锰	0.1
镉	0.005	铜	1.0
铬	0.05	锌	1.0
铅	0.01	硒	0.01
汞	0.001		

2）测定食品中元素含量

在食品检测过程中，经常需要判断该产品是否符合食品行业规定。因此，往往要按照食品中元素含量的相关标准，利用 ICP 技术，判断待测食品中的元素含量是否达标。

3）在生物及医学领域的应用

近年来，ICP 技术在生物临床领域的应用越来越广泛，涉及血液、尿液、组织液、内脏、骨骼和头发等身体部件。由于这些样品中痕量元素对正常的生理功能具有重要作用，且不同的金属元素可能本身有一定毒性。因此，利用 ICP 技术测定这些元素含量，不仅可以为疾病的正确诊断及检测提供重要信息，还可以根据食品和医疗等手段调节人体内微量元素含量，为预防疾病提供重要依据。

12.2.4　案例分析

1. 测定地表水中金属元素[19]

近年来，由于矿山的开采、金属的冶炼以及化学电镀、制衣印刷业的飞速发展，大量的重金属离子被释放到环境体系中，特别是地表水体系中，导致水污染加剧，从而影响人类的日常生活。因此，建立快速准确灵敏的重金属检测技术是非常必要的。

采用电感耦合等离子-质谱仪（ICP-MS2000）同时测定不同区域地表水中 V、Cr、Mn、Fe 等 14 种金属元素含量。研究表明，本方法具有操作简便、快速、准确、重复性好等优点。

1）实验部分

（1）仪器与试剂：电感耦合等离子体-质谱仪（ICP-MS2000，具体参数见表 12-3），HNO_3（AR，国药），V、Cr、Mn、Fe 等离子标准液，使用时用 1%硝酸稀释至相应浓度；超纯水、高纯氩气；所有器皿均用 30%HNO_3 浸泡 24h，然后用超纯水冲洗，备用。

表 12-3　ICP-MS2000 仪器工作参数

参数	设定值	参数	设定值
RF 入射功率/W	1300	采样深度/mm	12
冷却气流量/(L/min)	13.0	雾化室温度/℃	2
冷却气流量/(L/min)	0.75	采集模式	跳峰扫描
冷却气流量/(L/min)	0.92	点数/质量	10

（2）标准溶液的配制：分别配制待测元素标准溶液和调谐液。

（3）样品前处理：分别取不同区域湖中水样，分别编号，然后加入一定量硝酸使其 pH 小于 2，各水样经过 0.45μm 滤膜过滤，称取 100mL 溶液于容量瓶中，在参数优化条件下直接用 ICP-MS 测定各元素的含量，同时做空白样品。

2）结果与讨论

（1）方法检出限及线性范围。在仪器优化的工作参数下，对空白样品溶液连续测量 11 次，以 3 倍信号标准偏差所对应的浓度值为检出限（表 12-4），由表可知，各元素方法检出限在 0.009～1.29μg/L。

表 12-4　待测金属元素的检出限及线性范围

金属元素	方法检出限/(μg/L)	线性范围/(μg/L)	金属元素	方法检出限/(μg/L)	线性范围/(μg/L)
V	0.207	0～50	Ga	0.009	0～50
Cr	0.125	0～50	As	0.046	0～200
Mn	0.031	0～50	Rb	0.009	0～50
Fe	1.290	0～200	Mo	0.038	0～50
Ni	0.203	0～50	Sb	0.055	0～50
Cu	0.079	0～50	Ba	0.040	0～200
Zn	0.253	0～50	Pb	0.024	0～50

（2）精密度及线性相关系数。在仪器优化的工作参数条件下，对待测水样及加标水样连续测定 11 次，计算相对标准偏差以及各个元素标准曲线线性相关系数。

（3）加标回收率。对各未加标及加标水样进行测试，计算各元素加标回收率。

3）结论

采用电感耦合等离子体-质谱仪（ICP-MS）同时测定不同区域地表水中 14 种金属元素。通过方法检出限、精密度、线性范围和加标回收率等一系列实验。得出以下结论：该方法检出限为 0.009～1.29μg/L，测定元素的线性相关系数均大于 0.999；测定水样相对标准偏差均小于 4.24%；各元素加标回收率在 85%～100%。

2. ICP 测定烟用接装纸中 7 种元素含量[20]

烟用接装纸是将滤嘴和烟支卷接在一起的卷烟接装纸，抽吸卷烟时会直接接触消费者嘴唇和口腔，因此，其安全性引起了烟草行业的高度重视。铅（Pb）、铬（Cr）、镉（Cd）、镍（Ni）、汞（Hg）、砷（As）、硒（Se）等元素在体内易堆积，对人体危害很大。为保障消费者身体健康，建立健全的烟用材料质量管理体系，烟草行业针对烟用接装纸中 Pb、Cr、Cd、Ni、Hg、As、Se 等有害元素的含量建立了严格的限量标准。因此，准确高效测定烟用接装纸中 7 种有害元素含量对卷烟产品的安全控制具有重要意义。

采用电感耦合等离子体-质谱法（ICP-MS）测定烟用接装纸 7 种元素（Pb、Cr、Cd、Ni、Hg、As、Se），为了降低传统前处理消解体系带来的安全隐患，建立了更为安全的氟化铵-硝酸微波消解体系，并考察了氟化铵用量、微波消解温度和消解时间对消解效果的影响。结果表明，最佳消解条件为：氟化铵 0.75mL，微波消解温度 175℃，消解时间 20min；样品经氟化铵-硝酸消解后，进行电感耦合等离子体-质谱测定，各元素检出限为 0.007～0.044mg/kg，样品加标回收率为 90.1%～113.1%，相对标准偏差为 0.29%～11.43%。

习　题

12-1 物理吸附和化学吸附的区别是什么？

12-2 不同孔径材料的吸附相对压力的区别是什么？

12-3 BET 公式的适用条件是什么？

12-4 气体吸附等温线的分类及分类依据是什么？

12-5 针对环境样品，使用 ICP-MS 检测时比较快的前处理方法有哪些？

12-6 使用 ICP-AES 测试土壤中金属的含量时，预处理用微波消解仪，先把土壤风干，然后磨成粉，再过筛，后称取 0.2 g 左右，消解后无固体，但是两个平行样检测结果很差，相对偏差达到 200%，是什么原因？

12-7 ICP-MS 做 Hg 含量测定时系统清洗有什么好办法吗？

12-8 在使用电感耦合等离子体（ICP）光谱/质谱技术对矿石样品进行元素含量测定时，观察到标准加入法获得的校准曲线线性关系良好；然而，采用内标法建立的工作曲线则呈现较差的线性度。鉴于定量分析中内标法应用较为普遍，请问标准加入法在此类分析（矿石元素定量）中的实际应用频率如何？

12-9 在有机质谱分析中，无机盐类因其难以挥发，会导致离子源污染、信号抑制及背景干扰等问题，故严禁引入。那么无机质谱技术是如何实现无机盐类样品的直接分析？其核心应对机制是什么？

12-10 在使用电感耦合等离子体-质谱法（ICP-MS）测定海水中重金属元素含量时，应如何设计并实施样品前处理策略？

参 考 文 献

[1] Wang M F，Wang Y R，Luo P，et al. Simultaneous determination of the styrene unit content and assessment of molecular weight of triblock copolymers in adhesives by a size exclusion chromatography method. Journal of Separation Science，2017，40（20）：3987-3995.

[2] Harkins W D，Jordan H F. A method for the determination of surface and interfacial tension from the maximum pull on a ring. Journal of the American Chemical Society，1930，52：1751-1772.

[3] 吴树森，王飞虹. 滴重法中校正因子关联式的研究. 化学学报，1988（6）：523-527.

[4] 胡福增，陈国荣，杜永娟. 材料表界面. 2 版. 上海：华东理工大学出版社，2006.

[5] 王中平，孙振平，金明. 表面物理化学. 上海：同济大学出版社，2015.

[6] 刘洪国，孙德军，郝京诚. 新编胶体与界面化学. 3 版. 北京：化学工业出版社，2016.

[7] Wu Z F，Li Y L，Wang M W，et al. Comparative study on the surface activity and adsorption behavior of linear fatty alcohol ether carboxylic ester with fatty alcohol ether. Colloids and Surfaces. A，Physicochemical and Engineering，2019，579：10.

[8] 严继民. 吸附与凝聚. 北京：科学出版社，1979.

[9] 近藤精一，石川达雄，安部郁夫. 吸附科学（原著第二版）. 李国希，译. 北京：化学工业出版社，2006.

[10] 陈永. 多孔材料制备与表征. 合肥：中国科学技术大学出版社，2010.

[11] 徐如人，庞文琴，霍启升，等. 分子筛与多孔材料化学. 北京：科学出版社，2004.

[12] Sing K S W，Everett D H，Haul R A W，et al. Reporting physisorption data for gas solid systems with special reference to the determination of surface-area and porosity（recommendations 1984）. Pure and Applied Chemistry，1985，57（4）：603-619.

[13] Sanchez-Sanchez A，Fierro V，Izquierdo M T，et al. Functionalized，hierarchical and ordered mesoporous carbons for high-performance supercapacitors. Journal of Materials Chemistry A，2016，4（16）：6140-6148.

[14] Yan R Y，Heil T，Presser V，et al.Ordered mesoporous carbons with high micropore content and tunable structure prepared by combined hard and salt templating as electrode materials in electric double-layer capacitors. Advanced Sustainable Systems，2018，2（2）：12.

[15] 杨洁彬. 食品安全性. 北京：中国轻工业出版社，1991：186-187.

[16] 吕洪亮，赵旻，李红，等. 微波消解-ICP-MS 法检测 8 种药材中 8 种重金属的含量. 沈阳药科大学学报，2020，37（7）：618-623.

[17] Houk R S，Fassel V A，Flesch G D，et al. Inductively coupled argon plasma as an ion-source for mass-spectrometric determination of trace-elements. Analytical Chemistry，1980，52（14）：2283-2289.

[18] Tanner S D，Baranov V I. Theory，design，and operation of a dynamic reaction cell for ICP-MS. At Spectrom，1999，20（2）：45-52.

[19] 游小燕，郑建明. 电感耦合等离子体质谱原理与应用. 北京：化学工业出版社，2014：152-156.

[20] 何春莉，秦子娴，周浩，等. 氟化铵-硝酸微波消解联合 ICP-MS 对烟用接装纸中 7 种元素含量的测定. 中国造纸，2021，40（4）：32-37.